WSPC Book Series in 3D Printing

레이저 기술을 활용한

금속·비금속 3D 프린팅 및 제조

Lasers in 3D PRINTING and MANUFACTURING

Chee Kai Chua · Murukeshan Vadakke Matham · Young-Jin Kim 저
김종도 · 서 정 · 신보성 · 김동식 · 강명창 · 박영환 · 박형욱 · 이수진 역

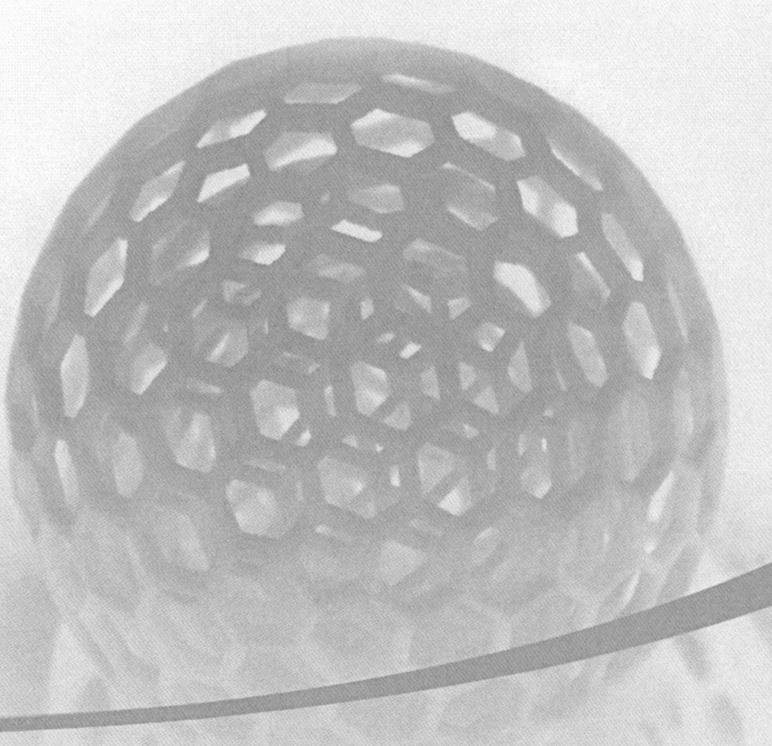

홍릉과학출판사
World Scientific

Lasers in 3D PRINTING and MANUFACTURING

by Chee Kai Chua, Murukeshan Vadakke Matham, Young-Jin Kim

서문

3D 프린트라고도 불리는 적층 제조(Additive Manufacturing, AM)기술은 지난 6년간 전 세계적으로 관심이 크게 증가하고 있다. 1987년에 처음으로 상업용 적층 제조 방식이 시작되었으며, 이 기술은 지금으로부터 거의 30년 전에 이미 기술개발이 진행되었다는 사실에 많은 사람들이 놀랄 것이다. 최근에는 많은 산업분야에서 3D 프린트에 대한 관심이 증가하고 있으며, 이는 특허 만료에 의하여 기술선점의 경쟁이 치열해지고 있다. 이에 따라 각국 정부의 관심이 높아졌으며 첨단 제조 분야에서 적층제조 방식에서의 기술개발이 급속히 촉진되었다. 언론매체에서는 사람들의 관심분야 중의 하나인 장기(organ) 프린팅, 주택 건설 및 식품 프린팅과 같은 다양한 영역에 대하여 소개하고 있다.

층을 쌓아올리면서 프린팅하는 고전적인 방식은 1800년대 중반으로 거슬러 올라간다. 1968-1982년에 여러 가지 적층제조공정이 발명되었지만 상업화되지 않았다. 그 이유는 1980년대 초반에 우수한 분산 컴퓨팅(distributed computing) 기술이 없었기 때문이다. 분산 컴퓨팅은 부품의 형상을 인식하고 제작기계를 제어하며, 인간-기계 인터페이스 역할을 하는 핵심기술로서 적층 제조에서는 매우 중요한 요소이다.

대부분의 적층제조 프린팅은 재료 압출을 기반으로 한다. 이러한 일반적인 저비용 프린팅방식은 합리적으로 정확한 모양의 부품을 프린팅했지만, 전통적인 방식으로 제조된 제품보다는 성능이 떨어지는 제품이 조제된다. 이 책에서 다루는 적층 제조 공정은 공학적인 응용분야에 있어서 상대적으로 접합하며, 합리적인 기계적 특성을 갖는 부품을 생산하는데 있어서 비교적 제조원가가 저렴한 기술이다.

Wohlers Associates의 Terry Wohlers는 적층 제조 산업은 지난 5년 동안 4배의 기술적 가치를 상승시켰다고 평가하고 있다. 또한 이 산업이 2015년에서 2020년 사이에 약 5배 정도 증가할 것으로 예상하고 있다. 또한 괄목할만한 성장에 따라 ISOC261 및 ASTM F42 위원회와 같은 표준 위원회가 출범되었으며, 이 위원회는 산업용 AM제조측면에서 비판적인 문제를 다루기 위한 체계적인 틀을 제공하는데 노력하고 있다.

적층제조의 미래는 상당히 흥미롭다. 장기 프린팅은 많은 언론에서 주목을 받았다. 이 기술을 몇 년 만에 눈에 띄게 전체 장기 이식 및 의료산업에 영향을 미쳤으며,

앞으로도 장기 프린팅의 잠재력은 엄청나다고 말할 수 있다. 음식(Food) 프린팅의 경우도 계속 성장하고 기술적인 측면에서도 성숙될 것으로 예상된다. 한편, 연구 시설 및 민간 부문에서 적층 제조 부품의 생산속도를 늘리기 위한 노력들이 진행되고 있다. 이것은 단지 편리성만의 문제가 아니다. 이는 부품 제조비용에 직접적인 영향을 미치고 수많은 시장 부문에서 적층 제조기술의 이용에 큰 영향을 미칠 것이다. 특히 저비용 3D 프린트의 경우 부품의 품질은 시간의 흐름과 함께 향상될 것으로 믿고 있다.

레이저는 광조형 기술 및 레이저 소결/용융의 두 가지 기술로 적층 제조 공정에서 가장 보편적으로 사용된다. 전자는 mW 범위의 저출력 레이저를 사용하여 아크릴 또는 에폭시, 열경화성 폴리머를 광경화시켜 결합한다. 광조형 기술은 표면 마감 및 투명성이 요구되는 부품에 특히 유용하다. 레이저 소결(폴리머) 및 레이저 용융(금속)은 파우더 베드에서 분쇄된 원료를 선택적으로 용융시키기 위해 20~250 W 범위의 다양한 유형의 레이저 광원을 사용한다. 이 공정은 일반적으로 기계적 특성이 중요한 구조용 서비스 분야에 사용된다. 또한, 레이저는 10~100 미크론 크기 범위에서 매우 작은 부품의 생성공정에도 사용되고 있다.

Chee Kai Chua 교수는 국제적인 평판이 있는 연구자로 싱가포르의 대표적인 적층 제조 분야의 전문가이다. 그는 20년 넘게 관련 분야에서 활동해오고 있고, 현재 그는 싱가포르 난양 기술대학교(Nanyang Technological University) 내에 위치한 3D 프린팅 센터(SC3DP)의 상임이사로서 근무하고 있다. 구조물용 관련 응용 연구에서 탁월하여 싱가포르 자국 및 외국의 관련 분야에도 크게 기여하고 있다. 나는 거의 20년간 Chua 교수와 알고 지내고 있는데, 그의 연구와 기여는 적층 제조분야에 있어서 우월성을 가지고 있다. 그는 그 주제에 대하여 세계적으로 인정받는 권위자이다.

이 책은 적층 제조에서의 레이저 사용과 관련된 정보교재이며 훌륭한 개념서이다. 레이저 광학에 대한 배경정보, 여러 타입의 레이저와 방사선에 대한 안전 기술은 실제 현장을 처음 접하면서 레이저 사용 경험이 부족한 독자에게 특히 유용할 것이다. 레이저를 사용하는 전통적인 적층 제조는 가공분야, 나노 스케일 패터닝 및 초단 펄스 제조를 포함하여 사용 범위가 광범위할 것으로 확신한다.

D.L. Bourell

Professor, The University of texas, Austin, TX, U.S.A

머리말

기술과 과학은 수년에 걸쳐 우리의 요구에 대한 해결책을 찾아 가고 있으며, 이 명확한 진보는 우리의 삶을 편하게 만들었다. 변화란 우리 모두가 우리 삶에 동참하고 환영할 수 있는 것이며, 과학은 그것을 위한 길을 여는데 있어서 기여했음은 자명한 사실이다. 일반적으로 3D 프린팅으로 알려진 적층 제조는 이러한 제조 기술분야에서 점점 더 중요한 역할을 수행하는 기술 중의 하나이다. 적층 제조 기술은 최근 부품이 어떻게 만들어지고 어떻게 제조되는지에 있어서 혁명적인 결과이다. 정교하고 효율적은 레이저 시스템의 출현으로 레이저 보조 제조(Laser-Assisted Manufacturing, LAM) 및 적층 제조 기술은 기존의 가공방법보다 뜨거운 관심을 끌고 있다. 실제로 상업적으로 이용 가능한 레이저 시스템 및 3D 프린팅 장비는 점차 최신 제조기술의 핵심으로 성장할 것으로 확신한다.

이 책의 주요 학습 목표는 제조 및 3D 프린팅에 사용되는 레이저, 광학 및 재료의 기본 사항을 이해하는데 있다. 교재의 첫 부분은 오늘날의 주요 레이저 기본사항을 이해하는데 있다. 교재의 첫 부분은 오늘날의 주요 레이저 보조 제조에 대한 기본 사항과 이해도에 초점을 맞추고 있지만, 나머지 장에서는 다양한 레이저 보조 3D 프린팅 기술 및 장비에 대해 자세히 설명한다. 3D 프린팅의 재료 및 관련 제조 세부 사항은 재료 측면에서 폴리머, 금속 및 세라믹으로 분류된다. 이 책은 연속파(CW) 및 펄스 레이저 보조 제조의 기본사항을 설명하는 예제도 제공한다. 반도체 재료 및 포토레지스트 프린팅은 45 nm 이하의 예측 기술 단위를 충족시키는 기술 로드맵의 대상이 된다. 이러한 관점에서, 다양한 재료에 대한 2D 및 3D 구조의 패터닝 및 프린팅은, 간섭의 기본 요소와 예측된 기술 단위를 달성하는데 어떻게 사용될 수 있는지를 잘 보여준다. 마지막으로, 레이저 보조 3D 프린팅 및 제조는 일반적으로 고출력 레이저를 사용한다. 그러므로 레이저 및 레이저 기반 시스템을 다루는 안전절차에 대한 완전한 이해가 매우 중요하다. 이에 대한 자세한 설명은 이 책에 언급하고 있으며, 레이저 기반 장비를 모든 최종 사용자에게 안전하게 취급하는 방법의 서술을 통하여 보다 잘 이해될 것으로 기대된다.

기계 및 정밀공학의 대학원생 및 학부생이 개념 및 관련 내용을 깊이 연습할 수 있도록 하기 위해 다양한 관점의 문제가 이 책에 포함되어 있다.

이 책은 레이저 보조 제조와 3D 프린팅 관련 분야의 강사, 대학 교수, 연구원이 실무 및 관련 문제를 해결하는 데 도움을 줄 것이다. 우리는 이 책에 소개된 정보와 상세한 그림들이 적층 제조 기술과 레이저 보조 제조의 과학자와 실무자들에게 큰 도움이 될 것이라고 믿는다.

본 도서는 앞으로 수년간 기초 및 응용 연구 분야에서 새로운 영역을 창출할 것으로 기대된다.

Chua C. K.
교수

Murukeshan V. M.
부교수

KIM Y.-J.
조교수

역자 서문

3D 프린팅이라고 하면 1997년도에 개봉한 헐리웃 스타 니콜라스 케이지와 존 트라볼타 주연의 페이스 오프(FACE / OFF)라는 영화가 떠오른다. 당시 파격적인 소재와 화려한 액션 신으로 큰 화재를 모았던 영화로, 벌써 20년이 지난 지금도 잊히지 않는 꽤 괜찮은 영화로 손꼽히고 있다. 이 영화에서 주인공의 신체 일부를 3D 프린팅으로 제작하여 복원하는 장면이 나오는데, 그 당시만 하더라도 막연하다고 생각하였던 기술이 20여년이 지난 현재 제어기술과 소재기술이 성장함에 따라서 실제 의료산업에 적용되어 많은 사람들이 혜택을 받고 있다.

상기에서 언급한 영화와 같은 발전된 기술은 아니었지만 벌써 30여년 전부터 3D 프린팅 기술이 사용되어 왔다는 사실을 아는 사람은 그리 많지 않다. 불과 몇 년 전까지만 하더라도 크게 이슈화 되지 않았던 산업이 로봇 제어 기술과 신소재 산업의 향상 등으로 인해 최근 다양한 산업에서 그 가능성을 인정받고 있다. 특히 3D 프린팅에 사용되고 있는 가공 열원 중의 하나인 레이저 기술의 향상도 3D 프린팅 산업의 성장에 도움을 주었다고 할 수 있다. 레이저 열원을 이용하여 제조용 소재를 가공하는데 있어서 레이저빔의 정밀도 및 가공 자유도의 향상은 고정밀·고품질의 제품을 제작하는데 매우 중요한 역할을 하게 되었다.

레이저를 기반으로 한 3D 프린팅 제조가공의 경우에는 레이저의 특성을 파악하고 재료와의 상호작용에 따른 현상을 이해하고 인지해야 제품의 품질 및 성능이 향상될 수 있다. 역자가 원서인 "Laser in 3D PRINTING and MANUFACTURING"을 선정하여 번역 집필한 이유 역시 다른 3D 프린팅 관련 서적과 비교하여 3D 프린팅에 대한 기술 및 장비에 대한 내용 뿐만 아니라 활용되고 있는 레이저의 기본사항 및 특성 그리고 사용시에 가장 중요시되는 안전 절차까지 다루고 있어서 레이저 기반의 3D 프린팅 제조 기술을 처음 접하거나 실제 사용하고 있는 독자들에게 양질의 관련 지식을 전할 수 있을 것으로 생각했기 때문이다.

하지만 3D 프린팅 기술이 우리나라에 적용되고 활성화된 기간은 그리 길지 않고, 그로 인해 아직까지 해외의 전문용어가 우리나라 용어로 확립되지 않은 경우가 다수이다. 이 교재를 번역 집필하면서 아직 우리나라 용어로 정립되지 않은 전문용어의 경우에는 원저자의 의도에서 벗어나지 않으면서 관련학계에서 통용되고 있으며 독자들이 최대한 이해할 수 있는 용어를 선정하는데 다소 어려움이 있었지만 전문 사전 및 관련 문서를 찾아보면서 우리말에 적절한 용어를 선정하기 위해서 부단히 노력을 하였다. 그 결과 이 교재를 접하는 독자들에게 레이저 기반의 3D 프린팅 제조 기술에 대한 유용한 지식과 노하우를 제공할 수 있을 것이라고 확신한다. 특히 이 분야에서 오랫동안 경험이 많은 레이저 관련 국가 출연 연구기관과 대학교의 전문가 및 교수들이 한자리에 모여 여러 번의 회의와 토론을 거쳐서 본 교재가 나오기까지 함께한 시간들이 산·학·연 실무자를 위한 레이저기반의 3D 프린팅 기초기술과 실용화 연구개발에 밑거름이 되리라 기대한다.

이 교재는 여기서 끝이 아니라 향후 보다 나은 국내기술에 의한, 국내기술을 위한 국내기술의 유일한 3D 프린팅 제조 기술의 미래 버전의 신간 서적 출판물이 대량으로 만들어지는 마중물이 될 수 있기를 기대하며, 이 교재가 나오기까지 많은 노고를 아끼지 않은 번역 집필진과 출판사 관계자 여러분께 깊은 감사를 드린다.

2018년 3월

역자 일동

축약어 목록

2D = Two-Dimensional: 2D

3D = Three-Dimensional: 3D

3DP = Three-Dimensional Printing: 3D 프린팅

ABS = Acrylonitrile Butadiene Styrene: 아크릴로니트릴 부타디엔 스티렌

AEL = Accessible Emission Level: 허용방사수준

AM = Additive Manufacturing 부가식 제조(적층 제조)

AOM = Acousto Optic Modulator: 음향 광학 변조기

BBO = beta-BaB_2O_4: 베타-BaB_2O_4

CAD = Computer-Aided Design: 캐드(컴퓨터 응용설계)

CAGR = Compound Annual Growth Rate: 연평균 성장률

CCD = Charge-Coupled Device: 전하결합소자

CMOS = Complementary Metal-Oxide Semiconductor: 상보성 금속산화막 반도체

CNC = Computer Numerical Contro: 컴퓨터 수치 제어

CNT = Carbon Nano-Tube: 탄소나노튜브

CW = Continuous-Wave: 연속파

DIW = Direct Ink Writing: 직접 잉크 묘화

DMD = Direct Metal Deposition; Digital Mirror Device: 직접 금속 용착; 디지털 거울 장치

DMLS = Direct Metal Laser Sintering: 직접 금속 레이저 소결

DLP = Digital Light Processing: 디지털 광 처리

DUV = Deep Ultra-Violet: 심자외선

EB = Electron Beam: 전자빔

EBM = Electron Beam Melting: 전자빔 용융

EM = Electro Magnetic: 전자기

FDM = Fused Deposition Modeling: 용융 적층 모델링

FEA = Finite Element Analysis: 유한 요소 해석

FEM = Finite Element Method: 유한 요소법

FESEM = Field Emission Scanning Electron Microscopy: 필드방사 주사 전자 현미경법

FFF = Fused Filament Fabrication: 용융 적층 조형

FWHM = Full Width Half Maximum: 반치 전폭

GTT = Glass Transition Temperature: 유리전이온도

GO = Graphene Oxide: 산화 그래핀

HAZ = Heat Affected Zone: 열영향부

HG = Harmonic Generation: 고조파 발생

HHG = High Harmonic Generation: 초고조파 발생

HWP = Half-Wave Plate: ½ 파장판

IEC = International Electrotechnical Commission: 국제 전기기술 위원회

IL = Interference Lithography: 간섭 리소그래피

IOT = Internet of Things: 사물인터넷

IR = Infra-Red: 적외선

KTP = $KTiOPO_4$

LENS = Laser Engineered Net Shaping: 레이저 엔지니어링 정밀 성형, 렌즈

LAM = Laser-Assisted Manufacturing: 레이저 보조 제조

LBM = Laser Beam Machining: 레이저 빔 가공

LBO = LiB_3O_5

LOM = Laminated Object Manufacturing: 라미네이트 형상 제조

MEMS = Micro-Electro-Mechanical Systems: 미세 기전 시스템

MPE = Maximum Permissible Exposure: 최대 허용 노출

MQC = Material Quality Centre: 재료 품질 센터

NA = Numerical Aperture: 수치제어

NC = Numerical Control: 개구수

NIR = Near Infra-Red: 근적외선

NTM = Non-Traditional Manufacturing: 비전통적 제조

OFCS = Optical Fibre Communication Systems: 광섬유 통신 시스템

OD = Optical Density: 광학밀도

OPD = Optical Path-length Difference: 광 경로차

OLPC = Online Laser Power Control: 온라인 레이저 전원 제어

PCB = Printed Circuit Board: 인쇄 회로 기판

PLA = Polylactic Acid: 폴리락트산

PVA = Polyvinyl Alcohol: 폴리비닐 알코올

QWP = Quarter-Wave Plate: ¼ 파장판

RGO = Reduced Graphene Oxide: 환원 산화 그래핀

RP = Rapid Prototyping: 쾌속조형

SDL = Selective Deposition Lamination: 선택적 라미네이션 증착

SHG = Second Harmonic Generation: 2차 고조파 발생

SHS = Selectivc Heat Sintering: 선택적 열 소결

SLA = Stereolithography Apparatus: 광조형법

SLM = Selective Laser Melting: 선택적 레이저 용융

SLS = Selective Laser Sintering: 선택적 레이저 소결

TE = Transverse Electric: 전기적 횡파

THG = Third Harmonic generation: 3차 고조파 발생

TM = Transverse Magnetic: 자기적 횡파

TPP = Two Photon Polymerization: 이광자 중합

UTS = Ultimate Tensile Strength: 극한 인장강도

UV = Ultra-Violet: 자외선

차례

CHAPTER 03 레이저 기반 3D 프린팅 및 제조용 소재

CHAPTER 04 1D, 2D 및 3D 레이저 보조 제조

CHAPTER 07 레이저 안전과 위험

CHAPTER 08 향후 전망

CHAPTER

01 서론

이 책에서는 3D 프린팅 및 제조에 사용되는 레이저, 광학 및 재료의 기초에 대해 다룬다. 또한 독자들이 주제에 대한 이해와 최근 주목을 받고 있는 레이저 보조 AM(Additive Manufacturing)공정에 대한 충분한 이론적 배경과 통찰력을 제공하고, 흥미진진한 기술의 향후 전망과 몇 가지 연구사례를 포함할 것이다. 비전통적 제조(NTM, Non-Traditional Manufacturing) 프로세스는 기존에 사용된 에너지 전달 메커니즘이나 에너지 전달을 위한 일반적 매체가 아닌 새로운 프로세스를 의미한다. NTM 공정은 초합금, 복합재료 및 세라믹과 같은 기존 및 고급 재료의 정밀 부품을 가공할 수 있다. 감소된 가공 단계와 높은 제품 품질을 제공하는 이점이 있다. NTM은 효율적인 대안을 제공하며 종종 이러한 재료를 가공하기 위한 유일한 선택이기도 하다. 잠재적인 새로운 응용사례는 보다 향상된 가공기술과 보다 정밀한 공정 설계 및 최적화 기능이 필요하다. 이러한 변화에 따라 최근 수년간 특허, 공정 혁신, 모델링, 시뮬레이션, 모니터링 및 제어 분야에서 상당한 연구가 진행되고 있다. LAM (Laser-Assisted Manufacturing) 및 3D 프린팅은 이러한 범주에 속한다. 이 책은 흥미진진하고 향후 파급효과가 있는 제조기술의 기본사항과 적용 기술적 측면을 명확하고 간결하게 다룰 것이다.

1.1 제조용 레이저

레이저(LASER)는 복사선의 유도 방출에 의한 광 증폭(Light Amplification by Stimulated Emission of Radiation) 머리글자의 조합이다. 레이저는 자외선(UV), 가시광선(VIS), 적외선(IR)의 대역폭에서 파장으로 자연적으로 가간섭(coherent)되고 단색(monochromatic)의 전자기 복사원(electromagnetic radiation)이다. 원하는 레이저 및 파장의 유형에 따라, 레이저 매체는 고체, 액체 또는 기체일 수 있다.

연속파(CW) 또는 펄스(단파 또는 초단파) 방출 여부에 따라 매우 높은 전력 또는 에너지를 전달할 수 있다[1-3]. 이러한 레이저는 임의의 매체를 통해 주어진 기판 위의 특정 크기와 치수의 정확한 지점에 초점을 맞출 수 있다[4,5]. 이러한 특징으로부터 레이저는 재료 처리 분야에서 광범위한 응용 분야를 가진다[6-10]. 1960년에 Maiman은 루비 레이저를 발명하고 이것으로 노벨상을 수상하였다. 그때부터 지금까지의 역사를 살펴본다면, 레이저의 기술은 도약과 경계를 넘어서서 반도체 레이저, Nd:YAG 레이저, CO_2 가스 레이저, 염료 레이저 및 최신 레이저를 포함한 많은 새로운 레이저가 발명되어 왔으며, 최근에는 엑시머 레이저 및 펨토초 레이저가 등장했다. Nd:YAG 레이저와 CO_2 가스 레이저가 물리적 메커니즘(physical mechanism)을 통해 재료를 제거하는 반면, 엑시머(excimer) 및 초단 펄스 레이저(ultrashort pulse laser)와 같은 짧은 펄스 레이저는 어블레이션(ablation)을 통해 재료를 제거하기 위해 개발되었다. 이러한 산업용 레이저의 개발은 1970년대 중반에 시작하여 절단, 용접, 드릴링(drilling) 및 용융과 같은 다양한 산업 요구를 충족시키기 시작했다. 1980년대와 1990년대 초반에 가열, 클래딩, 합금 뿐만 아니라 제어된 박막 증착에 대해서도 레이저가 성공적으로 적용되었다. 그 이후로 이 기술은 더욱 진보하고 발전해 왔으며 매크로, 마이크로, 메소 및 나노 스케일 부품 및 인공물을 제조하는데 없어서는 안 될 부분이 되었다. 레이저 가금 기술은 반도체에서부터 기존의 제조 플랫폼, 해양, 우주 항공 및 의료 산업에 이르기까지 많은 산업 분야에서 도움이 되었다.

1.2 3D 프린트용 레이저

1.1 절에서 자세히 설명했듯이 1960년대 레이저가 발명된 이래로 다양한 제조 프로세스 부문에서 제어가 가능한 수많은 광에너지가 이용되어 왔다. 제조 분야에서 증가하는 시장 수요와 광대한 기술적용 가능성이 결합되어 레이저가 지난 수십 년 동안 업계에서 급속한 발전을 이뤄내었고 이제는 효율적인 기술로 사용되고 있다.

레이저의 출현으로 나타난 기술적 진보의 하나는 부가식 제조 AM(Additive Manufacturing)이라 불린다. 오늘날 3D 프린팅으로 널리 알려진 AM은 제조 분야에서 점점 더 중요한 역할을 한다. AM은 프로토 타입 제작 방법과 소량 배치 제조 방법에 혁신을 가지고 왔다[10,12-17]. 이는 디지털 컴퓨터 지원 설계(CAD, Computer-Aided-Design) 모델과 물리적으로 복잡한 부품 사이에 훨씬 더 긴밀한 관계를 가져오는데 도움이 되었다[18]. 시간이 돈으로 환산되는 산업에서 AM은 혁신을 위한 충분한 기회를 제공한다.

레이저의 높은 유연성과 효율로 인해 LAM(Laser-Assisted Manufacturing) 및 AM 기술은 전통적인 방법에 비해 많은 관심과 흥미를 불러일으키고 있다[13,19-22]. 이 장에서는 주로 레이저의 기본 지식, 기술적 배경 및 3D 프린팅 및 제조 분야의 응용 분야에 중점을 두었다. 또한 책의 각 장의 내용에 대한 간략한 설명을 제공한다. 독자가 전체적으로 학습하는 데 도움이 되도록 하였다.

1.3 기술의 현재 상황

새로운 레이저 소스 및 보조 기술에 대한 발명은 지난 10년 동안 도약적으로 발전했다. 레이저가 발명된 이래로 산업계는 다양한 응용 분야에서 제어 가능한 광에너지를 활용할 수 있었다. 오늘날 많은 산업 분야에 다양한 레이저 생산 라인을 사용하고 있다. 의료 산업의 경우, 특히 진단 및 치료 응용 분야에서 레이저의 엄청난 응용 사례가 보고되고 있다. 여기에는 수술을 할 때 사용되는 마킹된 강철 도구 및 수술 보조 장치 등이 포함된다. 또한 예를 들어, 자동차 및 항공기 부품 제조 등과 같이 자동차 및 우주 산업에서도 레이저 가공 공정의 장점을 오랫동안 활용해 왔다.

레이저 기술이 3D 프린팅 또는 쾌속조형(rapid prototyping) 응용 프로그램과 함께 사용된 후 부터 이 기술은 패러다임의 전환을 맞이하게 되었다.

1.3.1 레이저 기술 및 3D 프린팅

3D 프린팅 시스템에 대한 여러 방법론과 기술이 존재하지만, 일반적으로 아래의 그림 1.1에 나와 있는 것과 동일한 방법들을 사용한다.

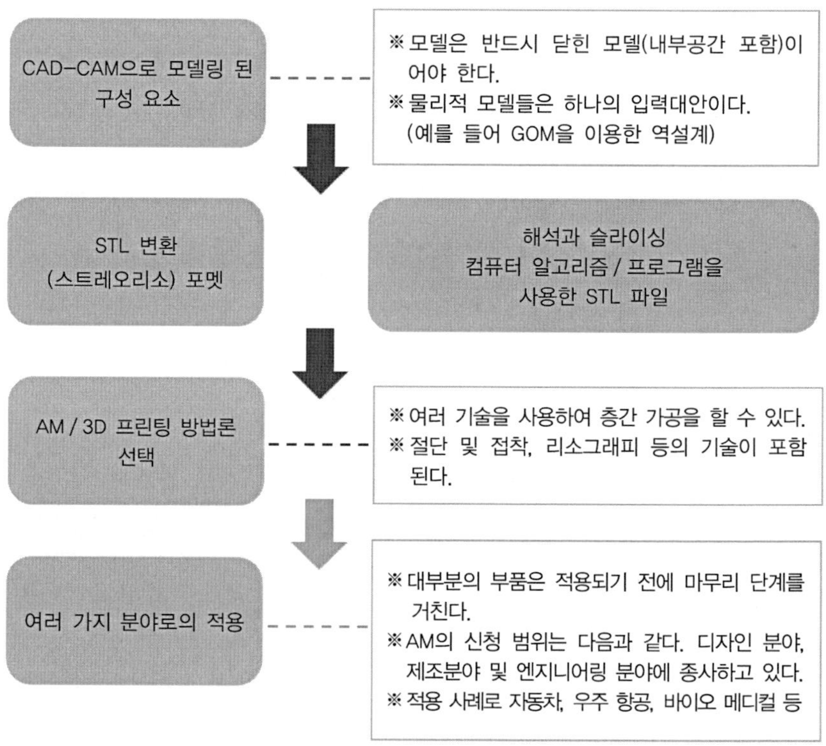

| 그림 1.1 | 일반적인 AM / 3D 프린팅 프로세스를 설명하는 순서도

이 흐름도는 3D 프린팅 프로세스의 세 가지 중요한 부분을 설명한다. 즉, 요구된 입력(상단), 선택된 방법론 및 재료(중간) 그리고 응용(하단)이다. 프린팅 프로세스는 사용 가능한 CAD / CAM 소프트웨어를 이용하여 파트 또는 구성 요소를 설계하는 것 혹은 역설계 하드웨어 및 소프트웨어를 사용하여 물리적 모델을 구축하는 것으로부터 시작한다. 설계된 모델은 프린팅 프로세스를 결정하는 컴퓨터 소프트웨어로 슬라이싱(slicing)된다. 두 번째 단계에서는 프로세스 방법론과 프린팅할 자료를 수정해야 한다. 여러 유형의 재료에 따라

다양한 방법론을 사용할 수 있다. 이 장에서는 주로 고출력 레이저를 사용해야 하는 제조에서 가장 중요한 세 가지 방법론에 중점을 두었다.

선택적 레이저 소결(SLS, Selective Laser Sintering)은 분말 베드 퓨전(powder bed fusion)이라는 프로세스를 사용하여 3D 인공물 또는 형상을 제조하는 방법 중 하나이다.

일반적으로 나일론이 재료로 사용되며, 리코팅(recoating) 툴을 사용하여 분말은 용기에서 프로세싱 챔버로 이송된다. 그 다음에는 입자를 함께 소결시키도록 분말 층을 스캐닝하고, 결국에는 프린팅될 인공물의 3D 층을 제조하게 된다. 인접한 레이어는 고체 부분을 성형하는 동시에 완료된다. SLS는 분말 자체가 지지 물질(supporting material)로서 작용한다는 사실을 고려하여 종래의 광 조형 기술 또는 다른 유사한 기술과 비교하여 지지 구조가 필요하지 않다는 이점이 있다. 이것은 또한 더 복잡한 기하학적인 부품의 제조를 가능하게 한다.

첨단 및 기존 엔진의 움직이는 부분, 건축 모델, 소비재 제품, 전자 장치, 보조 장치 및 예술품의 조각, 의약품에 사용되는 특정 인공 보철 등과 같이 SLS를 사용하는 3D 프린트용 응용사례는 매우 많이 있다[23-26]. 선택적 레이저 용융(SLM, Selective Laser Melting)은 3D로 금속 물체를 프린팅하기 위한 AM의 또 다른 방법이다. SLM에서 레이저는 연속적인 금속 분말 층의 연화를 수행하며, 용융 과정은 일반적으로 CAD의 3D 파일에 의해 지령이 전달된다. 이것은 항공우주 산업에서 엄청난 응용 사례를 보여주었다.

AM을 사용하면 복잡한 부품을 프린팅할 수 있기 때문에 기존 제조와 관련된 여러 가지 한계점들이 해소된다. 또한, 직접 금속 레이저 소결(DMLS, Direct Metal Laser Sintering)을 사용하여 3D 프린팅된 금속 부품을 제조할 수 있다. SLM과 DMLS의 기본적인 차이점은 SLM은 분말 입자가 녹는 정도를 명확한 반면에 DMLS에서는 용융이 부분적으로만 수행된다[27]. 또한 DMLS에서는 알루미늄, 강철, 니켈, 코발트-크롬 및 티타늄과 같은 소재도 사용할 수 있다[28-30].

3D 프린팅의 미래에 관해서 소비 제품 및 첨단 기술 사용자는 이에 대한 의존도가 높아져서 향후 몇 년 동안 그 기대가 엄청날 것으로 예상된다. 이러한

관점 때문에 지난 30년 동안 3D 프린팅 분야에서 점점 더 많은 연구 개발이 이루어졌다. 기존의 제조 방식에 비해 레이저 기반의 3D 프린팅을 통해 새로운 시너지 효과를 통해 복잡한 구성의 부품을 생산할 수 있고 다양한 산업의 급변하는 환경을 충족할 수 있는 높은 유연성의 설계 변경이 실현 가능하다.

1.3.2 기술의 현재 적층 제조(AM, Additive Manufacturing): 장점

AM은 디지털 설계를 통해 직접적인 기능을 하는 부품의 생산을 실현시켜 주었다. 이를 통해 사용되는 시스템 유형 및 설계의 복잡성에 따라 작거나 큰 생산 능력을 목표로 보다 빠르고 정확하며 신뢰할 수 있게 되었다. 시중에서 판매되는 첨단 AM 시스템을 사용하면 기존의 가공과 비교하여 거의 완벽한 고품질의 부품을 프린팅할 수 있다.

잘 아는 바와 같이 제품의 생산 능력은 기술 개발과 함께 진행된다. 이러한 요구는 보다 낮은 생산원가와 낮은 소요시간을 요구하는 데에서 시작된다. 1970 년대 이후의 컴퓨터 수치 제어(CNC, Computer Numerical Control) 및 CAD / CAM과 같은 기술은 산업에서 더 빠르고 정확하며 정확한 제조 프로세스를 채택하는 데 도움이 된다. 추가적으로 AM은 이제 도구가 필요 없는 자동화된 시스템을 사용하여 이러한 제조 프로세스를 개선할 수 있게 하였다.

제조 제품에 대한 보다 넓은 설계의 자유도를 제공할 수 있기 때문에 AM 방법론은 또 다른 주목할 만한 장점이 있다. 제품 설계자는 설계중인 부품의 복잡성에 대한 걱정을 덜고 고객 요구 사항에 집중할 수 있다. 이로 인해 부품 설계가 프로젝트의 소요시간에 미치는 영향이 줄어들어 전체 제조 사이클 비용이 절감된다.

앞서 설명한 바와 같이 공구없는 제조 시스템인 AM은 툴링 시스템의 설계, 제조 및 검증에 대한 제약을 줄여준다. 전체 부품의 수를 줄임으로써 공구가 필요없는 이 시스템은 기계의 전체 제조 및 수리 사이클 비용 또한 대폭 절감할 수 있다.

제조 시간이 매우 짧기 때문에 AM은 현재 시장의 움직임에 따라 생산 능력의 변화를 적극적으로 수용할 수 있고 고객의 요구를 충족하고 경제적 이점까지 얻을 수 있다. 적은 부품 개수와 유연한 공정 관리를 통해 AM은 공급망 및 물류 부문을 단순화할 수 있어 이에 대한 추가 이점을 제공한다. AM이 언급한 모든 이점은 대량 생산이 널리 보급되는 미래의 제조 공정을 단순화하는데 획기적인 도움이 될 것이다.

1.4 주요 요점

주요 요점, 목차의 요약 및 학습 목표는 그림 1.2에 나와 있다. 3D 프린팅 및 제조에 필수적인 다양한 레이저 및 관련 기본 광학 장치에 대해 자세히 설명한다. 빛-물질 상호 작용의 기본 원리는 그림 1.2와 함께 레이저의 작동 원리와 특성에 대해 논의한다. LAM 및 3D 프린팅을 이해하기 위한 필수 기본 광학 및 관련 구성 요소는 예제와 함께 제공되었다. 고해상도의 높은 생산성을 실현하기 위해 레이저 기반 3D 프린팅 및 다양한 제조용 소재에 대한 광자의 상호 작용을 신중하게 살펴보아야 한다. 3D 프린팅 및 제조의 대상재료는 용도에 따라 여러 가지 방법으로 분류되며 일반적으로 폴리머, 금속 그리고 세라믹으로 분류할 수 있다.

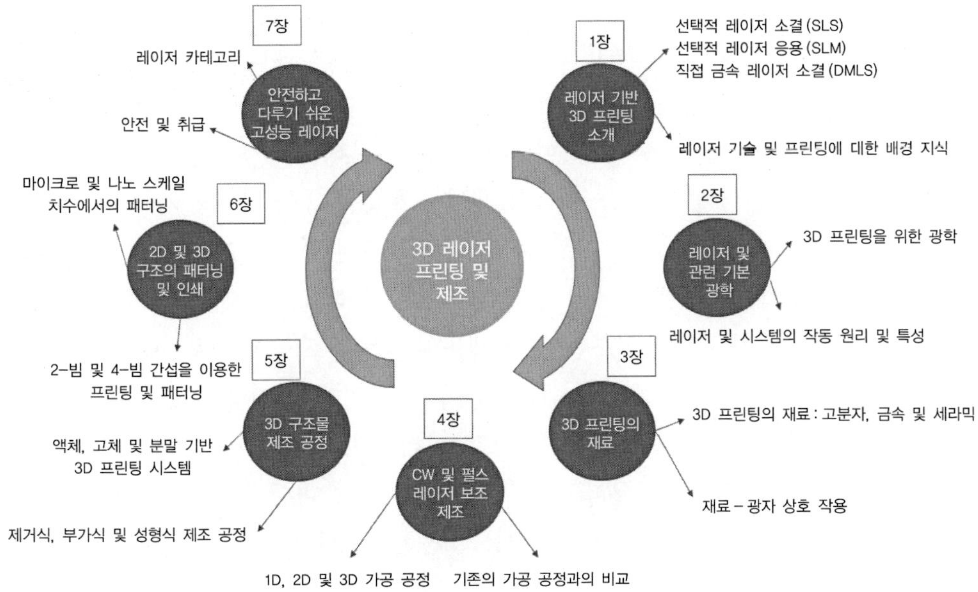

| 그림 1.2 | 학습 목표를 달성하기 위한 책의 주요 내용

연속파(CW) 및 펄스 LAM의 기본 사항에 대한 이해를 돕기 위해 사례를 들어 설명하고자 한다. 레이저 머시닝에 대한 소개는 기존의 머시닝 프로세

스와 비교하여 장점과 한계를 자세히 설명한다. 단일 레이저 장치를 사용하여 1D, 2D 및 3D 레이저 가공 프로세스를 수행하는 방법을 예제를 통해 설명한다.

이 책에서는 제거식(subtractive), 부가식(additive) 및 성형식(formative)과 같은 잘 알려진 세 가지 기본 3D 구조 제조 공정에 레이저를 고효율 에너지원으로 적용할 수 있는 방법에 대하여 강조하여 설명한다. 수많은 3D 프린팅 시스템을 분류할 수 있는 많은 방법이 있지만, 그 중 좋은 방법은 (1) 액체 기반, (2) 고체 기반 및 (3) 분말 기반 시스템으로 나눈다. 일반적으로 말하자면 감광성 재료를 포함하는 다른 재료에 2D 및 3D 구조를 패터닝하고 프린팅하는 것은 과학 및 산업 응용에 많은 도움을 준다. 이 책은 또한 레이저 간섭 원리를 사용하여 마이크로 및 나노 크기에서의 패터닝의 기본적인 측면을 다룬다. 다중빔 간섭 리소그래피 시스템의 도움으로 2-빔 및 4-빔 간섭에 기초한 프린팅 및 패터닝 방식이 설명된다. 이 접근법은 작은 스케일에서 3D 프린팅뿐만 아니라 마이크로 및 나노 스케일 제조를 바꿀 것으로 기대되는 많은 새로운 방법 중 하나가 될 것이다.

레이저 3D 프린팅 및 제조는 일반적으로 재료의 물리적 상태 변화에 필요한 특정 임계값을 초과하는 고출력 레이저를 사용한다. 따라서 이러한 고출력 레이저는 매우 위험하며 직접 또는 간접적인 노출로 인해 눈이나 피부의 망막이 손상될 수 있다. 따라서 레이저 취급을 위한 안전 절차에 대한 완전한 이해는 모든 사용자에게 필수적이다. 3D 프린팅의 미래 전망과 대표적인 사례를 통해 이 책에 자세히 설명된 레이저의 역할은 장래 독자에게 좋은 자료이며 레이저 기반 3D 프린팅 및 제조의 성장과 그들이 수행하는 매우 많은 영향력 있는 역할을 생각하는 데 도움이 될 것이다. 마지막으로, 이 책은 초기 연구자들을 위한 자료집이 될 것으로 기대된다. 따라서 각 개별 프로세스의 작동 원리가 기술되고 문학, 과학적 이슈 및 기술 혁신에 대한 자세한 업데이트는 각 장의 끝에 최근 참고 문헌을 제공함으로써 포괄적으로 다루고자 한다.

마지막으로 이 교재는 신기술에 관심이 있는 학부생, 대학원생 및 연구원에게 흥미 있는 자료가 될 것으로 기대된다.

문 제 >>

1. 레이저가 가공 공정 중에 재료를 어떻게 제거하는가? 연속파(CW) 레이저와 펄스 레이저를 사용하는 레이저 가공의 차이점을 설명하시오.

2. 일반적인 AM / 3D 프린팅 프로세스에 관련된 단계를 순서도로 간략하게 설명하시오.

3. 도구가 없는 제조 시스템인 AM의 장점은 무엇인가?

4. 시장에서 사용 가능한 3D 프린팅 장비 및 프로세스는 어떻게 분류되는가?

5. 3D 프린팅 프로세스의 세 가지 중요한 부분을 설명하시오. 각 부분을 각각의 이점과 한계와 연관시키시오.

참 고 문 헌 >>

[1] H. Rong, R. Jones, A. Liu, O. Cohen, D. Hak, A. Fang et al., "A continuous-wave Raman silicon laser / Nature 433(7027), 725-728 (2005).

[2] U. Keller, "Recent developments in compact ultrafast lasers," Nature 424 (6950), 831-838 (2003).

[3] P. Emma, R. Akre, J. Arthur, R. Bionta, C. Bostedt, J. Bozek et al,, "First lasing and operation of an angstrom-wavelength free-electron laser," nature photonics 4(9), 641-647 (2010).

[4] R.R. Gattass and E. Mazur, "Femtosecond laser micromachining in transparent materials," Nature photonics 2(4), 219-225 (2008).

[5] A. Week, T. Crawford, D. Wilkinson, H. Haugen and J. Preston, "Laser drilling of high aspect ratio holes in copper with femtosecond, picosecond and nanosecond pulses," Applied Physics A 90(3), 537-543 (2008).

[6] C.B. Schaffer, A. Brodeur and E. Mazur, "Laser-induced breakdown and damage in bulk transparent materials induced by tightly focused femtosecond laser pulses," Measurement Science and Technology 12(11), 1784 (2001).

[7] A. Zoubir, L. Shah, K. Richardson and M. Richardson, "Practical uses of femtosecond laser micro-materials processing," Applied Physics A 77(2), 311- 315 (2003).

[8] W. Steen, "Laser material processing—an overview, Journal of Optics A: Pure and Applied Optics 5(4), S3 (2003).

[9] M. Malinauskas, A. Žukauskas, S. Hasegawa, Y. Hayasaki, V. Mizeikis, R. Buividas et al., "Ultrafast laser processing of materials: from science to industry," Light: Science & Applications 5(8), el6133 (2016).

[10] S. Perinchery, E. Smits, A. Sridhar, P. Albert, J. van den Brand, R. ndamparambil et al., "Investigation of the effects of LIFT printing with a KrF-excimer laser on thermally sensitive electrically conductive adhe-

sives," Laser Physics 24(6), 066101 (2014).

[11] T.H. Maiman, "Stimulated Optical Radiation in Ruby," Nature 187(4736), 493-494(1960).

[12] J. Loy and P. Tatham, "Redesigning Production Systems" In: Handbook of Sustainability in Additive Manufacturing, Springer (2016).

[13] R.M. Mahamood and E.T. Akinlabi, "Laser Additive Manufacturing," Advanced Manufacturing Techniques Using Laser Material Processing, 1 (2016).

[14] D. Lin, Q. Nian, B. Deng, S. Jin, Y. Hu, W. Wang et al., "Three-Dimen sional Printing of Complex Structures: Man Made or toward Nature?," ACS Nano 8(10), 9710-9715 (2014).

[15] T. Birtchnell and J. Uny, A New Industrial Future?: 3D Printing and the Reconfiguring of Production, Distribution, and Consumption, Routledge 2016.

[16] C.K. Chua and K.F. Leong, 3D Printing and additive manufacturing: Principles and Applications. World Scientific, Singapore, (2014).

[17] C. Chua, S. Chou and T. Wong, "A study of the state-of-the-art rapid prototyping technologies," The International Journal of Advanced Manufacturing Technology 14(2), 146-152 (1998).

[18] M. Naing, C. Chua, K. Leong and Y. Wang, "Fabrication of customised scaffolds using computer-aided design and rapid prototyping techniques," Rapid Prototyping Journal 11(4), 249-259 (2005).

[19] D.L. Bourell, "Perspectives on Additive Manufacturing," Annual Review of Materials Research(0) (2016).

[20] D.L Wimpenny, P.M. Pandey and L.J. Kumar, [Advances in 3D Printing & Additive Manufacturing Technologies] Springer, (2016).

[21] C.K. Chua and W.Y. Yeong, Bioprinting: principles and applications, World Scientific (2014).

[22] Z.X. Khoo, J.E.M. Teoh, Y. Liu, C.K. Chua, S. Yang, J. An et al., "3D prin ting of smart materials: A review on recent progresses in 4D printing,"

Virtual and Physical Prototyping 10(3), 103-122 (2015).

[23] K. Tan, C. Chua, K. Leong, C. Cheah, P. Cheang, M.A. Bakar et al., "Scaffold development using selective laser sintering of polyetheretherketone-hydroxyapatite biocomposite blends," Biomaterials 24(18), 3115-3123 (2003).

[24] C. Chua, K. Leong, K. Tan, F. Wiria and C. Cheah, "Development of tissue scaffolds using selective laser sintering of polyvinyl alcohol / hydroxyapatite biocomposite for craniofacial and joint defects," Journal of Materials Science: Materials in Medicine 15(10), 1113-1121 (2004).

[25] L.-E. Loh, C.-K. Chua, W.-Y. Yeong, J. Song, M. Mapar, S.-L. Sing et aL, "Numerical investigation and an effective modelling on the Selective Laser Melting (SLM) process with aluminium alloy 6061," International Journal of Heat and Mass Transfer 80, 288-300 (2015).

[26] K. Tan, C. Chua, K. Leong, C. Cheah, W. Gui, W. Tan et al., "Selective laser sintering of biocompatible polymers for applications in tissue engineering," Bio-medical materials and engineering 15(1, 2), 113-124 (2005).

[27] M. Agarwala, D. Bourell, J. Beaman, H. Marcus and J. Barlow, "Direct selective laser sintering of metals," Rapid Prototyping Journal 1(1), 26-36 (1995).

[28] M. Khaing, J. Fuh and L. Lu, "Direct metal laser sintering for rapid tooling: processing and characterisation of EOS parts," Journal of Materials Processing Technology 113(1), 269-272 (2001).

[29] T. Griinberger and R. Domrose, "Direct Metal Laser Sintering," Laser Technik Journal 12(1), 45-48 (2015).

[30] E.C. Santos, M. Shiomi, K. Osakada and T. Laoui, "Rapid manufacturing of metal components by laser forming," International Journal of Machine Tools and Manufacture 46(12), 1459-1468 (2006).

CHAPTER

02 3D 프린팅과 제조를 위한 레이저와 기초광학

빛과 물질의 상호작용의 기초는 예시적인 사례를 통하여 설명하고자 한다. 전자기 복사선은 빛이 물질과 상호 작용을 할 때, 이후에 설명할 세 가지 유형의 현상들이 발생한다. 그리고 레이저의 작동원리 및 특성과 LAM 및 3D 프린팅에 관련된 기본적인 광학적 광학 구성 요소로서 콜리메이션 옵틱(collimation optics), 편광(polarization) 등에 대하여 설명한다.

2.1 서론

빛은 횡 방향 전파 특성을 갖는 전자기파도 파도와 같은 파동, 물결 위의 파동 등이 여기에 속한다. 횡파의 전파는 다음의 그림으로 표현된다(그림 2.1). 두 개의 서로 다른 시간에 문자열에 있는 점의 위치를 보여준다. 이 점은 이 점이 X 방향을 가로 지르는 방향으로 이동되었음을 나타낸다[1].

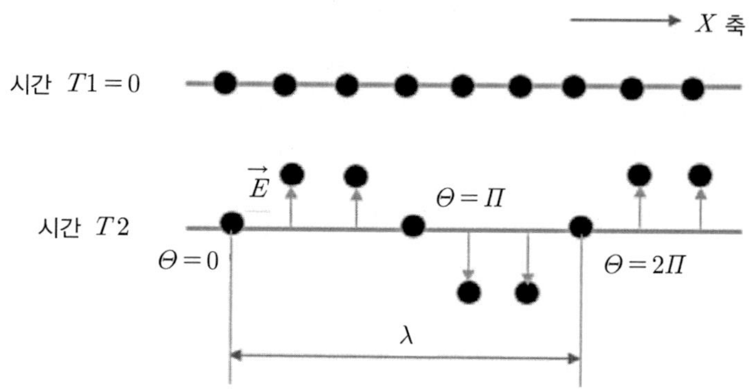

그림 2.1 횡파의 전파에 대한 표현

진동의 최대 진폭은 파동의 최대 진폭이며, 이는 강도를 의미한다. 전파의 한주기가 발생하는 파동의 길이는 광선의 파장이다. 특정 파장 또는 파장 대역을 갖는 광선이 물질 표면과 상호 작용할 때, 다양한 현상이 발생할 수 있다. 다음 절에서는 이러한 다양한 측면과 의미에 대해 자세히 설명한다.

2.2 빛과 재료의 상호 작용: 다른 측면

빛은 흡수(absorption), 투과(transmission) 및 반사(reflection)라는 세 가지 방식으로 물질과 상호 작용할 수 있다[2-4]. 일반적으로 빛과의 상호 작용을 담당하는 원자 내의 전자는 특정 고유 진동수로 진동한다. 광파 주파수와 전자 진동의 주파수 사이의 상호 작용은 광이 흡수, 반사 또는 투과되는지 여부를 결정한다.

2.2.1 반사, 흡수 및 투과

들어오는 광파의 주파수가 물질표면 전자의 고유 주파수와 일치하지 않으면 반사된다. 물체가 불투명(투명하지 않음/단색)하다는 것은 흡수 중에 전자의 진동에 의해 "투과"되지 않는다는 것을 의미한다. 오히려, 표면 레벨의 전자는 그 빛을 방출하기 전에 빛과 같이 잠시 진동한다.

결과적으로 전자의 고유 진동수와 동일한 주파수를 가진 광파가 원자에 "충돌"하면 전자는 "움직이는 것처럼" 진동하기 시작한다. 전자는 빛의 파장을 흡수하여 진동운동으로 변환한다. 왜냐하면 동일한 진동 주파수를 갖기 때문이다. 이때 전자는 이웃하는 원자들과 충돌하여 열을 에너지로 바꾼다(야구 경기에서 응원 "웨이브"를 시작하여 모든 다른 섹션이 함께 즐겁게 참가하는 것을 상상하시오). 이 열 에너지는 다시 빛 에너지로 바뀌지 않는다. 따라서 이와 같이 특별한 빛의 물결은 다시 물체를 떠나지 않는다.

투과는 투명 또는 반투명 한 객체를 제외하고는 반사와 동일한 선을 따라 작동한다. 원자는 파동(wave)을 받아 들여 잠깐씩 진동한다. 그러나 진폭이 작은 상태 즉, 흡수 중에는 큰 진폭으로 진동하지 않는다. 물체 전체에 진동을 전달한 다음 물결을 다시 빛으로 방출한다.

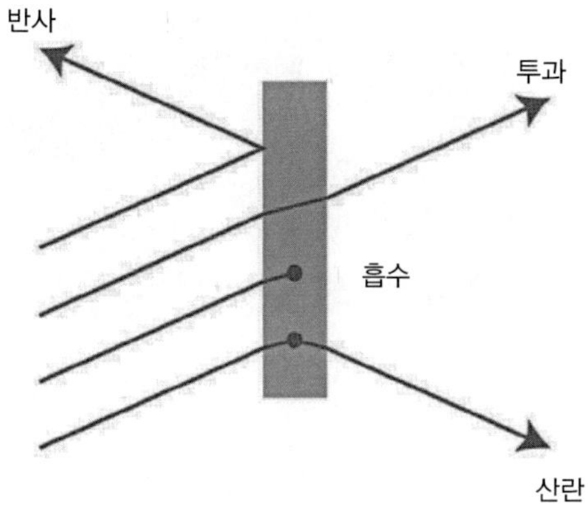

| 그림 2.2 | 물질과 빛의 상호작용 – 주요 현상

흡수율 계수의 값은 반사율의 영향에 효과에 따라 달라진다.

불투명한 재료의 경우

➜ 반사율 = 1 − 흡수율

투명 재료의 경우

➜ 반사율 = 1 − (투과율 + 흡수율)

금속에서, 복사(radiation)는 주로 "전자가스(electron gas)"에서 자유전자(free electron)에 의해 흡수된다. 자유전자는 고체 원자구조를 방해하지 않으면서 자유롭게 발진하고 재복사(re-radiation)할 수 있다. 따라서 금속의 반사율(reflectivity)은 가시광선에서 매우 긴 파장까지 파장대가 매우 높다. 파면이 표면에 도달하면 표면의 모든 자유전자가 같은 위상으로 진동하여 들어오는 광선과 180° 위상차가 있는 전기장(electric field)을 생성한다. 이 전기장의 합은 반사각(reflection angle)이 되며 입사각(incidence angle)과 동일하다.

그림 2.3은 현재 상업적으로 이용 가능한 미러, 반사경 및 감쇠기를 보여준다.

▎그림 2.3▎ 상업적으로 이용 가능한 미러, 반사경 및 감쇠기

금속구조 내의 "전자가스"는 복사가 1~2 원자 직경을 초과하는 상당한 깊이까지 금속을 관통할 수 없음을 의미한다. 따라서 금속은 불투명하고 광택이 난다. 그림 2.4는 미러 또는 기판과 같은 표면으로부터의 빛의 반사의 영향을 보여준다. 공기($n=1$) 중 유전체(dielectric) 또는 금속표면에서 수직 입사각에 대한 반사계수(reflection coefficient)는 굴절률(refraction index) n과 흡광계수(extinction coefficient) k(또는 위에서 설명한 흡수계수)로부터 계산할 수 있다.

$$R=[(1-n)^2+k^2]/[(1+n)^2+k^2]$$

따라서, 금속과 같은 불투명한 재료에 대한 흡수율 A는.

$$A=1-R$$

여기서,

$$A=4n/[(n+1)^2+k^2]$$

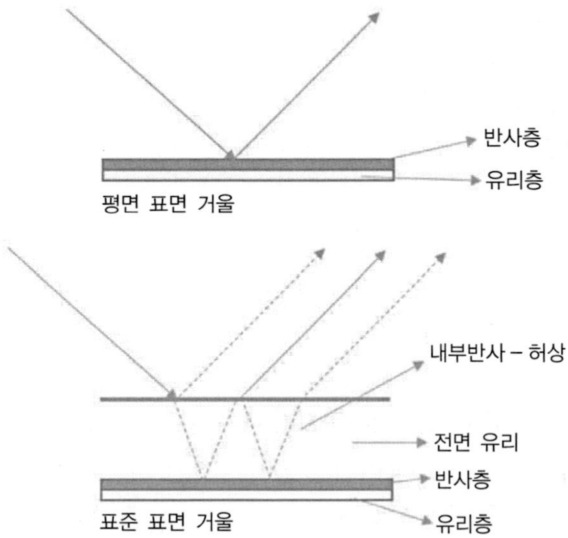

그림 2.4 미러 기판 표면에서 빛의 반사 효과

또한, 깊이 d에 대한 전자필드 E의 진폭의 변화는 비어-람버트(Beer-Lambert) 법칙에 의해 주어지며,

$$E = E_0 \exp(-2\pi kd/\lambda)$$

여기서, λ는 진공에서의 파장이다[6].

강도(intensity)는 진폭의 제곱에 비례하므로 깊이가 있는 강도의 변화는 $I = I_0 \exp(-4\pi kd/\lambda)$로 표시된다.

2.2.2 굴절

빛은 굴절률이 다른 한 매질에서 다른 매질로 광선이 들어갈 때 스넬의 법칙(Snell's law)에 의해 굴절된다. 법칙은 "굴절된 광선은 입사면에 있고, 굴절 각도의 사인(sine)은 입사각의 사인(sine)과 일정한 비율을 유지한다."

$$\sin\varphi / \sin\psi = n = v_1/v_2$$

여기서, n은 굴절률, φ는 입사각, ψ는 굴절각, v_1는 매질 1에서의 겉보기 전파속도, v_2는 매질 2에서의 전파속도다.

2.3 다른 매개 변수의 효과

레이저의 광학특성은 레이저 빔이 충돌하는 작업물의 표면에 영향을 준다. 재료의 흡수율은 출력(power) 요구사항에 가장 큰 영향을 미친다. 흡수율은 또한 파장, 표면 조도, 온도, 물질의 상(phase) 및 표면 코팅의 사용에 따라 달라진다.

2.3.1 파장의 효과

파장은 레이저 빔 광자에 대한 진동의 한주기와 관련된 특성 스펙트럼 길이(characteristic spectral length)로 정의된다. 재료의 흡수율은 파장에 따라 다르다. 따라서 어떤 레이저는 특정 재료만 가공하는 데 적합하다. 더 짧은 파장에서는 더 많은 에너지 광자가 더 많은 결합전자에 의해 흡수될 수 있으므로 반사율이 떨어지고 표면의 흡수율이 증가한다.

예를 들어, 레이저 빔 에너지의 흡수는 레이저 복사의 파장 및 처리될 재료의 분광 흡수 특성(spectral absorption characteristics)에 의존한다. 구리(Cu)와 알루미늄(Al)은 CO_2 레이저 복사(10.6 ㎛ 파장)에 대해 매우 높은 반사율을 나타낸다. Nd:YAG 레이저 복사는 이러한 금속에 대해 높은 흡수율을 보인다. 그러므로 에너지 손실이 최소일 때 더 효과적이다[6,7].

2.3.2 온도의 효과

재료구조의 온도가 올라감에 따라 포논(phonon) 밀도가 증가하여 더 많은 포논-전자 에너지 교환이 발생한다. 따라서 전자는 진동하고 재복사하기보다는 재료와 상호 작용할 가능성이 더 많다. 보고된 연구 데이터에 따르면 일부 금속의 경우 온도가 상승함에 따라 반사율이 감소하고 흡수율이 증가하는 것으로 나타났다[8-10].

2.3.3 표면 필름 및 간섭의 효과

반사율은 본질적으로 표면 현상이므로 표면 필름막(surface film)은 큰 영향을 미칠 수 있다. 그림 2.5에서 기판표면의 간단한 박막을 분석하고 간섭(interference) 현상과 관련하여 빛이 충돌할 때 어떤 일이 발생하는지 살펴보자[11,12].

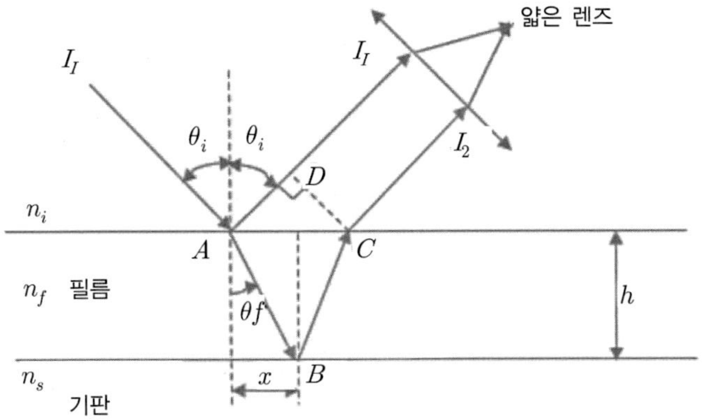

| 그림 2.5 | 기본 박막 간섭계

간섭계(interferometer)는 간섭현상을 측정에 사용하는 광학 시스템이다. 기술적인 어플리케이션에 사용되는 대부분의 간섭계는 두 개의 표면 시스템을 사용하거나 혹은 하나의 시스템으로 축소하여 사용할 수 있다. 간섭계의 두 개의 간섭 팔(arm) 사이의 광 경로 길이의 차이는 광 경로 길이 차이(OPD, optical path length difference)로 알려져 있다. 그림 2.5는 표면상의 필름이 간섭계 역할을 하는 방법을 보여준다. 공기와 필름 사이의 경계면에 도달하는 입사 광선은 두 개로 나뉜다. 한 개는 반사하고 다른 한 개는 필름으로 굴절시킨다. 그 후, 굴절된 빔은 필름의 하부 표면(필름 - 기판 계면)에서 반사된 후 지점 C를 통해 방출된다. 이 과정을 통해 두 개의 빔이 생성되고 다음과 같이 위상차가 발생한다.

$$OPD = n\overline{AB} + n\overline{BC} - n_i\overline{AD}$$

$$\overline{AB} = \frac{nh}{\cos\theta_f}$$

$$\overline{ABC} = \overline{AB} + \overline{BC} = \frac{2hn}{\cos\theta_f}$$

$$\overline{AD} = 2n_ih\sin\theta_i\cos\theta_i$$

$$\sin\theta_i = \frac{\overline{AD}}{2x} \text{ and } \tan\theta_f = \frac{x}{h}$$

스넬의 법칙 적용 : $n_i \sin\theta_i = n_f \sin\theta_f$

$$OPD = 2nh\cos\theta_f$$

여기서, "h"= 두 평면 사이의 간격이고 "n"= 그들 사이의 매질의 굴절률이며, θ_i와 θ_f는 각각 입사 및 굴절의 각도를 나타낸다. 간섭 조건이 만족되면, 밝고 어두운 간섭무늬(fringe)가 각각 형성된다.

간섭무늬는 경로 차이가 일정한 모든 점을 통과한다. 두 개 파동 사이의 경로 차는 간섭을 생성하는 가간섭 길이(coherent length, 광원에 의해 방출되는 파동렬(wave train)의 길이)보다 작아야한다. 경로의 차이가 클 때, 파동은 겹치지 않고 아무런 간섭도 발생하지 않는다[13].

보강 간섭의 경우,

$$2nh\cos\theta_f = \frac{2m\lambda}{2}$$

상쇄 간섭의 경우,

$$2nh\cos\theta_f = \frac{(2m+1)\lambda}{2}$$

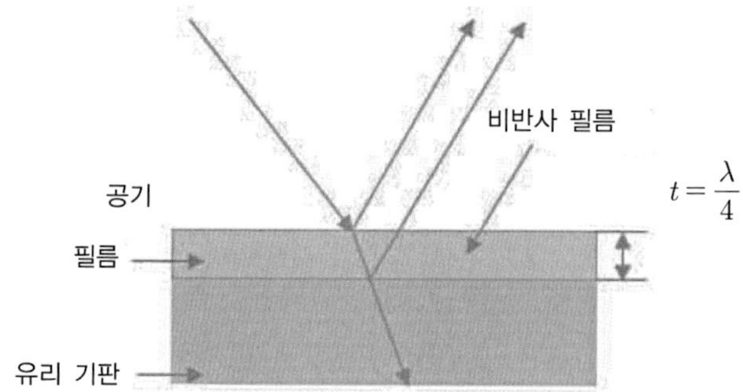

| 그림 2.6 | 반사 방지를 위해 기판 유리에 코팅된 필름의 최소 두께

이 경우 반대 방향으로 인한 위상 변화가 없음을 알 수 있다. 발생하는 반사광의 상쇄 간섭의 최소 필름막 두께는 다음과 같다.

$$t_{min} = \frac{\lambda_{film}}{4}$$

그림 2.6은 간섭 커플링(interface coupling)에서 필름막이 약 $[(2n+1)/4]\lambda$의 두께를 가져야 효과가 있음을 보여준다. 여기서 n은 임의의 정수다. 이러한 이유로 인해 표면 산화 필름(surface oxide film)에 의한 CO_2 레이저 복사에 대한 일반적인 흡수 변화가 나타난다. 이들 표면 피막의 형태는 플라즈마가 표면과 열 접촉(thermal contact)하는 조건하에 플라즈마일 수 있다[14].

2.3.4 재료 및 표면 거칠기의 효과

거칠기는 무작위화(randomisation)로 인한 다중 반사(multiple reflection) 때문에 흡수에 큰 영향을 미친다. 옆쪽으로 반사된 광선에 의한 광선 간섭으로 인해 “자극 흡수(stimulated absorption)”가 있을 수도 있다[14]. 거칠기가 빔 파장보다 작으면, 복사선은 이러한 현상을 겪지 않으므로 표면을 평평한 것으로 인식한다. 호이겐스 웨이블릿(Huygens wavelets)으로 형성된, 즉 거친 표면에서 반사된 위상 전선(phase front)은 더 이상 입사광과 같지 않으며 모든 방향으로 확산 반사(diffuse reflection)로 퍼져 나간다. 만약 미러로부터의 반사가 완벽하다면, 미러면에서 레이저 포인터로부터의 광선의 발생 지점을 볼 수 없다는 것은 흥미로운 사실이다[15].

2.4 레이저: 기본 구성 요소

일반적으로, 레이저 공진기(resonator)는 그림 2.7과 같이 두 개의 평행한(parallel) 미러 또는 거의 평평한(planar) 미러로 구성된다. 미러 중 하나가 100 %에 가까운 반사율을 가져야하는 경우, 다른 하나는 100 % 미만의 반사율을 가져서 공진기로부터의 일부 광이 미러를 통해 투과할 수 있으며, 이는 창(window)으로 작용하여 레이저 빔을 형성한다[16].

빛은 여러 번 미러 사이를 왔다 갔다 한다. 다음 방정식을 만족하면 보강 간섭(constructive interference)을 한다.

$$m\lambda_0 = 2L\cos\theta$$

$$m\lambda_0 = 2L \quad \text{for } \theta \cong 0^\circ$$

$$m(\lambda_0/2) = L$$

공진기 미러에 수직으로 이동하는 빛은 공진기 내에 남아 있기 때문에 크게 확대된다. 이것은 앞뒤로 진행하는 파도 사이에 정재파(standing wave) 패턴을 만들어 정재파 패턴(모드)을 형성한다.

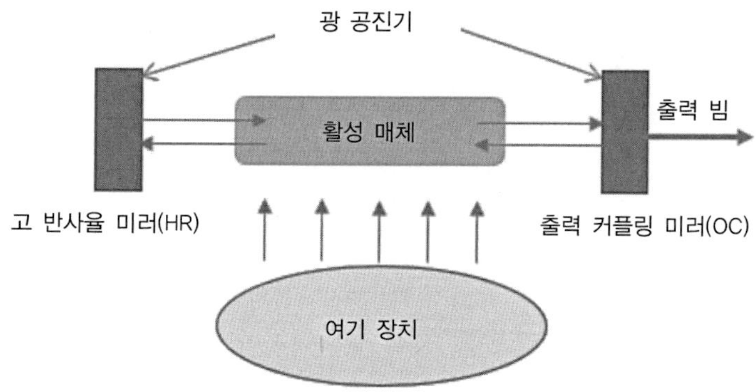

| 그림 2.7 | 레이저 공진기의 기본 구성 요소

L이 공진기 길이(cavity length)인 경우, L은 특정 파장에서 작동하는 레이저의 절반 파장의 정수와 같다. $\nu = c/\nu_0$이므로 레이저 모드 주파수는 $\nu_m = mc/2L_c$로 주어진다. 이들 모드는 그림 2.8에서와 같이 $\Delta\nu = c/2L$의 주파수 차이로 이들 사이를 분리한다. 여기서, c는 진공 속에서 빛의 속도이다. 따라서 레이저의 빛의 스펙트럼은 모드 간격(mode spacing)으로 이격된 일련의 좁은 봉우리처럼 보인다.

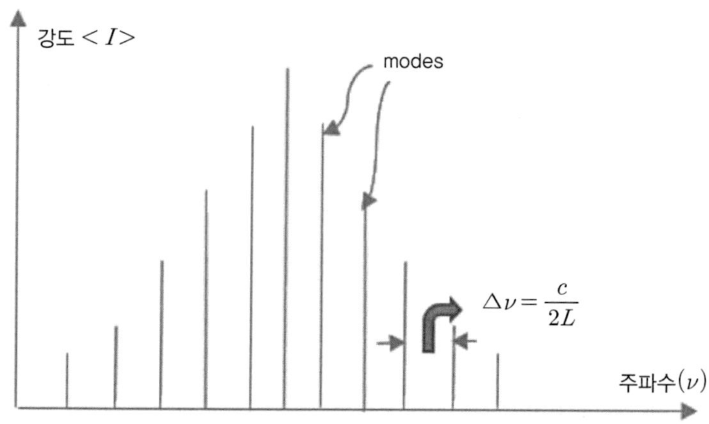

| 그림 2.8 | 종단 모드

대부분의 레이저 시스템은 다음과 같은 이유들로 실제 평면 미러 대신 곡면 미러를 사용한다(그림 2.9).

(a) 곡면 미러는 레이저 정렬을 간단하게 만든다.

(b) 회절(diffraction) 효과를 수용하는 본래의 특성으로 인해 공동 손실(cavity loss)은 최소화된다.

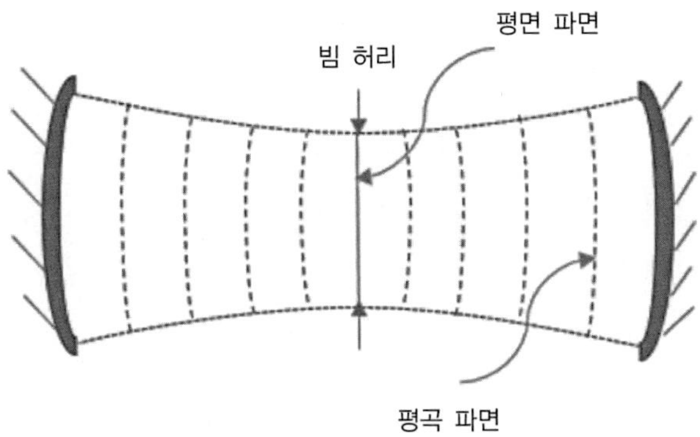

▌그림 2.9▐ 레이저 내부의 곡면 공진기

2.5 레이저 빔: 특성

복사선의 유도 방출에 의한 광 증폭(Light Amplification by Stimulated Emission of Radiation)의 머리글자 조합인 레이저(Laser)는 전자기 복사선의 고 에너지 빔이다. 빛(광자)은 공간을 통과하는 물결(wave)처럼 움직이지만 물질을 만날 때 에너지의 입자(particle)처럼 행동한다[17]. 레이저는 아래에 주어진 독특한 특성 때문에 다른 비간섭성(incoherent) 광원과 다르다.

- 단색(monochromatic)
- 가간섭성(결맞음, coherent)
- 방향성(directional) 또는 시준(collimated)
- 선명(bright)

2.5.1 높은 단색성

레이저 빔은 단파장(monochromatic)으로 간주될 수 있다. 왜냐하면 발진 레이저는 기가 헤르츠(Hz) 정도의 주파수 대역폭을 방출하는 기존의 광원과 비교하여 매우 가깝고 간격이 좁은 이산형 및 좁은 스펙트럼 선, 즉 레이저 모드(laser mode) 또는 캐비티 모드(cavity mode)로 구성되기 때문이다. 보다 나은 단색성을 위해 단일 모드(single mode)는 단일 가로 모드(single transverse mode), 즉 보통 TEM00 가우시안 모드(Gaussian mode) 및 횡 모드(longitudinal mode)에서 레이저를 강제로 진동시킴으로써 얻을 수 있다.

주로 자발 방출(spontaneous emission)을 통해 빛을 생성하고 다색(거의 흰색) 빛을 방출하는 비레이저 광원(예: 열원)과는 달리, 레이저는 유도 방출(stimulated emission)로 인해 거의 단색을 갖는 빛이다(그림 2.10).

레이저가 단색이 되는 이유는 이득 매체(gain medium)에서 원자의 전이 주파수(transition frequency)에 의해 결정된 유일한 주파수(well-defined frequency)에서 이득(gain)이 발생하기 때문이다[18].

또한, 몇 개의 유사한 광자(similar photon)에 기인한 유도 방출인 레이저 광은 단일 전이(single transition)로부터의 자연 방출보다 훨씬 더 좁을 수 있다.

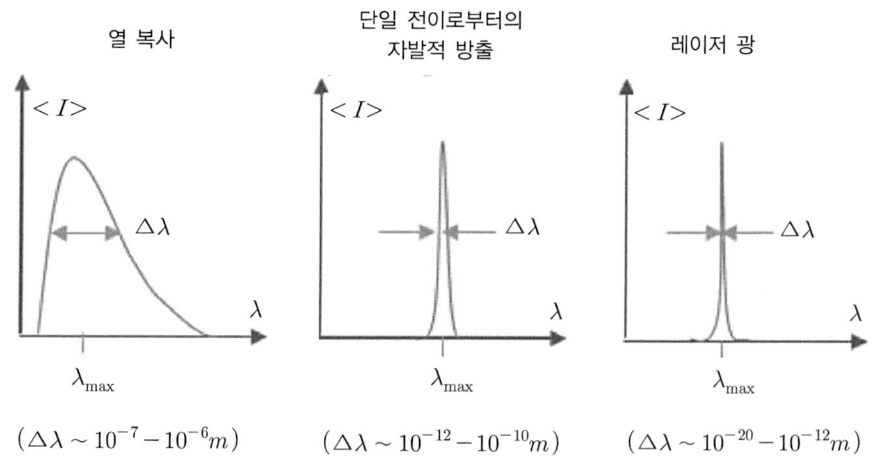

| 그림 2.10 | 스펙트럼 대역폭 비교

2.5.2 극단적 방향성

거의 모든 레이저 광이 몇 광자에서 시작하여 레이저 축을 따라 이동하는 유도 방출이기 때문에, 평행한 레이저 빔은 본질적으로 완벽하게 시준된다. 레이저 빔은 반도체 레이저를 제외하고 0.2 내지 10 milli-radian 범위의 작은 발산 각도(divergence angle)로 인해 지향성(방향성) 또는 시준성(collimation)이 있다. 레이저 빔의 방향성은 장거리에서 매우 작은 지점에 초점을 맞출 수 있게 해준다[18].

2.5.3 고선명도

스펙트럼의 밝기(spectral brightness)는 많은 응용 분야에서 레이저 소스를 사용할 때 매우 중요한 역할을 한다. 이 용어의 중요성을 부여하기 위해 저출력 헬륨-네온(He-Ne) 레이저의 스펙트럼 밝기를 추정해보자. 그것의 스펙트럼 밝기가 태양보다 10,000,000,000배 더 높음을 알 수 있다. 1 mW 헬륨-네온(He-Ne) 레이지의 경우 5×10^{23} W / (m^3-sterad)인 것으로 알려졌다[19].

2.5.4 극단적 가간섭성

가간섭성(coherence)은 파동의 다른 지점에서 측정된 위상 간의 상관관계를 측정한다. 그것은 파동 전파의 특성이지만, 가간섭성은 파동 소스의 특성과 직접 관련이 있다.

레이저 빔은 시간 경과에 따른 파면에서의 두 파(공간적 가간섭성) 또는 동일한 파의 두 지점(시간적 가간섭성) 사이의 고정된 위상관계로 인해 상관관계가 있다.

두 가지 기본 유형의 가간섭성[20,21]은 다음과 같이 설명된다.

(a) 시간적 가간섭성(temporal coherence): 전파 방향을 따라 다른 지점에서의 광파 위상 간의 상관관계의 척도이다. 그것은 광원이 얼마나 단색(monochromatic)인지를 의미한다.

(b) 공간적 가간섭성(spatial coherence): 전파 방향을 가로 지르는 다른 지점에서의 광파 위상의 상관관계를 측정한 것이다. 그것은 파면(wavefront)의 위상이 얼마나 균일한지를 의미한다.

예를 들어 그림 2.11(b)는 매우 가간섭성이 없는 백열 전구다. 약간의 빛(빛의 손실)을 감소함으로써 그림 2.11(b)와 같이 가간섭성 없는 소스를 항상 그림 2.11(a)와 같이 가간섭되게 만들 수 있다. 시간적 가간섭성을 증가시키는 스펙트럼 필터링(spectral filtering)을 수행한 이후에 공간적 가간섭성을 증가시키기 위해 공간적 필터링(spatial filtering)을 수행한다. 그러나 레이저는 이미 자연스럽게 매우 가간섭되어 있다.

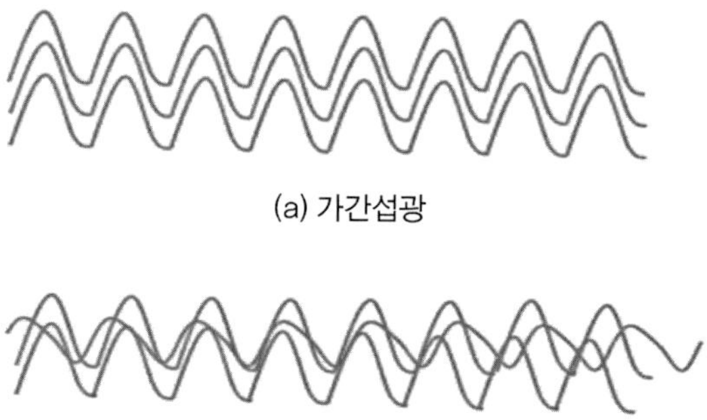

(a) 가간섭광

(b) 비간섭광

▎그림 2.11▎ 가간섭되었거나 가간섭이 없는 빛

2.5.5 방향성

레이저 광선은 방향성(directionality)이 강하기 때문에 레이저 광선의 발산(divergence)은 매우 작다. 이것은 레이저 빔이 공진 캐비티(resonant cavity)로부터 나오고 광축을 따라 전파하는 파(wave)만이 캐비티 내에서 유지될 수 있다. 방향성은 광선 발산 각도에 의해 표현된다. 그림 2.11은 발산과 광학 시스템 간의 관계를 설명한다.

완전한 공간적 가간섭성의 경우, 개구부(aperture) 직경 D의 빔은 회절(diffraction) 때문에 불가피한 발산을 초래할 것이다[22]. 회절 이론에서, 발산 각도 q_d는 다음과 같다.

$$q_d = b_l / D$$

여기서, b_l는 파장(wavelength)이고, D는 빔의 직경이다. "b는 1의 값에 가까운 계수로," 빛의 진폭 분포 유형에 따라 달라지며, 빔 직경의 정의에 따라 결정된다. q_d은 회절 한계(diffraction limited divergence)라고 불린다.

2.6 레이저 빔: 빔 형성 광학

2.6.1 콜리메이션 광학

콜리메이터(collimator)는 입자 또는 파동 빔을 좁히는 장치이다. 특정 방향과 평행하게 진행하는 광선만 통과할 수 있도록 광선을 필터링하는 장치이다. 좁히려면 동작 방향이 특정 방향으로 더 정렬되도록 빔의 공간 단면적을 더 작게 만들 수 있다. 즉, 콜리메이트 광(collimated light) 또는 평행 광선(parallel ray)을 만들어 준다.

콜리메이트 광을 구현하는 데는 여러 가지 방법이 있다. 발산 빔도 소스의 원점에 초점면(focal plane)부터 하나의 렌즈를 설치하여 평행하게 할 수 있다 (그림 2.12).

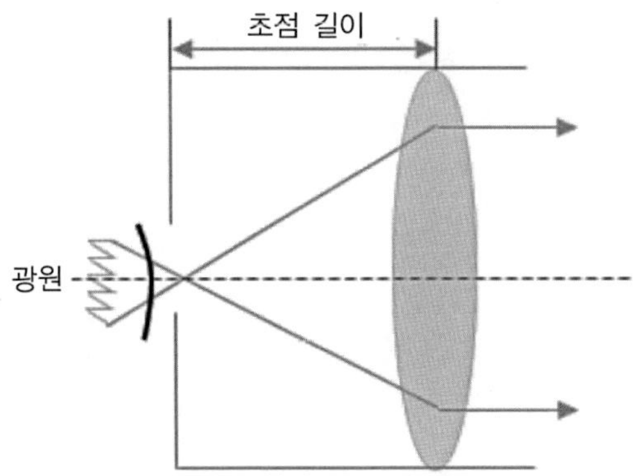

┃그림 2.12┃ 콜리메이션 원리

평행 광은 광선이 평행한 빛이므로 전파될 때 최소한 퍼져 나간다. 발산없이 완벽하게 클리메이팅된 광선은 거리에 따라 분산되지 않는다. 그러한 회절 때문에 이러한 빔은 생성될 수 없다. 그러나 예를 들어, 광은 다수의 콜리메이터(collimator)에 의해 거의 클리메이팅이 가능하다. 완벽하게 시준된 빛은 때때로 무한대에 초점을 맞춘다고 한다. 따라서 점 광원으로 부터의 거리가 멀어지면 구형 파면(spherical wavefront)이 점점 더 평평해지고 거의 평면파(plane wave)에 가까워져 결국 완벽하게 클리메이팅 된다.

2.6.2 편광

전자기파에서, 전기장과 자기장은 모두 진동하지만 각각 다른 방향으로 작용한다. 관례에 따라, 빛의 "편광(polarization)"은 전기장(electric field)의 편광을 지칭한다. 자유 공간(free space) 또는 등방성 매질(isotropic medium)에서 평면파로 근사될 수 있는 빛은 전기장과 자기장이 파동의 진행 방향에 수직인 횡파(transverse wave)로 전파된다. 이들 필드의 진동은 단일 방향(선형 편광, linear polarization)이거나 필드가 광 주파수에서 원형 또는 타원형 편광(circular or elliptical polarization)으로 회전할 수 있다. 이 경우, 필드의 회전 방향, 즉 지정된 편광은 시계 방향 또는 시계 반대 방향일 수 있다. 이것을 파동의 비대칭성(chirality)이라 부른다[23] (그림 2.13).

유리와 같은 가장 일반적인 광학 재료는 등방성이며 단순히 파동의 편광을 보존하지만 편광 상태를 구별하지 않는다. 그러나 유리와는 다르게 복굴절(birefringent) 또는 광학활성(optically active)으로 분류된 재료는 파의 편광을 바꾸어 전파에 영향을 미친다. 편광자(polarizer)는 하나의 편광만을 투과시키는 광학 필터이다.

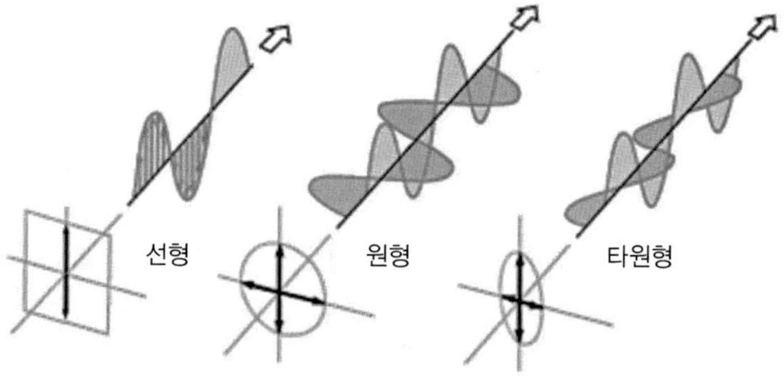

▌그림 2.13▐ 빔의 다른 편광 상태

2.6.3 편광자 및 평광판

편광자는 특정 편광의 빛만을 통과시키고 나머지를 차단하는 광 필터 역할을 한다(그림 2.14). 따라서 혼합되었거나 정의되지 않은 비평광 광을 편광이 잘 정의된 편광 광으로 변환할 수 있다. 편광자의 가장 일반적인 유형은 선형 및 원형 편광기(linear and circular polarizer)이다.

우주공간에서의 광자 전파는 전기장 벡터형태의 진동 운동으로 전자기장 파동을 생성한다. 이 파동은 시간의 함수로서 광자의 전기장 벡터의 방향과 크기를 나타낸다. 레이저 빔의 높은 가간섭성 특성으로 인해 빔의 모든 광자는 동일한 방향으로 정렬되므로, 레이저 빔은 선형으로 편광된 것으로 정의할 수 있다. 빔의 편광 상태에 대한 이러한 성질은 레이저를 이용한 절단 및 홈 가공 작업에 영향을 미친다[24,25].

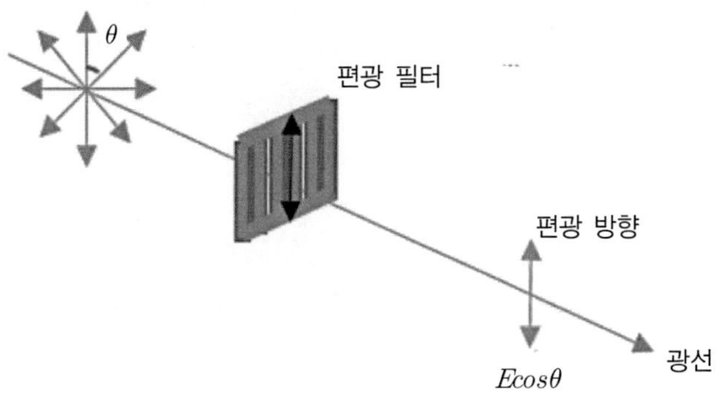

❙그림 2.14❙ 선형 편광기

선형 편광기의 두 가지 범주는 흡수(absorptive) 및 빔 분할(beam splitting) 편광기다. 흡수 편광기에서 원하지 않는 모든 편광 상태가 흡수되는 반면, 빔 분할 편광기의 경우, 편광되지 않은 빔은 반대 편광 상태 두 개로 분할된다.

말뤼스(Malus)의 법칙에 따르면 완벽한 편광자가 편광된 광선에 놓이면 통과하는 빛의 강도 I는 다음과 같이 주어진다.

$$I = I_0 \cos^2\theta_i$$

여기서, I_0는 초기 강도이고, θ_i는 광의 초기 편광 방향과 편광기의 축 사이의 각도이다.

2.6.4 빔 스플리터

빔 스플리터는 빛의 빔을 두 개로 분할하는 광학 장치이다(그림 2.15). 이들은 대부분의 간섭계에서 널리 사용되며 중요한 부분을 형성한다. 가공 및 재료 가공 분야에서, 동일한 가간섭성을 지닌 두 대의 레이저 빔을 사용하는 것과 비교하여 하나에서 두개로 분할된 레이저 빔을 사용하여 유사한 효율을 얻을 수도 있다. 빔 스플리터의 가장 보편적인 형태는 두 개의 삼각 유리 프리즘(prism)의 밑면(base)끼리 접착되어 만들어진 입방체(cube)이다. 폴리에스테르, 에폭시 또는 우레탄계 접착제는 이 공정에 사용되는 일반적인 접착제다. 수지층의 두께는 사용된 특정 파장의 광에 대해 결정되어지고, 하나의 "포트(port)"(즉 입방체의 면)를 통한 입사광의 절반이 반사되고 나머지는 투과된다. 이는 얇은 에폭시 층에서 빛의 좌절된 전체 내부 반사(total internal reflection)로 인해 일어난다. 윌러스턴(Wollaston) 프리즘과 같은 편광 빔 스플리터(polarization beam splitter)는 하나의 광선을 두 개의 다른 편광 광으로 나눈다. 이때 복굴절 재료를 사용한다.

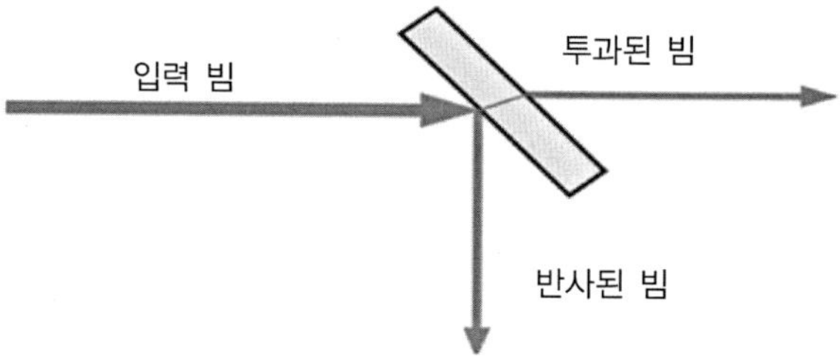

| 그림 2.15 | 50:50 빔 스플리터 구성

또 다른 빔 스플리터의 설계 방법으로는 반투명 미러(half-silvered mirror), 유리 시트 또는 투명하고 얇은 금속 코팅(일반적으로 알루미늄 증기로부터 증착된 알루미늄)이 있는 플라스틱을 사용한다. 증착물의 두께는 45° 각도에서 코팅에 의해 흡수되지 않는 입사광의 일부가 투과되도록 제어된다. 따라서 나머지 빛은 반사된다. 사진술(photography)에서 "펠리클 미러(pellicle mirror)"로 알려진 얇은 반투명 미러가 사용된다. 소위 말하는 "스위스 치즈(Swiss cheese)"

빔 스플리터 미러는 반사 코팅 흡수로 인한 빛의 손실을 줄이기 위해 사용된다. 이 미러의 원래 디자인은 구멍이 뚫려있는 연마된 금속 시트를 사용한다. 구멍의 수와 분포는 원하는 반사율 비율에 따라 달라진다. 더 나아가서는 금속이 유리 위에 스퍼터링(sputtering)되거나 화학적 또는 기계적 수단을 사용하여 작은 코팅 영역이 제거된 불연속 코팅(discontinuous coating)이 사용된다. 생성된 표면은 문자 그대로 "반투명" 표면이라고 할 수 있다.

금속 코팅 대신 이색성(dichroic) 광학 코팅이 사용될 수 있다(그림 2.16). 그

특성에 따라, 투과율에 대한 반사율은 입사광의 파장의 함수로서 변화할 것이다. 이색성 미러는 불필요한 적외선(열) 복사를 차단하기 위해서 타원형 반사 조명(ellipsoidal reflector spotlight)과 레이저 구조부에서의 출력 커플러(output coupler)로 사용된다[27,28].

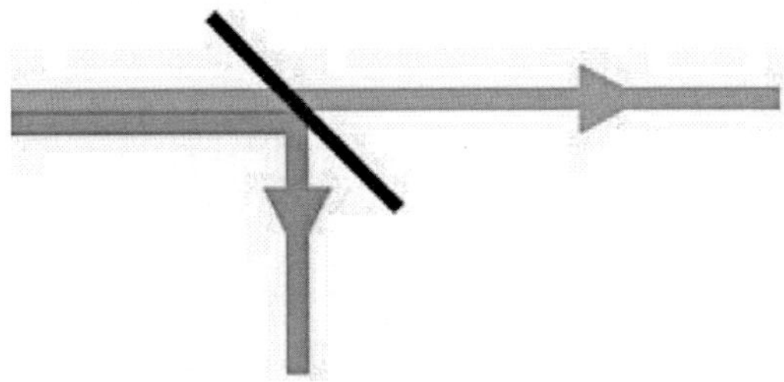

| 그림 2.16 | 이색성 빔 스플리터

빔 스플리터의 세 번째 형태는 이색성 미러 프리즘 어셈블리(dichroic mirrored prism assembly)이다. 이 프리즘 어셈블리 방법은 이색성 광학 코팅을 사용하여 입사 광선을 여러 개의 스펙트럼별로 출력 빔을 분할한다(그림 2.17).

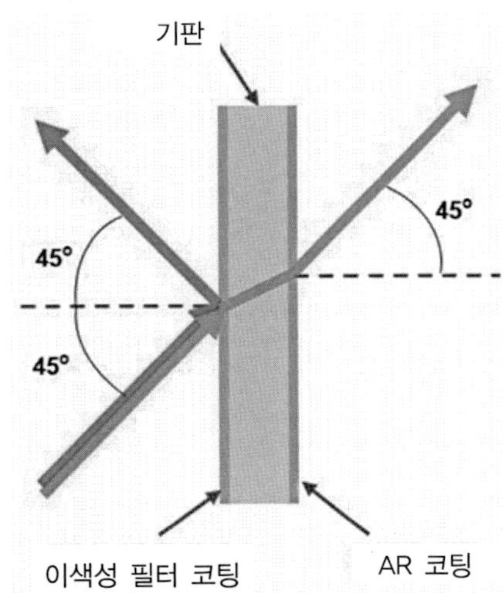

| 그림 2.17 | 이색성 빔 스플리터의 작동원리

2.6.5 파장 판

파장 판(wave plate) 또는 지연 판(retarder)은 이를 통과하는 광선 빔의 편광 상태를 변경하는 광학 장치이다. 가장 일반적인 두 가지 유형의 파장 판은 ½

파장 판(half wave plate)과 ¼ 파장 판(quarter wave plate)이다. ½ 파장 판은 직선 편광의 편광 상태를 변환시키고, ¼ 파장 판은 선형 편광을 원형 편광으로 변환하고, 그 반대도 가능하다[29,30].

파장 판은 복굴절 물질(예: 석영 또는 운모)로 구성된다. 복굴절 물질은 그것을 통과하는 빛에 대해 다른 방향에서 상이한 굴절률(different index)을 갖는다. ½ 파장 또는 ¼ 파장 판의 동작은 결정의 두께, 사용된 빛의 파장 및 굴절률의 변화에 따라 달라진다. 언급된 인자의 적절한 선택에 의해, 광파의 두 개 편광 성분 간에 제어된 위상 시프트(phase shift)를 도입하여 편광을 변경하는 것도 가능하다.

빛이 물질과 상호 작용할 때 빛의 편광 상태는 해로운 영향을 미친다. 예를 들어 원 편광은 방향성 효과(directional effect)가 없지만 선형 편광은 영향을 준다. 이에 대한 자세한 설명은 4장에 나와 있다.

2.7 3D 프린팅 및 제조용 대표 레이저

다양한 종류의 레이저가 3D 프린팅 및 제조에서 여러 가지 대상물질에 사용된다[31]. 레이저 시스템은 재료 특성, 흡수 파장, 용융 온도, 열전도도, 열 캐패시턴스, 어블레이션 임계값(ablation threshold) 등을 고려하여 신중하게 선택해야한다[32,33]. 여기에서는 이 분야의 대표적인 네 가지 레이저가 소개될 것이다. 즉, CO_2 가스 레이저, Nd:YAG 결정 레이저, 엑시머 레이저 및 Yb-도핑 파이버 레이저 등이다[34-36].

2.7.1 CO_2 레이저

CO_2 레이저는 3D 프린팅에서 가장 널리 사용되는 것 중 하나이다[37-39]. 그것은 전기방전(electric discharge)에 의한 이온화(ionization)를 통해 빛을 생성하는 분자 가스 레이저(molecular gas laser)이다. CO_2 레이저에는 세 가지 기본 구성 요소, 즉, 이득 매질(gain medium), 펌프 소스(pumping source) 및 캐비티 미러(cavity mirror)가 있다. 그림 2.18에서 보는 바와 같이 CO_2 레이저는 가스 튜브(이득 매체), 전기 펌프 및 캐비티 미러(고반사율 미러 및 출력 커플러)로 구성된다. 평균 출력의 수준이 증가하면 추가 냉각요소를 설치해야 한

다. 수동 공기 냉각, 능동 강제 공기 냉각, 열-전기 냉각 및 강제 수냉 등이 그러한 예다. 이득 매체로 작동하는 가스 튜브에서 CO_2, He 및 N_2의 가스 혼합물이 채워진 다음 전기적으로 펌핑(pumping)된다. 출력 파장은 10.6 ㎛ 적외선(IR) 범위이며, 이는 강한 IR 흡수 때문에 폴리머에 적합하다. 표 2.1은 상용 CO_2 레이저의 사양 예를 보여준다.

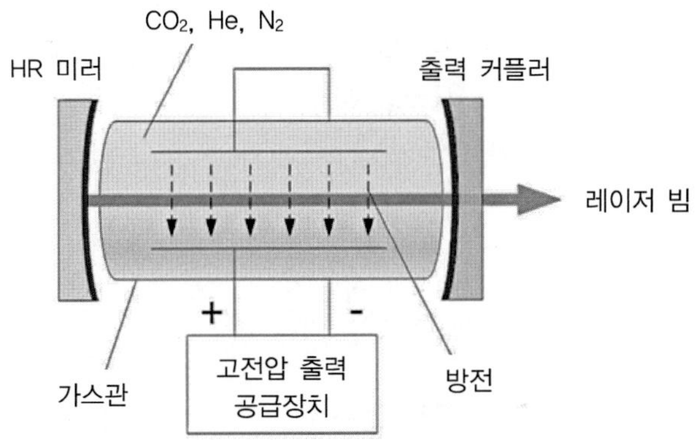

| 그림 2.18 | CO_2 레이저(밀폐된 튜브)의 일반적인 구성

[표 2.1] CO_2 레이저의 사양 예

CO_2 레이저	
평균 출력	400 W
파장	10.6 ㎛
상승 시간/하강 시간	< 100 μs/< 100 μs
냉각 시작의 전력 안정성	±7%
3분(통상적) 후 전력 안정성	±5%
사용율 범위	1%-100%
작동 주파수	0-100 kHz
빔 허리(beam waist) 직경	6.0±0.6 mm
모드 품질	$M^2 \leq 1.2$
편광	선형 (45°)
냉각수	물
입력 전압/전류 (최대)	48 V_{DC}/125A

2.7.2 Nd:YAG 레이저

Nd:YAG ($Nd^{3+}:Y^3Al^5O^{12}$) 레이저는 1064 nm에서 근적외선을 방출하는 고체 상태의 레이저(가스 레이저와 다른 것)이다[40,41]. 그림 2.19의 Nd:YAG 레이저는 고체 Nd:YAG 합성 결정(이득 매체), 광 펌프(플래시 램프 또는 다이오드 레이저) 및 캐비티 미러(고반사율 미러 및 출력 커플러)로 구성된다. Nd:YAG 레이저는 연속파(CW, continuous wave), 장펄스 및 단펄스 모드를 지원할 수 있다. 펄스 모드의 경우, 상대적으로 짧은 공진 시간(resonating time) 내에 고이득의 Nd:YAG 결정을 사용해야 한다. 상대적으로 0.2ms 보다 긴 장펄스 발생을 위해, 펌프 변조(pumping modulation)(예: 플래시 램프의 변조)로도 충분하다. 더 짧은 펄스(예: 수십 ns의 펄스 지속 시간)의 경우, 펄스 레이저의 제 4성분인 캐비티 내의 광학 스위치(intra-cavity optical switch)가 이득 또는 손실 변조를 위해 필요하다.

이러한 광 스위치는 짧은 레이저 펄스가 생성될 수 있도록 밀도 반전(population inversion) 상태를 최대화하기 위해 작동한다. 이를 Q-스위칭 기술이라고 한다. Q-스위칭의 도움으로, 출력 빔의 펄스 지속 시간이 수백 마이크로초에서 수십 나노초로 단축될 수 있다. 이 짧은 펄스 기간 덕분에 높은 변환 효율로 비선형 파장 변환(nonlinear wavelength conversion)을 실현할 수 있다. 따라서, 제 2 고조파 생성 및 제 3 고조파 생성은 기본 파장(1064 nm)을 각각 532 nm 및 355 nm로 변환한다. 최근에는 넓은 흡수 파장 대역폭, 낮은 레이저 임계값 및 높은 효율을 가진 $Nd:YVO_4$ 레이저가 Nd:YAG 레이저를 대체하고 있다. $Nd:YVO_4$ 레이저 사양의 예는 표 2.2에 표기하였다.

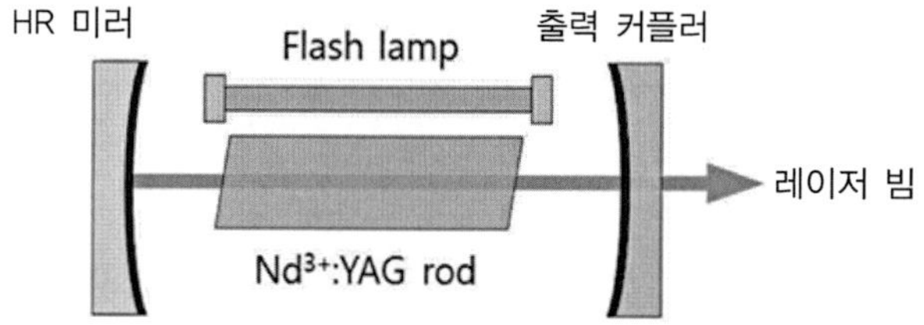

❙그림 2.19❙ Nd:YAG 레이저의 일반적인 구성

[표 2.2] Nd:YAG 레이저의 사양 예

Nd:YAG 레이저	
평균 출력	100 W
파장	1064 nm
10 kHz에서의 전력	75 W
6 kHz에서의 전력	60 W
펄스 대 펄스 안정성	< 2 % RMS
펄스 폭	< 160 ns
빔 포인팅 안정성	< 20
빔 직경	6 mm
빔 발산	9.5 mrad
빔 품질(M^2)	< 20
편광	랜덤

2.7.3 엑시머(Excimer) 레이저

엑시머 레이저는 짧은 자외선 파장 범위에서 반복적인 나노초 펄스를 방출한다[42-45]. 엑시머(Excimer)는 excited dimer의 약자이다. 이는 가스 혼합물이 희귀가스(예: 아르곤, 제논 또는 크립톤), 할로겐(불소 또는 염소) 및 완충가스(네온 또는 헬륨)를 함유함을 나타낸다. 가스 조성에 따라 출력 파장은 157 nm에서 351 nm까지 다양하다. 레이저의 세 가지 기본 구성 요소는 엑시머(이득 재료로 작동), 전기 펌핑 및 두 개의 UV 캐비티 미러(공진기에 사용됨)이다. 반복 속도는 약 수 kHz이며 출력 평균 전력은 수 kW까지이다. 엑시머 레이저는 매우 높은 가격이고 상대적으로 열악한 빔 품질을 제공하지만, 자외선 파장 영역에 비교 가능한 다른 고출력 레이저 소스가 없기 때문에 여전히 시장에서 독보적인 지위를 유지하고 있다. 패터닝 레이저의 파장이 짧아야 광학 회절 한계를 해결할 수 있기 때문에 반도체 리소그래피에서의 패터닝 해상도를 향상하기 위해서, 엑시머 레이저가 반도체 산업에서 널리 사용되고 있다. 표 2.3은 엑시머 레이저의 사양 예를 보여준다.

[표 2.3] 엑시머 레이저의 사양 예

엑시머 레이저	
평균 출력	1200 W
파장	308 nm
펄스 지속 시간(FWHM)	24 ±4 ns
최대 펄스 에너지	2000 mJ
최대 반복률	600 Hz
빔 치수(mm^2)	3 5 ± 4 × 14.5 ± 3
빔 발산($mrad^2$)	4.5 × 1.3

2.7.4 Yb-도핑 파이버 레이저

Yb-도핑 파이버 레이저는 고출력 레이저의 이득 재료로 사용할 수 있는 희토류 첨가 파이버 레이저 중 하나이다[46-48]. 희토류가 도핑된 물질 중에서 Yttierbium(Yb)은 작은 양자결함(quantum defect)을 가지므로 잠재적으로 열적 부작용 없이 매우 높은 전력 효율을 달성할 수 있다. Yb-도핑 파이버 레이저는 Yb-도핑 광섬유를 이득 매질로 사용하고 파이버-커플링 다이오드 레이저로 펌핑되기 때문에 훨씬 높은 레이저 이득과 낮은 공진기 손실로 작동할 수 있다. 오늘날 파이버 레이저는 단일 광섬유에서 수 백 Watt 및 심지어 수 kWatt를 초과하는 평균 출력을 가진 매우 높은 출력을 제공한다(여러 개의 단일 모드 광섬유를 병렬로 사용할 수 있음). 이 잠재력은 효율적인 열 냉각을 가능하게 하는 높은 표면 대 부피 비율(surface-to-volume ratio)과 최소의 에너지 손실을 가져오는 안내 효과(guiding effect)를 발생시켜서 결국에는 열광학적 문제(thermo-optic problem)를 피하게 한다. 레이저 캐비티 구조는 출력 수준에 따라 다를 수 있다. 안정적인 저전력 작동을 위해서는 링 캐비티(ring-cavity)를 기반으로 한 레이저 발진기가 좋으며(그림 2.20) 선형 캐비티(linear cavity) 설계는 고출력 작동에 유리하다. 사양 예는 표 2.4에 표기하였다.

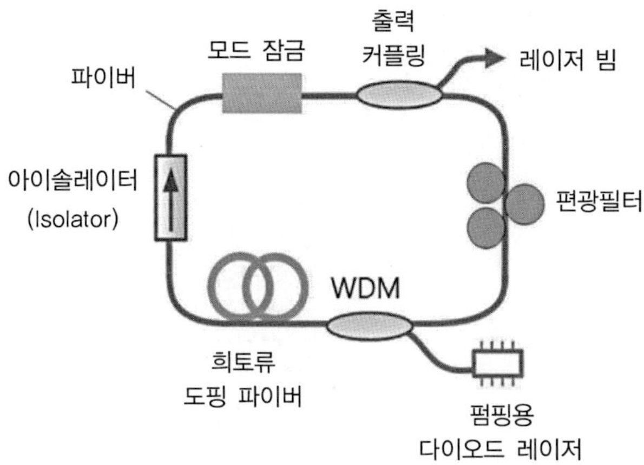

❙그림 2.20❙ Yb-도핑 파이버 레이저의 일반적인 구성

[표 2.4] Yb-도핑 파이버 레이저의 사양 예

Yb-도핑 파이버 레이저	
평균 출력	100 W
파장	1030 – 1070 nm
중심 파장 정확성	± 1 nm
작동 모드	CW/변조
전력 조정 가능성	10 – 100 %
전력 안정성	± 2 %
광 잡음	< 2 % RMS
편광	선형, 50:1
빔 품질(M^2)	< 1.1

2.7.5 레이저 비교

여러 가지 대상 재료 및 제조 방법에 따라 다른 레이저가 필요하다. 새로운 유형의 레이저가 출시되고 기존의 레이저 성능이 향상되면 3D 프린팅 및 제조 프로세스에 대한 레이저 시스템의 심층적인 이해와 신중하게 선택이 요구된다. 재질에 따른 광학 특성은 3장에서 다룰 것이며 3D 프린팅 및 제조를 위한 레이저는 5장에서 다루어질 것이다. 표 2.5에서 네 개의 대표 레이저들의 사양이 비교 나열되어 있다.

[표 2.5] 3D 프린팅의 여러 레이저 사양 비교

레이저	CO_2 레이저	Nd:YAG 레이저	엑시머 레이저 (불소 제논)	Yb-도핑 레이저
적용	SLA, SLM, SLS, LENS	SLM, SLS, LENS	SLA	SLM, SLS, LENS
작동 파장	10.6 μm	1.064 μm	0.35 μm	1.07 μm
펌프 소스	방전	플래시 램프, 레이저 다이오드	방전	레이저 다이오드
작동 모드	CW & 펄스	CW & 펄스	펄스	CW & 펄스
펄스 지속 시간	수백 ns - 수십 μs	몇 ns- 수십 ms	수십 ns	수십 ns - 수십 ms
빔 품질 계수 (mm · mrad)	3 - 5	0.4 - 20	160×20 (가로×세로)	0.3 - 4
파이버 전달	불가능	가능	가능	가능
유지 보수 기간(시간)	2000	200(램프 수명)	10^{8-9} 펄스 (사이러트론 수명)	유지 보수 없음

2.8 요약

광-물질 상호 작용의 기본 사항은 대표적인 개략도로 상세하게 설명되었다. 또한 박막 간섭계가 설명되었으며 반사 방지 코팅을 제작하기 위한 필요한 최적의 필름 두께가 제시되었다. 레이저 특성과 가공에 미치는 영향도 분석되었다. 마지막으로, 모든 중요한 광학 구성 요소와 작업 세부 사항이 논의되고 분석되었다. 이러한 개념과 세부 사항은 레이저 응용 제조 및 3D 프린팅을 위한 광학 설계에 매우 중요하다.

문제 ››

1. 개략도의 도움으로 빛이 물질과 상호 작용할 때 일어나는 여러 현상을 간단히 설명하시오.

2. 박막 간섭계에서 간섭 빔의 강도 패턴을 나타내는 수식을 유도하시오.

3. 반사 방지 필름으로 작용하기 위해 유리 표면에 코팅할 필름의 최소 두께 사이의 관계를 유도하시오.

4. 어떻게 광선의 원 편광을 얻을 수 있나?

5. Malus의 법칙은 무엇인가? Malus의 법칙을 증명하고 개별 광학 구성 요소를 표시하기 위해 광학 구성도를 그리시오.

6. 레이저 빔과 관련된 가간섭성 특성을 설명하시오. 두 가지 유형의 가간섭성은 어느 것인가?

7. 이색성 빔 스플리터란 무엇인가? 작동 원리와 일반적인 입방체 빔 스플리터와 다른 점을 설명하시오.

8. 레이저 광의 여러 가지 특성은 무엇인가?

9. 왜 곡면 미러가 레이저 공진기에서 선호되는가? 간단한 개략도로 설명하시오.

10. 물질의 표면 거칠기가 광 흡수에 어떻게 영향을 미치는가? 확산성은 무엇을 의미하는가?

11. 3D 프린팅 및 제조를 위한 네 가지 대표 레이저를 나열하시오.
    (a) 네 개의 레이저의 최대 출력은 무엇인가?
    (b) 이 레이저의 중심 파장은 무엇인가?
    (c) 반복률은 얼마인가?
    (d) 유지 관리 논점들을 논의하시오.

참고문헌 >>

[1] Snyder, A.W. and J. Love, Optical waveguide theory. 2012: Springer Science & Business Media.

[2] Auld, B.A., Acoustic fields and waves in solids. 1973: Рипол Классик..

[3] Taylor, J.R., Optical solitons: theory and experiment. Vol. 10. 1992: Cambridge University Press.

[4] Yasumoto, K., Electromagnetic theory and applications for photonic crystals. 2005: CRC press.

[5] Shirley, J.W., An early experimental determination of Snell's law. American Journal of Physics, 1951.19(9): p. 507-508.

[6] Lu, J., et al., Optical properties and highly efficient laser oscillation of Nd:YAG ceramics. Applied Physics B, 2000. 71(4): p. 469-73.

[7] Österberg, U. and W. Margulis, Dye laser pumped by Nd:YAG laser pulses frequency doubled in a glass optical fiber. Optics Letters, 1986. 11(8): p. 516-518.

[8] Winsemius, P., et al., Temperature dependence of the optical properties of Au, Ag and Cu. Journal of Physics F: Metal Physics, 1976. 6(8): p. 1583.

[9] Bennett, H., M. Silver, and E. Ashley, Infrared reflectance of aluminum evaporated in ultra-high vacuum. JOS A, 1963. 53(9): p. 1089-1095.

[10] Smith, D.R. and F. Fickett, Low-temperature properties of silver. Journal of Research-National Institute of Standards And Technology, 1995. 100: p. 119-119.

[11] Heavens, O.S., Optical properties of thin solid films. 1991: Courier Corporation.
Chapter 2: Lasers and Basic Optics for 3D Printing and Manufacturing 45

[12] Hass, G., M.H. Francombe, and R.W. Hoffman, Physics of Thin Films: Advances in Research and Development. 2013: Elsevier.

[13] Rancourt, J.D., Optical thin films: user handbook. 1996: SPIE Press.

[14] Sandhyarani, M., et al., Surface morphology, corrosion resistance and in vitro bioactivity of P containing ZrO 2 films formed on Zr by plasma electrolytic oxidation. Journal of Alloys and Compounds, 2013. 553: p. 324-332.

[15] Li, J.-M., et al., Self-absorption reduction in laser-induced breakdown spectroscopy using laser-stimulated absorption. Optics letters, 2015. 40(22): p. 5224-5226.

[16] Haken, H., Laser theory. 2012: Springer Science & Business Media.

[17] Newton, R.G., Scattering theory of waves and particles. 2013: Springer Science & Business Media.

[18] Davis, C.C., Lasers and electro-optics: fundamentals and engineering. 2014: Cambridge University Press.

[19] Jamil, Y., et al., He-Ne laser-induced changes in germination, thermodynamic parameters, internal energy, enzyme activities and physiological attributes of wheat during germination and early growth. Laser Physics Letters, 2013. 10(4): p. 045606.

[20] Dainty, J.C., Laser speckle and related phenomena. Vol. 9. 2013: Springer Science & Business Media.

[21] Ackermann, S., et al., Generation of coherent 19-and 38-nm radiation at a free-electron laser directly seeded at 38 nm. Physical review letters, 2013. 111(11): p. 114801.

[22] Loffler, W., A. Aiello, and J. Woerdman, Spatial coherence and optical beam shifts. Physical review letters, 2012. 109(21): p. 213901.

[23] Clarke, D. and J.F. Grainger, Polarized Light and Optical Measurement: International Series of Monographs in Natural Philosophy. Vol. 35. 2013: Elsevier.

[24] Menzel, R., Photonics: linear and nonlinear interactions of laser light and matter. 2013: Springer Science & Business Media.

[25] Chryssolouris, E., Laser machining: theory and practice. 2013: Springer Science & Business Media.

[26] Glasenapp, P., el al., Resources of polarimetric sensitivity in spin noise spectroscopy. Physical Review B, 2013. 88(16): p. 165314.
46 Lasers in 3D Printing and Manufacturing

[27] Rowlands, C.J., et al. Near-Infrared Temporal Focusing Microscopy with Quantum Dot Fluorophores. in Optical Tomography and Spectroscopy. 2016.
Optical Society of America.

[28] Zhao, Z.,et al., High-power fiber lasers for photocathode electron injectors. Physical Review Special Topics-Accelerators and Beams, 2014. 17(5): p. 053501.

[29] Xie, Y.-Y., et al., Simple method for generation of vector beams using a small-angle birefringent beam splitter. Optics le竹ers, 2015. 40(21): p. 5109-5112.

[30] Yu, N., et al., A broadband, background-free quarter-wave plate based on plasmonic metasurfaces. Nano letters, 2012. 12(12): p. 6328-6333.

[31] Chua, C. K., & Leong, K. F. (2015). 3D printing and additive manufacturing: principles and applications: principles and applications. World Scienti fic, Singapore.

[32] Kruth, J. P., Leu, M. C., & Nakagawa, T. (1998). Progress in additive manufacturing and rapid prototyping. CIRP Annals-Manufacturing Technology, 47(2), 525-540.

[33] Vaezi, M., Seitz, H., & Yang, S. (2013). A review on 3D micro-additive manufacturing technologies. The International Journal of Advanced Manufacturing Technology, 67(5-8), 1721-1754.

[34] Yariv, A. (1976). Introduction to optical electronics.

[35] Saleh, B. E.,Teich, M. C., & Saleh, B. E. (1991). Fundamentals of photonics (Vol. 22). New York: Wiley.

[36] Paschotta, R. (2008). Encyclopedia of laser physics and technology. Berlin: Wiley-vch.

[37] Beaulieu, A. J. (1970). Transversely excited atmospheric pressure CO_2 lasers.
Applied Physics Letters, 16(12), 504-505.

[38] Wood, O. R., & Schwarz, S. E. (1967). Passive Q-switching of a CO_2 laser. Applied Physics Letters, 11(3), 88-89.

[39] Nayak, N. C., Lam, Y. C., Yue, C. Y., & Sinha, A. T. (2008). CO_2-laser micromachining of PMMA: the effect of polymer molecular weight. Journal of Micromechanics and Microengineering, 18(9), 095020.

[40] Konno, S., Fujikawa, S., & Yasui, K. (1997). 80 W cw TEM00 1064 nm beam generation by use of a laser-diode-side-pumped Nd:YAG rod laser. Applied Physics Letters, 70, 2650-2651.
Chapter 2: Lasers and Basic Optics for 3D Printing and Manufacturing 47

[41] Lu, J., Prabhu, M., Song, J., Li, C., Xu, J., Ueda, K., ... & Yanagitani, T. (2000). Optical properties and highly efficient laser oscillation of Nd: YAG ceramics. Applied Physics B, 71(4), 469-473.

[42] Kawamura, Y., Toyoda, K., & Namba, S. (1982). Deep uv submicron lithography by using a pulsed high-power excimer laser. Journal of Applied Physics, 53(9), 6489-6490.

[43] Dyer, P. E. (2003). Excimer laser polymer ablation: twenty years on. Applied Physics A, 77(2), 167-173.

[44] Trokel, S. L., Srinivasan, R., & Braren, B. (1983). Excimer laser surgery of the cornea. American Journal of Ophthalmology, 96(6), 710-715.

[45] Ihlemann, J., Wolff, B., & Simon, P. (1992). Nanosecond and femtosecond excimer laser ablation of fused silica. Applied Physics A, 54(4), 363-368.

[46] Jeong, Y. E., Sahu, J. K., Payne, D. N., & Nilsson, J. (2004). Ytterbium-doped large-core fiber laser with 1.36 kW continuous-wave output power. Optics Express, 12(25), 6088-6092.

[47] Limpert, J., Schreiber, T., Clausnitzer, T., Zollner, K., Fuchs, H., Kley, E .,... & Tiinnermann, A. (2002). High-power femtosecond Yb-doped fiber amplifier.
Optics Express, 10(14), 628-638.

[48] Cheo, P. K., Liu, A., & King, G. G. (2001). A high-brightness laser beam from a phase-locked multicore Yb-doped fiber laser array. IEEE Photonics Technology Letters, 13(5), 439-441.

CHAPTER

03 레이저 기반 3D 프린팅 및 제조용 소재

다양한 재료에 대한 레이저 기반 3D 프린팅(3D printing) 및 제조에서 고해상도 및 높은 생산성을 실현하려면 대상 재료와 광자의 상호 작용을 신중하게 고려해야 한다. 3D 프린팅 및 제조용 재료는 용도에 따라 여러 가지 방법으로 분류되지만 일반적으로 플리머, 금속 또는 세라믹으로 분류할 수 있다. 3D 프린팅 분야에서 재료는 원형이 고체, 액체 또는 분말 기반인지 그 형태로 분류하는 것이 더 좋다. 본 장에서는 최고 품질의 재료가공을 위한 레이저 기반 3D 프린팅 및 제조용 다양한 소재에 대해 논하고자 한다.

3.1 서론

여러 가지 이유로 레이저는 재료가공의 매우 중요한 에너지 공급원 중 하나이다[1-3]. 첫 번째로 레이저는 높은 에너지 전달 효율을 제공한다. 레이저 빔은 공간적 코히런스(spatial coherence) 특성으로 최소의 에너지 손실로 수백만 킬로미터에 걸쳐 전파될 수 있다. 그 다음에, 레이저 빔은 고효율의 굴절 및 반사 광학계를 사용하여 초점 스폿(focal spot)으로 집광 될 수 있다. 그러나 기계적, 열적 및 전기적 에너지 전달 과정은 에너지 전달 또는 집광 과정에서 심각한 에너지 손실을 겪게 된다. 두 번째로 레이저 빔은 아주 작은 스폿으로 집광할 수 있다. 최소 스폿 크기는 근본적으로 사용 중인 레이저 파장의 약 절반 인 회절 한계(1060 nm Yb-파이버 레이저의 경우 ~ 500 nm)에 의해 제한된다. 따라서, 마이크로미터 이하 수준에 고해상도의 재료 가공이 실현될 수 있다. 세 번째로 레이저는 고속도 재료가공을 지원할 수 있다. 레이저의 높은 에너지 밀도로 인해 물질 온도를 밀리 초의 노출 시간 내에 섭씨 수천도 이상 순간적으로 증가 할 수 있다. 그래서 레이저 빔은 폴리머, 금속 및 일부 세라믹을 효율적으로 용융시킬 수 있다. 만약, 단 펄스(short pulse) 레이저를 사용하면 재료 온도를 훨씬 더 급격하게 올릴 수 있다. 네 번째로, 재료는 파장에 따른 흡수로 인해 선택적으로 가공 될 수 있다. 레이저 파장을 신중하게 선택하고 물질 흡수를 고려하여, 대상물은 대상물 근방, 대상물질의 아래 또는 위에 위치하는 다른 물질 등에 부정적인 영향을 미치지 않으면서 효율적으로 가공될 수 있다. 이러한 중요한 장점들은 오늘날 레이저가 3D 프린팅과 그 제조에 널리 사용되는 이유이다[4,5].

시장에서 수많은 3D 프린팅 및 제조 시스템을 분류할 수 있는 많은 방법이 있지만 재료는 일반적으로 폴리머, 금속 및 세라믹, 세 그룹으로 분류할 수 있다. 특히 3D 프린팅에서 분류하는 더 나은 방법 중 하나는 재료를 기본 재료의 초기 형태로 분류하는 것이다. 이러한 방식으로 모든 제조 시스템을 그림 3.1에서 보여주는 바와 같이 (1) 고체기반, (2) 액체기반, (3) 분말기반으로 쉽게 분류할 수 있다[6]. 절삭제조 및 조형제조에 비해 첨삭제조는 기본 재료의 형태에 더 민감하다.

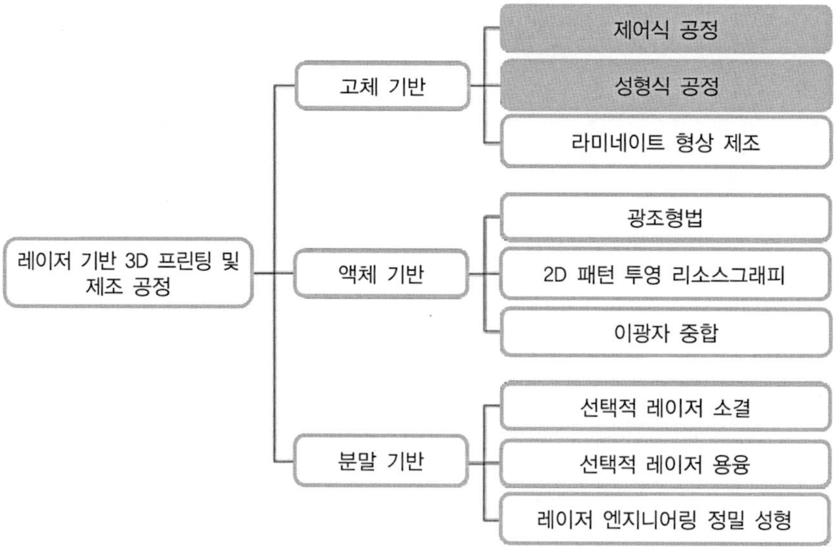

▌그림 3.1▌ 원료 형태의 구분에 따른 레이저 기반 3D 프린팅 및 제조공정의 분류

3.2 3D 프린팅 및 제조의 소재

재료 선택은 기계적, 열적, 전기적 및 광학적 특성과 같은 제품의 일반적인 특성에 영향을 미치기 때문에 제조 공정에서 가장 중요한 부분 중 하나이다. 일단 적절한 재료가 신택되면, 적합한 제조 공정이 제품 단가, 인력, 시간, 장비의 다른 기술적 세부 사항을 고려해서 선택될 수 있다. 재료비가 총 제조비용의 50 % 이상을 차지할 수 있기 때문에 재료 선택 과정이 매우 중요하다[7]. 이 장에서는 기본적인 재료 선택 방법, 기계적, 열적, 전기적 특성 및 광학 특성과 같은 기본 소재 물성치를 설명하여 독자가 레이저 재료 상호 작용을 더 잘 이해할 수 있도록 돕는 것을 목적으로 한다.

레이저 기반 3D 프린팅의 재료 선택에는 여러 가지 주의점이 있다[8]. 재료 특성은 기본 소재와 제품 성능 사이의 기본적인 연결 고리로 생각될 수 있다. 따라서 다양한 재료 특성을 초기부터 신중하게 고려해야 한다[9]. 재료의 특성에 따라 제조 공정이 결정되며, 다음에 재료 선정 과정에서 제기될 수 있는 질문 목록들을 정리하였다.

- 제품의 가장 중요한 목적은 무엇인가?
  - 낮은 가격
  - 무게 감소
  - 고강도
  - 고전도도
  - 고점도
  - 고반사율
  - 높은 손상 임계값
  - 저용융 온도
  - 환경적 안정성
  - 이들의 조합
- 상기 목적을 달성하기 위해 어떤 소재가 적합한가?
  - 금속
  - 폴리머(Polymer)
  - 세라믹(Ceramic)
  - 이들의 조합
- 어떠한 공정으로 제품을 제조할 수 있는가?
  - 제거식 공정(Subtractive process)
  - 성형식 공정(Formative process)
  - 부가식 공정(Additive process)
- 무엇이 생산 공정에 근본적인 제한을 주는가?
  - 시간
  - 생산 원가
  - 시스템 복잡성
  - 후처리 공정
- 더 나은 제품 또는 가공을 위한 대체 재료가 있는가?

표 3.1은 레이저 기반 3D 프린팅 및 재료 공정에서 고려해야 할 기본적인 재료의 특성을 보여준다. 광학 특성은 적절한 레이저 시스템, 빔 전송 광학계 및 제조 공정을 선택하는 데 중요하다. 한편, 기계적, 열적, 화학적 특성 및 환경

민감도는 최종 제품의 성능을 결정한다. 많은 수의 재료가 존재하므로 사용자의 중요한 설계 사항을 고려하여 부적절한 소재는 선별하고 적절한 소재를 선정해야한다.

[표 3.1] 레이저 기반 제조공정에서 고려해야 할 재료 특성

	재료 특성
광학 특성	흡수율, 반사율, 투과율, 광학적 손상 임계치, 굴절률, 유전율, 투과율, 표피 깊이
기계적 특성	밀도, 강도, 경도, 연성, 점도, 다공성, 포아송 비, 탄성 계수, 파괴 인성
열적 특성	열전도율, 열팽창 계수, 내열 충격성, 융점, 끓는점, 비열 용량
환경적 민감성	온도, 습도, 산도/알칼리성, 물 안정성
기타	전기적 특성, 화학적 특성, 가공 특성

3D 프린팅 및 제조 분야에 사용되는 대부분의 재료는 그림 3.2와 같이 폴리머, 금속 및 세라믹의 세 가지 기본 재료로 분류할 수 있다.

따라서, 이들의 재료특성을 철저히 이해하고 신중하게 고려해야 한다. 더불어 이 세 가지 기본 소재 분류에 포함되지 않는 다른 재료가 있다. 예를 들면 종이, 나무, 석재 및 가죽 등이며 또한, 이 재료들도 특수 3D 프린팅 및 제조에 기본 재료로 사용된다.

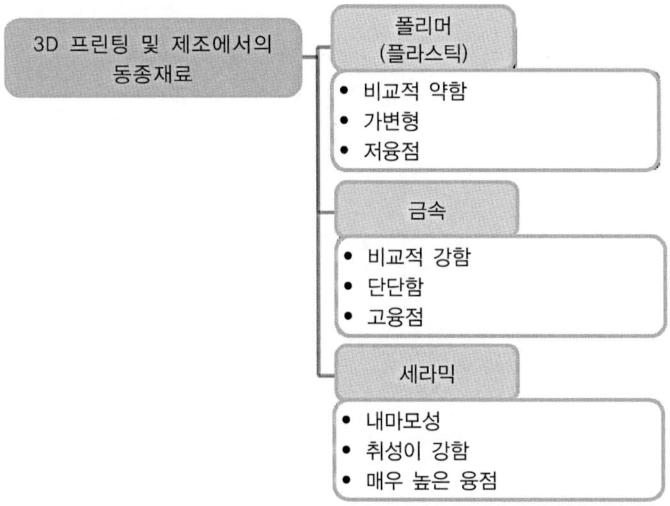

▎그림 3.2▎ 3D 프린팅 및 제조용 재료: 폴리머, 금속 및 세라믹

부가식 제조 공정은 전통적인 제거식 공정이나 성형식 공정에 비하여 기본 재료의 형상에 더 민감하다[6]. 표 3.2는 제조 기술과 활용 가능한 기본 재료 종류를 보여준다. 부가식 제조는 기본 재료에 대한 민감도가 높기 때문에 대상물에 대한 최적의 레이저 및 관련 하위 시스템을 선택하는 데 많은 주의가 필요하다.

[표 3.2] 부가식 제조 공정 및 활용가능 기본 재료

	부가식 제조 공정	재료
라미네이트 제조 (Laminated-based manufacturing) (고체)	라미네이트 형상 제조	금속 필름, 플라스틱 필름, 종이, 나무
	초음파 접합 (Ultrasonic consolidation)	금속 필름
압출기반 제조 (Extrusion-based manufacturing) (고체/액체)	용융 적층 모델링(FDM) 용융 적층 조형(FFF)	열가소성 플라스틱, 공융 금속, 금속 클레이, 고무, 클레이, 초콜릿
	직접 잉크 묘화(DIW)	세라믹, 세라믹 복합 금속, 금속 복합 소재, 서맷
광학 중합 (Photo-polymerisation) (액상)	광조형법(SLA) 디지털 광 처리(DLP) 이광자 중합(TPP)	광폴리머
분말 기반 제조 (Powder-based manufacturing) (분말)	선택적 레이저 소결(SLS)	열가소성 플라스틱, 금속 분말, 세라믹 분말
	선택적 레이저 용융(SLM)	Ti 합금, Co-Cr 합금, 스테인리스강, Al, Cu, W, Ag, Au, Pt
	전자빔 용융(EBM)	Co-Cr 합금, Ti 합금, 스테인리스강 316
	선택적 열 소결(SHS)	열가소성 플라스틱 분말
	분말 베드(Powder bed) 및 잉크 헤드(inkjet head) 3D 프린팅	대부분의 금속합금 및 열가소성 플라스틱 분말

3.3 폴리머

폴리머는 다수의 반복되는 단위를 함유하는 고분자량 화합물이다. 합성 및 천연 폴리머는 요즈음 3D 프린팅 및 제조에서 중요한 역할을 한다[10-13]. 폴리머는 단량체(monomer)로 알려진 작은 분자의 중합을 통해 생성된다. 분자량이 큰 폴리머는 인성 및 점탄성과 같은 고유한 기계적 특성을 가지게 된다. 공유 화학 결합(Covalent chemical band)에 의해 연결된 폴리머는 오랫동안 연구되어 왔으며, 요즘에는 천연 폴리머에 대한 연구가 증가하고 있다.

3.3.1 플라스틱

플라스틱(plastic)은 광범위하게 합성 또는 반 합성 유기물을 포함하는 폴리머로서 임의의 형상을 가진 고체로 성형될 수 있다[14-16]. 플라스틱은 비교적 저렴하고, 제조하기 쉬우며, 물에 영향을 받지 않고 수명이 길다. 이러한 특성들은 나무, 석재, 금속, 유리 및 세라믹과 같은 전통적인 고체 물질을 대신하고 있는 이유다. 플라스틱의 약 30 %는 포장재로 사용되고, 또 다른 30 %는 건축 공사의 배관용으로, 다른 20 %는 자동차용으로 사용된다. 플라스틱은 열가소성과 열경화성 폴리머(열경화성 물질)의 두 가지 유형으로 분류할 수 있다.

열가소성 플라스틱(Thermoplastic)

열가소성 플라스틱은 가열공정 중에 화학구조 변화를 겪지 않는 플라스틱이다. 따라서 열가소성 플라스틱을 가열함으로써 간단하게 임의의 형상으로 반복적으로 성형할 수 있다. 대부분의 열가소성 플라스틱은 고분자량을 가진다. 고분자 사슬은 약간의 온도상승으로도 급속히 약해져 점성이 있는 액체 상태가 된다. 이러한 이유로, 열가소성 플라스틱은 사출 성형, 압축 성형 및 압출 성형 공정에서 적합한 재료로 여겨져 왔다. 대표적인 예로는 폴리에틸렌(polyethylene), 폴리프로필렌(polypropylene), 폴리스티렌(polystyrene) 및 폴리염화비닐(polyvinyl chloride)이 있다. 일반적인 열가소성 플라스틱의 분자량은 20,000에서 500,000 amu(원자 질량 단위) 사이이며, 반면에 열경화성 수지는 무한한 분자량을 가진다. 3D 프린팅의 다른 재료는 아크릴(acrylic), 아크릴로니트릴 부타디엔 스티렌(acrylonitrile butadiene styrene, ABS), 나일론(nylon), 폴리락트산

(polylactic acid, PLA), 테플론(teflon), 폴리벤즈이미다졸(polybenzimidazole), 폴리카보네이트(polycarbonate), 폴리스티렌(polystyrene), 폴리프로필렌(polypropylene), 폴리에테르술폰(polyether sulfone), 폴리에텔에텔 케톤(polyetherether ketone), 폴리에테르이미드(polyetherimide), 폴리에틸렌(polyethylene), 변성 폴리페닐렌 옥시드(polyphenylene oxide), 폴리페닐렌 설파이드(polyphenylene sulfide) 폴리염화비닐(polyvinyl chloride)등이 있다.

열경화성 수지(Thermosets)

열경화성 수지는 경화공정(경화적층) 중에 비가역적인 화학 결합을 형성하는 플라스틱이다. 따라서, 열경화성 수지는 가열하게 되면 용융되지 않는 대신 분해된다. 그리고 냉각될 때 열경화성 수지는 역시 재형성 되지 않는다. 경화공정은 가열, 화학 반응 또는 광 조사에 의해 유도될 수 있다. 열경화성 수지는 일반적으로 경화 공정 전에 액체 상태 또는 연성 상태에 있으며 최종 형태로 성형되도록 설계되어 있다. 열경화성 수지의 폴리에스테르 수지(polyester resins), 에폭시 수지(epoxy resins), 비닐 에스테르(vinyl ester) 및 페놀 수지(phenolic resins)가 있다.

3.3.2 포토폴리머

포토폴리머(Photopolymer)는 높은 광자 에너지로 자외선이나 가시광선에 노출되었을 때 구조적, 화학적 성질들이 변화하는 폴리머이다[17-19]. 포토폴리머는 레이저 기반 3D 프린팅 공정에서 널리 사용된다. 예를 들면, 광 조형법(stereolithography apparatus, SLA), 디지털 광 처리(digital light processing, DLP) 및 2광자 중합(two-photon polymerisation)법 등이 있다. 포토폴리머는 열경화 네트워크 폴리머를 형성하기 위해 저중합체(oligomer)가 상호 결합된 광 경화 공정에 의해 변형 될 수 있다. 이러한 특성 변경은 본래 존재하는 내부 발색단 또는 외부 광 개시제에 의해 시작될 수 있다. 높은 광자 에너지를 갖는 자외선(UV) 파장에서 레이저 조사에 의해 외부 광중합 개시를 작동시킴으로써 광경화 공정이 시작될 수 있다. 형광 색소의 도움으로 가시광선 레이저를 광중합 개시에 사용할 수도 있다. 이러한 광경화는 단량체, 저중합체 및 광개시제의 혼합물을 경화된 고체 폴리머로 변형시킨다. 3D 프린팅 및 제조에 필요한 물성을 얻기 위해 다양한 단량체 및 저중합체가 개발되고 있다. 다른 공정과 비교할 때, 광경화는 UV 레이저 광이 집중되는 적은 부피 내에서 매우 선택적으로 중합이 가능하다. 포토폴리머층 위에 레이저 초점 스폿(3D 프린팅에서 voxel이라 불리우는 단위 체적에 부합하는 단위)을 스캐닝 함으로써, 임의 형상 2D 폴리머 구조를 제작할 수 있다. 이 공정을 층 단위로 반복함으로써 임의 형상의 3D 폴리머 구조를 제작할 수 있다. 열경화성 폴리머와 비교할 때, 포토폴리머는 휘발성 유기 용매를 사용하지 않고도 고해상도, 고효율 및 높은 중합 속도를 제공한다.

3.3.3 3D 프린팅에서의 폴리머

플라스틱은 가장 널리 사용되는 3D 프린팅 재료이다. 대표적인 재료로는 아크릴로니트릴 부타디엔 스티렌(Acrylonitrile Butadiene Styrene, ABS), 폴리락트산(Polylactic Acid, PLA) 및 폴리비닐 알코올(polyvinyl alcohol, PVA)이 있다. ABS는 고강도, 내구성, 내 충격성 및 인성이 있는 일반적인 재료('레고' 플라스틱이라고 함)로써 이송부품, 자동차 부품 및 전자 하우징에 적합하다. PLA는 적당한 강도, 내구성 및 내 충격성을 지닌 사용자 친화적인 3D 프린팅용 소재로 높은 인쇄 속도가 요구되는 소비재에 적합하다. PVA는 PLA용 물 용해성 지지체로 이들의 상세한 재료 특성은 이 장에서 다룰 것이다.

아크릴로니트릴 부타디엔 스티렌(Acrylonitrile Butadiene Styrene, ABS)

ABS 3D 프린팅 소재는 자동차 부품, 전자 제품, 가전제품, 악기, 스포츠 장비, 장난감, 파이프 및 보호장비와 같은 분야에서 널리 사용된다. 그 이유는 ABS가 비교적 저렴하고 ~250 °C의 온도로 노즐을 가열하여 쉽게 3D 프린팅 할 수 있기 때문이다. ABS는 강도 및 내구성이 높고 부분적으로 유연하며 내열성이 높은 폴리머이다. 용융 적층 모델링(Fused deposition modeling, FDM) 공정에서는 다양한 색상의 필라멘트 형 ABS를 기본소재로 선택할 수 있다. PLA에 비해 ABS 플라스틱은 취성이 적은 플라스틱이다. ABS는 아세톤으로 후 처리하여 광택 마감처리가 가능하다. ABS를 3D 프린팅 하기 위해서는 ~110 °C 근방의 온도로 제어되는 프린팅용 베드가 요구된다.

ABS의 경우 고려해야 할 몇 가지의 제한사항이 있다. 첫째, 생분해성 폴리머가 아니지만 재활용은 가능하다. 둘째, 고온 공정은 유독가스를 발생시킨다. 셋째, 햇빛에 장시간 노출되면 성능이 저하될 수 있다. 장시간 사용되지 않는 ABS는 기밀 용기에 보관해야한다. ABS는 공기 중 습기를 흡수하는 특성이 있어 프린터의 성능에 영향을 줄 수 있다.

폴리락트산(Polylactic Acid, PLA)

PLA는 전분과 같은 재생 가능한 원료(예: 옥수수 전분, 사탕 수수, 타피오카 뿌리 또는 감자 전분)에서 얻어지는 생분해성 3D 프린팅 소재이다. PLA는 SLA 또는 DLP 공정용 수지 형태 및 FDM용 필라멘트 형태로 사용될 수 있다. PLA는 ABS보다 강도, 내구성 및 내충격성이 낮아 유연하게 사용하기 쉬운 3D 프린팅 소재이며 다양한 색상을 구현할 수 있다. 따라서, PLA는 3D 프린팅에 사용하기 가장 쉬운 소재이다. PLA의 압출 온도는 약 180 ~ 230 °C로 ABS보다 낮다. 온도 조절 식 프린팅용 베드(약 50 ~ 60 °C)는 인쇄물의 품질에 도움이 되지만 필수적인 것은 아니다. PLA는 열 수축이 적으므로 대형 파트를 제작하기 용이하지만 취성이 있어 충격에 의해서 쉽게 파손될 수 있다. 독성이 낮기 때문에 흄 후드 설치는 의무 사항이 아니다.

PLA는 대기에서 물 분자를 흡수하는 특성이 있고 다른 플라스틱보다 물 흡수에 더 민감하여 대기상에 노출된 경우 취성이 증가하고 때로는 인쇄하기가 어려울 수 있으므로 원료를 조심스럽게 보관해야 한다. PLA는 다른 석유 화학 기반 플라스틱에 비해 환경친화적이고 안전한 물질로 여겨지며 식품 저장, 식기 및 의복, 위생 제품 및 생분해성 의료용 임플란트(예: 조직 나사, 봉합선, 핀, 나사 세트; 분해기간 0.5 ~ 2년) 등에 사용될 수 있다.

폴리비닐 알코올(Polyvinyl Alcohol, PVA)

PVA는 특수 수용성 플라스틱으로, 일반적으로 종이 접착제, 증점제(thickener), 포장 필름 또는 이형제로 사용된다. 3D 프린팅 분야에서 PVA는 PLA와 함께 이중 또는 다중 압출기에 지지 구조로 사용된다. 다양하고 복잡한 돌출된 디자인 구조가 있는 복잡한 3D 프린팅 부품은 적절한 서포트와 함께 제작되어야 한다. 그렇지 않으면 3D 프린팅된 구조가 변형되거나 붕괴될 수 있다. 프린팅된 물체를 물에 담가 놓으며 PVA가 완전히 용해됨으로 시간이 걸리는 후처리 공정이 필요하지 않다. PVA의 압출 온도는 PLA의 압출 온도와 비슷한 180 ~ 230 °C이다. 그러나 주변 공기의 수분이 필라멘트를 빠르게 저하시키기 때문에 취급하기가 쉽지 않다. 따라서 PVA는 건조제와 함께 밀폐된 상자나 용기에 보관해야 하며 사용 전에 건조가 필요할 수 있다.

나일론(Nylon)

나일론은 3D 프린팅에 사용되는 매우 견고하고 내구성이 뛰어난 다목적 열가소성 수지이다. 나일론은 펩타이드 결합으로 연결된 반복 단위로 만들어지며 폴리아미드의 일종이다. 나일론은 상업적으로 성공한 최초의 합성 열가소성 폴리머이며, 다양한 특성 변화를 얻기 위해 다양한 첨가제와 혼합될 수 있다. 나일론은 기본적으로 얇을 때 유연하나 높은 층간 접착력으로, 리빙힌지(living hinge) 및 다른 기능적 부품으로 역할을 할 수 있다. 필라멘트 형태에서 나일론은 자연스러운 밝은 흰색의 반투명한 표면으로 보이며 색상은 산성 기반 의류용 염료를 흡수시켜 변경할 수 있다. 나일론은 습기에 매우 민감하기 때문에 건조제, 진공 또는 고온보관 등의 주의 깊은 보관이 권장된다.

[표 3.3] 3D 프린팅의 다양한 폴리머 소재 기계적 물성치

소재	인장강도	인성	열변형 온도
ABS	33 MPa	106 J/m	95.6 °C
Nylon	48 MPa	200 J/m	97.2 °C
PLA	50 MPa	80 J/m	65.5 °C
PC	68 MPa	53 J/m	138 °C
PEI	81 MPa	41 J/m	213 °C

[표 3.4] 신업계 응용분야별로 사용하는 폴리머

적용분야	폴리머 예시
제조	ABS-ESD7, PC, PPSF, ABSPlus, Nylon, PC-ABS
국방	ABS-ESD7, PPSF, ULTEM 9085, Nylon, PC-ABS
의료	ULTEM 1010, PC-ISO, ABS-M30i
소비재	RGD525, VeroClear, ASA, DigitalABS, ABSPlus, Tango

3.4 금속

금속은 일반적으로 고강도, 높은 전기 전도도 및 높은 열 전도성을 가지고 있는 재료이다[20]. 금속은 제거식, 성형식 및 부가식 제조 공정 등을 통해 유연하게 성형될 수 있다. 금속들은 고강도 때문에 프레싱 제거식 제조(pressing subtractive manufacturing)에 의해 제거된다. 해머링(hammering) 또는 드로잉

(drawing) 가공을 통해 부서짐 및 균열 없이 초기 형태에서 영구적으로 변형될 수 있다. 금속 분말은 또한 용융 공정을 통해 소결되거나 융합될 수 있다. 주기율표의 많은 수의 원자, 즉 118개의 원소 중 91개는 금속이다. 레이저 제조에 널리 사용되는 금속들의 예로는 스테인리스 스틸, 알루미늄, 구리, 금, 은, 백금, 티타늄, 황동 및 청동 등이 있다.

3.4.1 기계적 특성

금속의 가장 중요한 기계적 특성 중에 소성 변형과 밀접한 관련이 있는 것이 연성이다[21,22]. 가역 탄성 변형은 기계적 응력이 변형률에 선형으로 비례하는 훅(Hooke's)의 법칙으로 설명할 수 있다. 탄성 한계보다 큰 기계적 힘이 가해지면 비가역적인 영구 변형이 이루어지는데, 이를 소성변형이라고 한다. 금속 결합의 무 방향성 특성 역시 대부분의 금속성 고체의 연성에 기여한다. 이온 결합면이 미끄러지면서 발행한 위치 변화로 동일한 전하량을 가진 이온이 근접위치로 이동하여 결정이 절단된다. 이러한 이동은 파단과 분열이 발생하는 공유 결합된 결정에서 관찰될 수 없다. 원자 배열의 비가역적인 변화는 작용한 힘(또는 작업)에 의해 발생될 수 있다. 작용한 힘의 종류는 인장, 압축, 전단, 굽힘 또는 비틀림 힘이 될 수 있다. 파괴 역학은 재료의 기계적 성질을 측정, 이해 및 향상하는 데 필수적인 응력 및 연산률의 물리적 특성을 밝히기 위한 중요한 수단이다. 연성은 그림 3.3에서 보여주는 바와 같이 탄성과 소성 변형과 연관되어있다. 금속이 탄성 변형 영역에서 늘어나면 변형 응력은 선형 관계를 따른다. 그런 다음 변형이 계속 증가하면 응력이 탄성 변형 한계치인 항복 강도에 도달하여 비선형 소성 변형이 관찰되기 시작한다. 변형이 더 증가하면 응력이 최대값, 즉 극한 인장강도(UTS)에 도달하며 그 이후 감소하기 시작한다. 그리고, 연산률이 더 증가하게 되면 금속은 최종적으로 파단하게 된다. 이 파단에 해당하는 변형을 파괴 신장이라고 한다. 여러 금속의 기계적 물성이 표 3.5에 나와 있다.

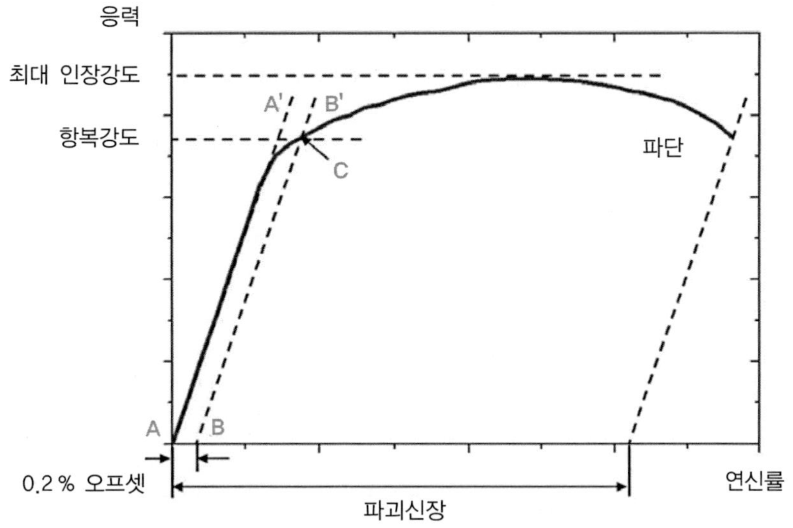

| 그림 3.3 | 금속의 전형적인 변형 – 응력 곡선. 연성이 탄성 및 소성변형을 지배
A–A': 탄변형 영역, B–B': A–A' 에서 0.2 % 오프셋된 라인, C: 항복강도(yield strength)

[표 3.5] 3D 프린팅과 제조용 금속의 기계적 특성

소재	특징	극한인장강도	항복강도	파단시 연신율
스테인리스강 (17-4 PH)	· 우수한 용접성 · 내부식성 · 효율적 비용	980 MPa	500 MPa	25 %
스테인리스강 (316 L)	· 우수한 용접성 · 내부식성 · 연성	640 MPa	530 MPa	40 %
알루미늄 (AlSi10 Mg)	· 가벼움 · 고강도 · 우수한 열특성	340 MPa	250 MPa	1.5 %
인크넬 625	· 높은 인장강도 · 높은 크리프 강도 · 높은 파열강도	900 MPa	615 MPa	42 %
티타늄 (Ti64)	· 생체 적합성 · 내부식성	1,150 MPa	1,030 MPa	11 %
코발트 크롬 (CoCrMo)	· 높은 인장강도 · 고경도 · 생체 적합성	1,200 MPa	800 MPa	24 %

3D 프린팅 부품의 기계적 성질은 결함에 의해 크게 영향을 받으며, 기공 부피 분율, 기공 크기 및 분말 간극과 같은 제품 조직상태가 중요하다(표 3.6). 3D 프린팅된 금속은 일반적으로 표 3.6 및 그림 3.4와 같이 높은 항복 강도, 낮은 연성 및 낮은 동적 특성을 가지고 있다. 낮은 다공성 재료의 피로 한계는 완전 밀집 금속의 0.5 UTS에 비해서 낮은 일반적으로 0.35 UTS이다. HIP(hot isostatic pressure)는 내부 결함을 제거하고 미세 구조를 복구하여 기계적 성질을 향상시킨다. 표 3.6은 3D 프린팅된 금속 및 폴리머 부품의 기계적 특성에 대한 일반적인 경향을 보여준다.

[표 3.6] 3D 프린팅된 기계적 성질(SLS)

	금속	폴리머	비금속
탄성 계수	다공성 기인 (멱함수 법칙)	다공성 기인 (멱함수 법칙)	다공성 기인
강도/연성	다공성에 기인한 등방성(높은 항복강도)	다공성에 기인한 이방성(연성)	다공성에 기인한 와이블(Weibull) 작용
피로	σ_e<0.5 UTS or no σ_e		-
파괴 인성	벌크 소재보다 작거나 같음		-

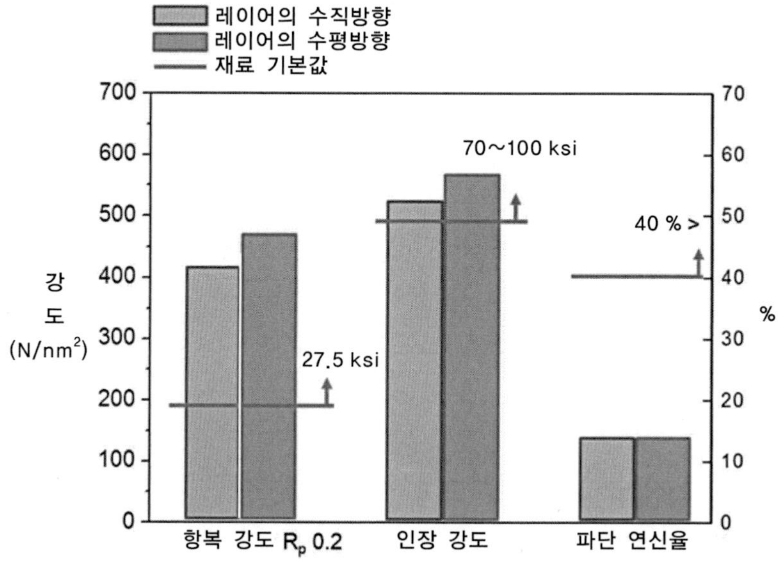

Ⅰ그림 3.4Ⅰ SLM 가공된 316L 스테인리스강의 기계적 강도(항복 강도, 인장 강도, 파단 연신율)

3.4.2 열 / 전기적 특성

금속은 높은 전기적 및 열적 전도성을 가지고 있다. 금속은 전형적으로 가단성과 연성이 있으며, 파단 없이 응력 하에서 변형된다. 광학 특성 면에서 볼 때 금속은 빛나고 광택이 있다. 두께가 수 ㎛인 금속판은 불투명하지만 금박은 녹색 빛을 투과한다. 대부분의 금속은 대부분의 비금속보다 높은 밀도를 가지지만 밀도는 리튬은 가장 밀도가 낮고 오스뮴은 가장 밀도가 높은 등 밀도의 범위가 매우 다양하다. 그룹 IA 및 IIA의 알칼리 및 알칼리 토금속은 저밀도, 낮은 경도 및 저 융점을 가지기 때문에 경금속으로 불리워진다. 대부분 금속의 고밀도인 것은 금속 구조가 조밀하게 채워진 결정격자이기 때문이다. 서로 다른 금속에 대한 금속결합의 강도는 전이 금속 계열의 중심 주위에서 최대값에 도달한다. 이는 이러한 원소가 단단한 결합유형인 금속 결합에서 많은 양의 비편재화된 전자(delocalized electrons)를 갖기 때문이다. 그러나 원자 반경, 핵 전하, 결합 궤도 수, 궤도 에너지 겹침 및 결정 형태 등과 같은 다른 요인들도 있다. 금속의 전기적 및 열 전도성은 외부 전자가 비편재화 되면서 발생한다. 금속의 전기 전도도 및 열전도도는 일반적으로 이온 격자의 상세한 구조를 고려하지 않은 자유 전자 모델로부터 계산할 수 있다. 금속의 원자는 외부 껍질 전자를 쉽게 잃어버리므로 그 밖의 단단한 배열 안에 자유롭게 흐르는 전자구름이 생긴다. 이는 금속 물질이 열과 전기를 쉽게 전달할 수 있는 능력을 제공한다. 3D 프린팅에서 대표적인 금속의 열 특성은 표 3.7에 나타나 있다. 대부분의 금속에서 최대 작동 온도는 700 °C보다 낮고, 열전도도는 ~15 W/m °C이며 열팽창 계수는 ~13 m/m °C이다.

[표 3.7] 3D 프린팅 재료의 열적 특성

재료	최대 사용 온도	열 전도율	열팽창 계수
스테인리스강 (17-4 PH)	550 °C	14 W/m °C	14×10^{-6} m/m °C
스테인리스강 (316 L)	-	-	
알루미늄 (AlSi10 Mg)	-	-	
인크넬 625	650 °C	-	12.5×10^{-6}~ 13.0×10^{-6} m/m °C
티타늄 (Ti64)	350 °C	-	
코발트 크롬 (CoCrMo)	1150 °C	13 W/m °C	13.6×10^{-6}~ 15.1×10^{-6} m/m °C

3.4.3 금속 합금

합금은 주성분이 두 가지 이상의 금속 물질의 혼합물이다. 대부분의 순금속은 너무 연하거나 또는 취성이거나 화학적으로 반응하기 때문에 실용적인 응용 분야에 적합하지 못하다. 서로 다른 종류의 금속을 조합하여 합금을 형성하면 원하는 특성을 얻을 수 있기에 순금속의 성질을 변형한다. 합금 제조의 일반적인 목적은 합금을 더 단단하게 하거나 취약성을 약화시키거나 부식에 강하게 하기 위해서이다. 철 합금 즉, 철강, 스테인리스 강, 주철, 공구강 및 합금강은 수량과 가치측면에서 가장 널리 사용되는 금속 합금이다. 서로 다른 탄소 비율로 합금 된 철은 저탄소강, 중탄소강 및 고탄소강을 제공하며, 탄소 함유를 증가 시키면 연성과 인성이 감소한다. 실리콘을 첨가하면 주철이 되지만 탄소강에 크롬, 몰리브덴 및 니켈을 첨가하면 스테인리스강(10 % 이상)이 생성된다. 다른 주요 금속 합금은 알루미늄, 티타늄, 구리 및 마그네슘이다. 구리 합금은 전기 배선에 가장 중요하게 사용된다. 알루미늄, 티타늄 및 마그네슘의 합금은 무게대비 강도 비율이 높기 때문에 항공 우주 및 특수 자동차에 적합하다. 제트 엔진과 같이 요구성능이 높은 응용분야를 위해서 특별히 고안된 합금에는 열 개 이상의 성분이 포함될 수 있다. 3D 프린팅은 분말형태로 구입이 가능한 티타늄, 니켈계 초합금, 스테인리스 강 및 공구강 등 다양한 금속을 이용하여 제작할 수 있다. 프린팅 재료로는 스테인리스 스틸 17-4PH, 스테인리스 스틸 316L, 알루미늄 AlSi10Mg, 인코넬 625, 인코넬 718, 티타늄 Ti64 및 코발트 크롬 CoCrMo가 있다. 이들은 일반적으로 높은 인장 강도로 수행된다. 2012년 3D 인쇄용 금속 분말의 예상 가격은 다음과 같다(Wohlers Report).

· 공구강	~$50/lb
· 스테인리스강	~$50/lb
· 알루미늄 합금	~$50/lb
· 코발트 크롬	~$55-250/lb
· 니켈 합금	~$95-125/lb
· CP 티타늄	~$150-400/lb
· 티타늄(Ti-6Al-4V)	~$150-400/lb

3.5 세라믹

세라믹은 금속과 비금속 화합물로 만들어진 무기 비금속 재료로 레이저 기반 3D 프린팅에서 비교적 새로운 소재 그룹이다. 세라믹의 제조는 가열 및 후속 냉각을 기본으로 한다. 점토는 세라믹을 생산하는데 사용된 최초의 기초 재료 중 하나였지만 요즘 산업 및 건축 제품에는 다양한 종류의 재료가 사용된다. 세라믹은 일반적으로 강하고 딱딱하며 부서지기 쉽고 화학적으로 비활성이며 비전도성(열적 및 전기적) 물질로 알려져 있다. 결정질 세라믹은 넓은 범위의 방법으로 제작에 용이하지 않다. 이용 가능한 방법은 두 가지 그룹으로 다음과 같이 분류된다. 하나는 실시간 반응(in-situ reaction)에 의해 원하는 형태의 세라믹을 만들고, 다른 하나는 원하는 형태의 세라믹 분말을 형성 한 다음 소결로 구조를 응고시킨다. 후자의 그룹에는 핸드 성형, 슬립 캐스팅, 테이프 주조, 사출 성형, 건식 압착 등과 같은 방법이 포함된다. 유리는 비결정성 물질이기 때문에 세라믹이 아니나 그 가공 단계 및 기계적 성질은 용융에 기초한 세라믹과 유사하다. 용융 상태에서 몰드에 유리를 캐스팅(casting) 또는 블로잉(blowing)하여 성형할 수 있다.

3.5.1 기계적 특성

세라믹의 기계적 특성은 구조 및 건축 자재에서 중요하다. 기계적 성질은 탄성, 가소성, 인장 강도, 압축 강도, 전단 강도, 인성, 연성 및 압입 경도를 포함한다. 세라믹은 이온 결합 또는 공유 결합을 기반으로 해서 소성 변형이 일어나기 전에 파단되는 경향이 있으며 이는 세라믹이 약한 인성을 가진 이유다. 또한, 그들은 일반적으로 다공성이기 때문에 세라믹 내부의 모공과 다른 미세한 결점이 응력 집중을 야기시키는 역할을 한다. 결과적으로, 인장응력에 따라 인성이 더 감소하며, 이는 훨씬 더 완만한 파단 모드를 갖는 금속과는 달리 급속한 파단 모드를 가진다. 이러한 취성 거동을 극복하기 위해, 비교적 새로운 종류의 세라믹 복합재료를 도입하여 개발했으며, 이 복합재에는 세라믹 섬유가 내장되어있어 가능한 균열을 가로 지르는 섬유 가교가 형성될 수 있다. 이 공정은 세라믹의 파괴 인성을 증가시키며, 세라믹 디스크 브레이크(ceramic disc brake)가 좋은 예이다. 대표적인 세라믹 재료의 기계적 성질은 표 3.8과 같다.

[표 3.8] 세라믹 재료와 스테인리스강의 비교

재료	밀도 (g/cm^2)	탄성계수 (Gpa)	굽힘강도 (Gpa)	파괴인성 (MPa·m^2)	최대 사용가능 온도 (°C)
산화알루미늄 (Aluminium oxide)	3.9	395	300	38	1,700
산화지르코늄 (Zirconium oxide)	6.1	210	1,050	7	1,500
탄화규소 (silicon carbide)	3.1	400	380	3	1,600
질화규소 (silicon nitride)	3.2	310	600	6	1,000
질화붕소 (Boron nitride)	2.3	675	51	2.6	1,000
탄화규소 (silicon carbide)	2.5	270	360	39	1,600
최신 고강도강 (Advanced high-strength steel) (QuesTek C61)	7.9	200	1,650	140	430

3.5.2 열적 특성

세라믹 재료의 물리적 성질은 근본적으로 화학적 조성과 결정질 구조에서 기인한다. 물리적 성질은 냄새, 색, 부피, 밀도, 녹는 점, 끓는점, 열용량, 실온(고체, 액체 또는 기체 상태)의 물리적 형태, 경도, 다공성 및 굴절률을 포함한다. 대부분의 벌크(bulk) 기계적, 열적, 전기적, 자기 적 및 광학적 특성은 미세 구조의 영향을 크게 받는다. 제조 방법 및 공정 조건은 일반적으로 미세 구조에 의해 결정되며, 이는 많은 세라믹 결함의 원인은 파단 및 연마된 미세 구조 때문이다. 미세 구조는 결정립, 2차상, 결정립 경계, 기공, 미세 균열 및 구조적 결함을 포함한다.

세라믹은 1,000 °C에서 1,600 °C까지 매우 높은 온도를 견딜 수 있다. 세라믹의 흥미로운 특징은 온도에 따른 전도성이다. 세라믹의 온도가 상승하면 결정립계가 생길 수 있으므로 일부 세라믹 재료는 갑자기 절연체가 될 수 있으며(또한 반도체 소재로 작용할 수 있음), 이들은 주로 중금속 티탄산염 혼합물이다. 반도체 전이온도는 화학적 변화에 의해 넓은 범위에 걸쳐 설계될 수 있다. 그러한 세라믹에서 전류는 전이 온도까지 가열될 때까지 통과될 것이며, 전이온도에서 회로는 파괴되고 전류는 멈출 것이다. 몇 가지 세라믹 재료의 사용 온도와 비 탄성률을 그림 3.5에 나타내었다.

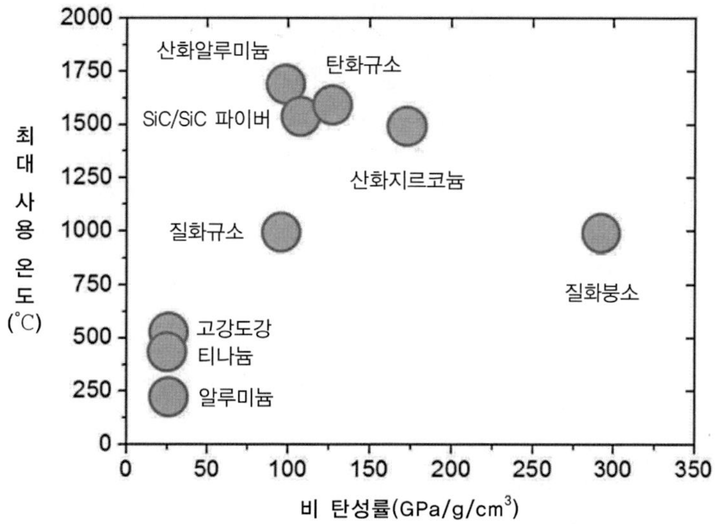

| 그림 3.5 | 세라믹 재료와 금속의 비교

3.5.3 전기적 특성

전기 전도성과 관련하여 세라믹 물질은 전기 절연체로 널리 사용된다. 그러나 세라믹 화합물은 경우에 따라 초전도체로 작용할 수 있으며 산화 아연과 같은 일부 세라믹은 반도체이다. 산화아연에서 나오는 청색 LED를 대량으로 생산할 전망이 있는 반면, 세라믹 연구자들은 결정립계 효과를 나타내는 전기적 특성에 더 관심이 있다. 반도체 세라믹은 가스센서에 활용 가능하다. 다양한 가스가 다결정 세라믹을 통과할 때, 전기 저항은 변화함으로 이를 기반으로 저렴한 가스 감지 장치를 구현할 수 있다.

3.6 복합소재

복합재료(composite)는 서로 다른 물리적 또는 화학적 특성을 지닌 두 개 이상의 구성 재료로 만들어져 결합되었을 때 개별 구성 요소와 다른 특성을 갖는 재료를 생성한다. 개별 구성 요소는 완성된 복합재료 구조 내에서 분리 및 구분되어 존재한다. 신소재는 여러 가지 이유로 선호될 수 있다. 일반적인 예로는 기존 소재보다 강하고 가벼우며 가격이 저렴하다.

일반적인 엔지니어링 복합소재는 다음과 같다.

- 시멘트 및 콘크리트와 같은 복합 건축 자재
- 강화 플라스틱(예: 섬유 강화 폴리머)
- 금속 복합재료
- 세라믹 복합재료(복합 세라믹 및 금속 매트릭스)

복합재료는 일반적으로 보트, 선체, 수영장 패널, 경주용 차체, 샤워실, 욕조, 저장 탱크, 모조 화강암, 인조 대리석 싱크대 및 조리대와 같은 건물, 교량 및 구조물에 사용된다. 가장 발전된 예로는 우주선과 항공기 등 까다로운 환경에서 사용되는 것을 들 수 있다.

3.7 다른 소재들

3.7.1 종이

표준 A4 용지는 라미네이트 형상 제조(laminate object manufacturing, LOM) 또는 선택적 라미네이션 증착(selective deposition lamination, SDL)에 사용되는 3D 프린팅 용지이다. LOM 및 SDL에서 용지는 먼저 급지 롤에서 용지 스택으로 풀리고 가열된 롤러를 사용하여 이전 층에 접착된다. 롤러는 내층 접착을 위해 종이의 하측에서 플라스틱 코팅 또는 접착층을 녹인다. 각 층은 다음 XY 갈바노 스캐닝 미러의 도움으로 레이저 절단에 의해 패턴화 된다. 절단 과정 후, 남아있는 종이 부분을 절단하여 층을 분리시킨다. 여분의 용지는 테이크 업 롤(take-up roll)에 감긴다. 용지를 기본 재료로 사용하면 경제성, 안전성, 신뢰성 및 풀 컬러 프린팅 기능 등의 장점이 있다. 종이로 만든 3D 프린팅 부품은 안전하고 친환경적이며 재활용할 수 있다.

3.7.2 바이오 소재

조직/세포 특성을 이해하고 의료 응용을 위한 기능성 인체용 조직을 제조하기 위한 기초연구를 위해 3D 프린팅 바이오 소재를 연구하려는 거대한 연구 동향이 있다[23-34]. 예를 들어, 주요 조직의 이식용 인체 장기 및 체내 교체용 외부 조직을 프린팅하기 위해 살아있는 조직을 기본 3D 프린팅 소재로 연구하고 있다.

- 바이오 잉크
  바이오 잉크는 환자의 줄기세포와 세포로 구성된다. 이들은 조직을 형성하기 위해 층층이 구성할 수 있다. 혈관, 방광 및 신장 부분과 같은 인간의 장기는 이 기술을 사용하여 복제된다.
- 뼈 재질
  실리콘, 인산칼슘 및 아연을 포함하는 뼈와 같은 물질이 최근에 프린팅되었다. 이 뼈와 같은 물질은 미발달된 인간의 뼈세포 부분과 통합된다. 일주일 안에 구조와 함께 새로운 뼈의 성장이 관찰되었다. 이 물질은 녹아서 환자에게 해를 끼치지 않는 것으로 입증되었다.
- 피부
  세포의 3D 프린팅은 피부 재생을 도울 수 있다. 이것은 피부 치료 방법에 변화를 가져올 수 있다. 재생 의료 응용 잠재력은 상처 치유, 성형외과 및 화장품 분야에서 엄청나게 크다.

3.7.3 식품 프린팅

초콜릿은 3D 식품 프린팅의 개념을 이해하기 쉬운 재료이다. 용융 상태의 초콜릿은 열가소성 물질과 유사한 물질 특성을 가지므로, 압출 또는 분말 소결에 기초한 다양한 3D 프린팅 방법이 초콜릿에 적용될 수 있다. 설탕, 파스타 및 고기와 함께 작동하는 3D 프린터도 있다. 3D 식품 프린팅은 다양한 잠재적 이익을 제공한다. 해조류, 사탕무 잎 또는 곤충에서 단백질과 같은 대체 성분을 맛있는 제품으로 전환하는데 기여함으로 환경 및 건강에 좋을 수 있다. 또한 생산된 식품을 개별 소비자의 요구와 기호에 맞도록 조정할 수 있어 식품 맞춤화를 가능하게 한다. 식품 디자인과 장식은 제품이 눈과 입을 동시에 즐겁게 해주므로 3D 식품 프린팅의 혜택을 누리게 될 것이다. 3D 식품 프린팅의 또 다른 흥미로운 전망은 우주 공간에서 음식을 먹는 것이다. 현재 우주 비행사는 임무 중 동결 건조 식품을 먹고 있으나, 삶의 질을 높이기 위해 NASA는 우주에서 음식을 3D로 프린팅하는 방법을 적극적으로 찾고 있다. 그들의 첫 번째 프로젝트는 피자용 3D 식품 프린터이다.

3.7.4 탄소소재: 그래핀 및 탄소나노튜브

그래핀(Graphene)과 탄소나노튜브(carbon nanotubes, CNTs)는 높은 전자이동도, 양호한 열전도도 및 높은 탄성 등의 매혹적인 특성을 가지고 있으므로 전자공학, 포토닉스, 생체 의학 및 에너지 저장장치, 센서 및 기타 첨단 기술 분야 등 유망한 잠재력을 가진 응용 분야에서 주목을 받고 있다. 그래핀은 결정성 흑연의 단일원자 막(layer)이며 CNTs는 독특한 기계 및 전자 특성을 갖는 원통형 탄소 구조다. CNTs는 실린더 모양으로 둥글게 만 그래핀 시트(탄소 육각격자)로 생각할 수 있다. 그래핀 또는 CNT 강화 나노복합재료는 3D 프린팅에 사용되는 기존의 플라스틱 및 기타 재료들과 비교하여 우수한 특성을 제공한다. 그래핀 및 CNTs를 적용한 프린팅 소재는 유연성 및 높은 투명도를 유지하면서 기계적으로 강하고 열전도성 및 전기적 전도성을 가지는 그래핀 및 CNTs의 우수한 특성을 공유할 수 있다. 유연성 및 높은 투명성을 유지하면서 기계적으로 강하고 열 전도성 및 전기적으로 전도성을 갖는다. 그래핀의 3D 프린팅은 인쇄된 전자 회로, 센서 또는 마이크로 배터리와 같은 다양한 신제품의 개발을 가능하게 한다.

3.8 레이저 기반 가공용 재료의 광학적 특성

엔지니어링 재료의 주요 물리적 특성에는 전기, 열, 자기 및 광학 특성이 포함되며, 광학 특성은 물질과 광 전자파(EM)의 상호작용으로 정의된다. 광학 특성은 흡수, 반사, 투과, 굴절률, 복굴절 등을 포함한다. 전자기 스펙트럼은 그림 3.6에서 보여주는 바와 같이 γ-ray(~10^{-12}m)에서 자외선(UV), 가시광선, 근적외선(NIR), 적외선 및 전자파(~ 10^{5}m)에 이르기까지 광범위 하다[2]. 광에너지 이론에서 빛은 $E = h\nu = hc_0/\lambda$의 광자 에너지(E)를 갖는 파동으로 간주될 수 있다. 여기서 h는 플랑크상수, ν는 광 주파수, c_0는 빛의 속도, λ는 빛의 파장이다.

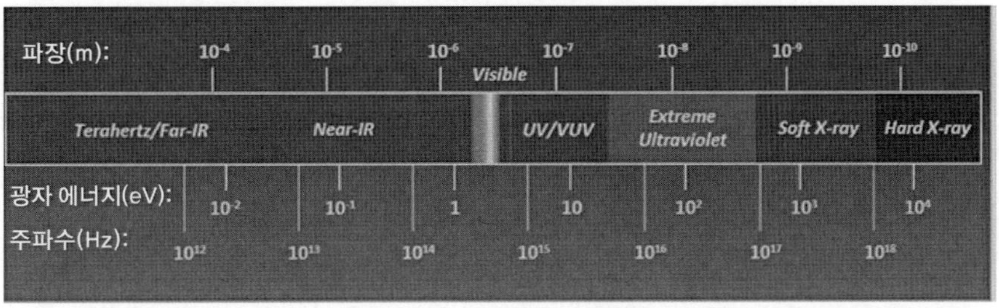

▎그림 3.6▎ 파장 주파수 및 광자 에너지 영역에서의 광 전자파의 스펙트럼

3.8.1 재료의 흡수에서 파장 의존성

광자와 타겟 물질의 전자 또는 결정구조의 상호작용은 많은 물리적 현상을 초래한다. 광자는 재료에 에너지를 공급할 수 있고(흡수, absorption), 또는 동일한 에너지의 광자가 물질에 의해 직접 방출될 수 있으며(반사, reflection), 그렇지 않으면, 광자가 물질과의 어떠한 상호작용 없이 전파될 수 있다(투과, transmission). 상호작용의 순간에 표면에 입사하는 입사광의 총 강도(I_0)는 에너지 보존의 법칙에 의해 흡수된 강도(I_A), 반사된 강도(I_R) 및 투과된 강도(I_T)의 합($I_0 = I_A + I_R + I_T$)과 같다.

만일 재료가 완벽하게 투명하지 않으면, 재료에서의 입사광의 강도는 전파거리에 따라 기하급수적으로 저하된다. 얇은 두께의 재료(δx)를 고려하면, δx의 전파동안 광의 강도저하는 $\delta I = -\alpha \times \delta x \times I$과 같이 표현되며 여기서 α는 흡수계수(m^{-1} 차원)이다. $\delta x \rightarrow 0$으로 제한되는 경우를 고려하면 강도의 감소는 미분형태인 $dI/dx = -\alpha I$로 나타낼 수 있다. 이 미분 방정식의 해는 $I = I_0 \times \exp(-\alpha)$이다. 재료의 관통깊이는 $I/I_0 = 1/e$에서의 깊이로 정의된다. 관통깊이의 몇 가지 예는 다음과 같다.

재료의 관통 깊이

- 물 : 320 mm
- 유리 : 290 mm
- 흑연 : 600 nm
- 금 : 150 nm

흡수, 투과 및 반사 메커니즘은 금속 및 비금속 재료에 따라 다르다. 금속에서 전자가 광자-물질 상호 작용을 통제하는 반면, 다른 물질에서는 메커니즘이 핵에 의해 지배된다.

금속 재료에서의 흡수

금속에서는 부분적으로 채워진 높은 에너지 전도대가 존재한다. 따라서, 금속에 입사하는 광자 에너지는 전자를 비점유 상태로 여기시키는데 사용되며, 이는 금속이 불투명한 이유이다. 전자의 농도가 높기 때문에 대부분의 광자는 금속 구조의 100 nm 이내에서 흡수된다. 금속막이 100 nm보다 얇으면 빛을 투과할 수 있다. 흡수 후 금속 원자의 표면층에 있는 여기원자는 바닥상태가 되어 반사라 불리는 동일 에너지 준위에서의 광자 방출이 일어난다. 결과적으로 대부분의 금속은 입사광의 약 95 %를 반사하며, 재료에 남은 에너지는 열로 변환되어 레이저 기반 3D 프린팅에 활용될 수 있다. 금속은 일반적으로 전자의 관성이 반사메커니즘을 제한하므로 고에너지 광자 방사선(x-ray, γ-ray, 자외선)에서 반사가 적다(높은 흡수성과 투과성).

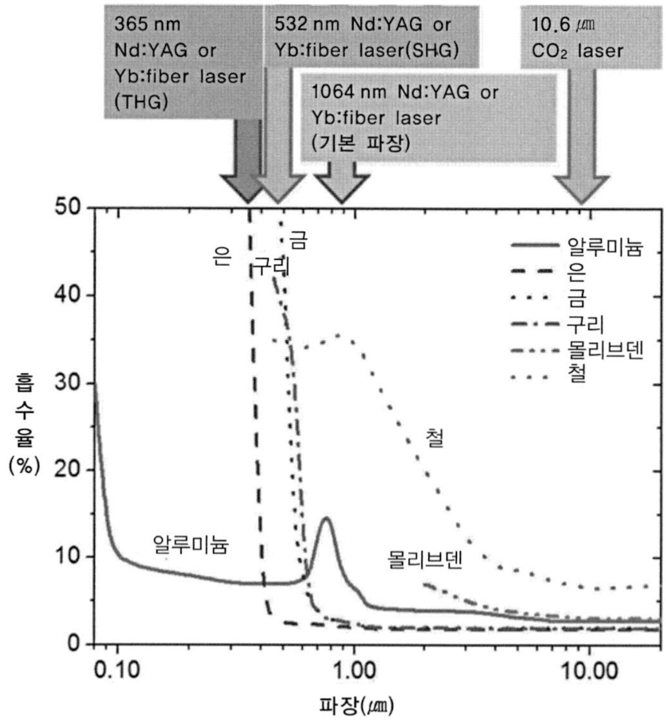

그림 3.7 ▌ 파장에 따른 여러 가지 금속(Al, Ag, Au, Cu, Mo, Fe)의 흡수율; 레이저 기반의 3D 프린팅 및 제조를 위한 대표적인 네 가지 파장범위를 나타내며 X축은 넓은 파장범위를 나타내기 위해 로그눈금으로 표현함

알루미늄(Al), 은(Ag), 금(Au), 구리(Cu), 몰리브덴(Mo) 및 철(Fe)의 여러 가지 금속의 재료 흡수성을 그림 3.7에 나타내었다. 금속은 800 nm보다 긴 파장에서 비교적 높은 반사율을 갖는다. 따라서 알루미늄(Al), 은(Ag) 및 금(Au)는 광대역 금속 미러로 널리 사용되고 있다. 알루미늄(Al)은 자외선에서 적외선까지 광범위한 반사 스펙트럼을 제공하지만 반사율은 다른 것보다 상대적으로 낮다. 은(Ag) 및 금(Au)는 알루미늄(Al)보다 높은 반사율을 제공한다. 은(Ag)는 근적외선 파장에서보다 우수한 반면 금(Au)는 가시 파장에 대해 바람직한 미러 소재이다. 철은 ~3.0 ㎛보다 짧은 파장에서 10 %보다 높은 광 흡수율을 가지므로 철이 다른 금속보다 덜 빛나는 것처럼 보인다.

레이저 기반 3D 프린팅에는 세 가지 대표적인 레이저 파장이 있다. 10.6 ㎛, 1064 nm 및 ~355 nm 이다. 그림 3.7에서 보여주는 것과 같이 1064 nm 및 자외선 파장은 금속 레이저 가공의 후보가 될 수 있다. 모든 금속은 자외선 영역에서 높은 흡수율을 갖지만 자외선의 엑시머 레이저는 너무 비싸고 유지 관리가 쉽지 않으며 빔 모드가 좋지 않아 레이저 기반 3D 프린팅에는 널리 채택되기 어렵다. 대신에 1064 nm에서 Nd:YAG, Nd:YVO_4, Yb-글라스 및 Yb-파이버 레이저와 같은 고출력 레이저는 합리적인 가격으로 시장에 출시되어 널리 사용된다. 최근 희토류 도핑된 파이버 레이저는 뛰어난 시스템 안정성, 높은 에너지 효율 및 얻어진 재료의 냉각이 용이하고 유지 보수가 간단하여 현장에서 우위를 점하기 시작했다. Yb-파이버 레이저는 Er 및 Tm 도핑된 파이버 레이저에 비해 3D 프린팅에서 가장 많이 사용되는 레이저이다. 이는 Yb가 도핑된 섬유의 방출 파장(1030 또는 1060 nm)이 ~975 nm의 펌프 파장에 매우 가깝고 Yb가 도핑된 파이버 레이저가 기본적으로 3준위이기 때문에 에너지 효율이 다른 것보다 높기 때문이다. 짧은 펄스(short-pulse)레이저가 연속파(CW) 레이저 대신에 사용되는 경우, 재료 온도는 보다 짧은 시간 내에 증가될 수 있다. 펄스 레이저를 사용하는 또 다른 이점은 515, 530 또는 532 nm의 가시적인 2차 고조파 발생(second harmonic generation, SHG) 및 343, 353 또는 355 nm의 자외선 파장 범위의 3차 고조파 발생(third harmonic generation, THG) 등의 비선형 파장 변환이 가능하게 된다. 이는 재료 흡수율을 증가시킬 수 있고 광학 회절 한계에 의해 제한된 해상도를 더 높게 할 수 있다.

비금속 재료에서의 흡수

플라스틱 및 세라믹과 같은 비금속 재료는 밴드갭(band gap)을 갖는 에너지 대역 구조를 갖는다. 밴드갭(E_g)보다 큰 에너지를 지닌 광자가 비금속 재료에 입사하면, 광자는 재료의 전자-정공 시스템에 에너지를 공급하여 흡수되며 물질은 그들이 바닥상태가 될 때 빛을 재방출 할 수도 있고 안할 수도 있다. 이것이 대부분의 비금속 재료가 더 짧은 파장에서 더 높은 흡수율을 갖는 이유이다. 비금속 재료의 광자-재료 상호 작용에는 흡수, 반사 및 투과가 포함되며, 더불어 중요한 추가적 광학 특성인 굴절이 있다. 광자가 물질을 통해 전달되면 전자 편광이 일어나 매체에서의 광속이 감소한다. 이는 또한 광자가 두 개의 광 매체 사이의 경계면에 입사할 때 빔의 방향이 변경된다. 재료의 굴절률(n)은 굴절과 반사를 제어한다. n_1의 굴절률을 갖는 하나의 재료와 굴절률이 n_2인 다른 재료 사이에 계면이 있는 경우, 계면에서의 반사율 R은 $R=(n_1-n_2)/(n_1+n_2)^2$이다. 안경의 반사율은 약 0.05(5%)이다. 여러 재료의 굴절률은 표 3.9에 정리되어 있다.

[표 3.9] 다양한 재료의 굴절률

재료	굴절률	재료	굴절률
Air	1.00	Silicon	3.29
Ice	1.31	Gallium arsenide	3.35
Water	1.33	Germanium	4.00
Silica glass	1.46	Teflon	1.35
Silicate glass	1.50	Polymethyl methacrylate	1.49
Sapphire, Al_2O_3	1.76	Polyethylene	1.52
Spinel, $MgAl_2O_3$	1.72	Epoxy	1.58
Rutile, TiO2	2.68	Polystyrene	1.60
Diamond	2.42	Salt, NaCl	1.54

폴리머 재료에서의 흡수

일반적으로 불투명하고 반투명하며 투명한 여러 종류의 폴리머가 있다. 대부분의 폴리머는 자외선 및 적외선 파장의 광을 강하게 흡수한다. 탄소기반 광학용 폴리머는 경량 플라스틱 광학계를 위해 널리 사용된다. 폴리머는 가시광선 파장에서 매우 투명하지만, 자외선 및 적외선 파장을 흡수한다. 따라서 열처리의 레이저 기반 3D 프린팅의 경우 자외선 또는 적외선 레이저를 사용해야 한다. 자외선 및 적외선 파장에서 플라스틱의 고준위 흡수율은 화학적 구조를 확인하기 위한 목적으로 매우 얇은 샘플을 사용하여 얻은 데이터이므로 문헌 등의 데이터에서 쉽게 알 수 없다. 그림 3.8은 몇 가지 고분자 재료, PEEK, PPS 및 에폭시 등의 광 흡수율을 보여준다. PPS와 에폭시는 반투명 폴리머이므로 가시광 파장 500~1000 nm 사이에서의 투과율은 약 80 %이다. 한편, PEEK는 투과율이 20 % 미만인 불투명한 고분자이다. 세 가지 폴리머 모두 250 nm이하의 파장에서 약 100 %의 흡수율을 갖는다. 3000 nm보다 긴 적외선 파장 범위에서의 흡수율 또한 약 100 %이다. 따라서 10.6 ㎛적외선 파장의 CO_2 레이저는 선택적 레이저 소결 또는 플라스틱 절단을 위해 폴리머를 용융하는데 오랫동안 사용되어 왔으며, 자외선 엑시머 레이저도 동일 목적으로 이용될 수 있지만 높은 시스템 비용으로 인해 널리 사용되지는 못했다. 그러나 자외선 레이저의 사용은 높은 광자 에너지가 광중합 공정에 필요하기 때문에 광조형법(stereo-lithography apparatus, SLA)의 선행조건이다.

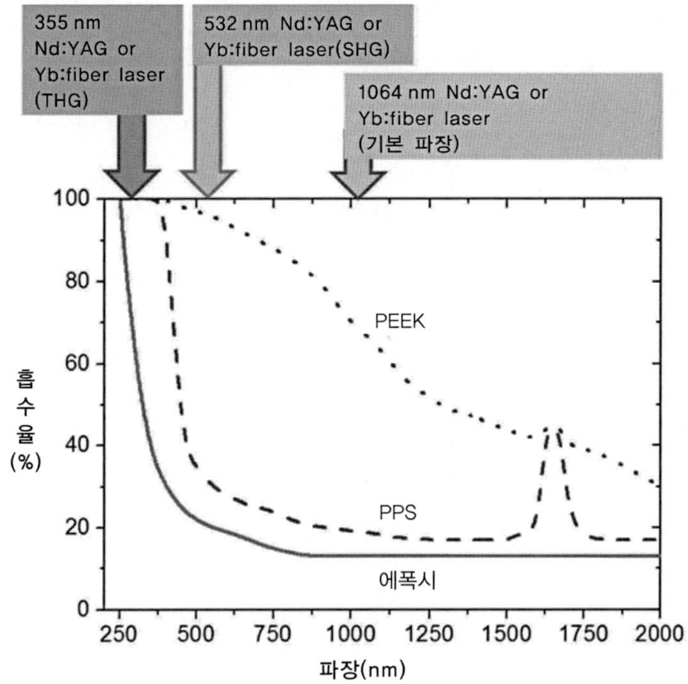

그림 3.8 파장의 함수에 따른 여러 가지 폴리머(PEEK, PPS, 에폭시)

굴절률과 관련하여, 탄소계 폴리머는 유리 또는 무기 결정체와 비교하여 다른 특성을 갖는다. 굴절률은 그림 3.9에 도시된 것과 같이 폴리머의 아베수

(Abbe number)에 의해 결정된다. 일반적으로 폴리머의 굴절률 범위는 1.30~1.73이다(표 3.7). 그러나 굴절률은 용융 흐름 등급(melt flow grade)이 다르기 때문에 3D 프린팅 또는 성형된 부품 내부에서 균질하지 않거나 균일하지 않다. 윤활성과 색상을 조절하는 첨가제 또한 전달특성에 미묘한 변화를 일으킬 수 있다.

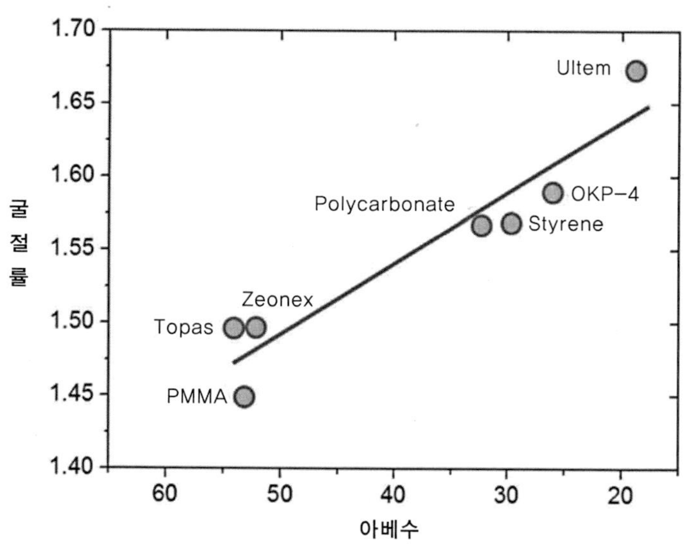

I 그림 3.9 I 광범위하게 사용되는 광학 열가소성수지의 굴절률과 아베수의 관계

세라믹 재료에서의 흡수

선택적 레이저 소결(selective laser sintering, SLS)에서 세라믹 재료의 레이저 소결은 기본적으로 폴리머 또는 금속 레이저 소결공정과 유사하지만 세라믹 소결은 일시적인 액상 소결을 기반으로 한다. 세라믹 SLS는 폴리머바인더 물질이 없는 세라믹의 직접 소결이 가능하지만 바인더 요소가 없으므로 레이저 소결된 세라믹 부품은 깨지기 쉽고 파손되기 쉽다. 광자와 세라믹 재료 사이의 복잡한 상호작용 때문에 광자 에너지를 효율적으로 열적 발산을 효율적으로 전환하기 위한 바람직한 소결 부품을 얻기 위해 레이저 소결 매개 변수를 신중하게 선택해야 한다. 세라믹 재료의 융점은 그 조성, 분말 과립 형태, 크기, 유동성 및 균질성에 의해 결정된다. 용융 풀을 이용하여, 소결공정을 높은 레이저 스캐닝 속도로 가속화할 수 있다. 금속 및 플라스틱의 기존 SLS와 비교하여 세라믹의 3D 프린팅은 그 자체가 갖는 고유한 어려움이 있다. 이는 세라믹

화합물은 용융온도가 높아 녹이기 어렵고 고에너지가 요구되기 때문이다.

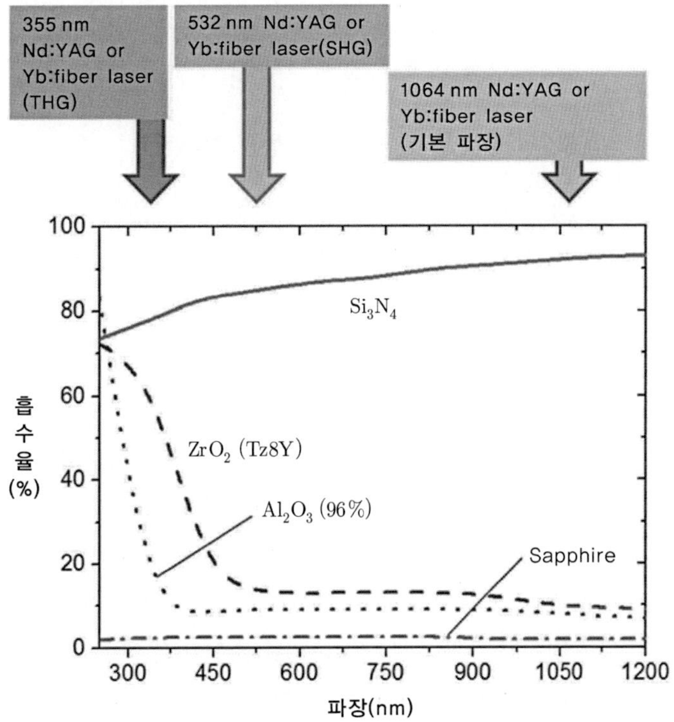

| 그림 3.10 | 파장의 함수에 따른 여러 가지 세라믹(Si_3N_4, ZrO_2, Al_2O_3, sapphire)의 흡수율

대부분의 세라믹 재료는 그림 3.10과 같이 자외선 및 적외선 파장의 빛을 흡수한다. 10.6 ㎛의 CW CO_2 레이저, 1064 nm의 Nd:YAG 레이저 및 1030 nm 또는 1060 nm의 Yb-파이버 레이저가 세라믹 처리에 널리 사용되는 레이저 열원이지만 몇 가지 약점이 있다. 적외선 CO_2 레이저는 대부분의 세라믹에 흡수될 수 있지만 집속된 스폿 크기가 근본적으로 광학 회절한계에 의해 제한되기 때문에 Nd:YAG 또는 Yb-파이버 레이저보다 커진다. 회절한계에 따라 스폿 크기는 레이저의 파장과 대략 동일하므로 CO_2 레이저의 경우 집광된 초점크기는 Nd:YAG 또는 Yb-파이버 레이저보다 10배 더 크다. 빔의 크기가 더 크다는 것은 제작해상도가 제한되고 재료에 포커싱된 레이저 빔의 출력밀도가 상대적으로 낮다는 것을 의미한다. 레이저 광선이 재료에 집중되면 작은 부피의 부위가 국부적으로 온도가 급격히 상승하여 매우 높은 값에 도달한다. 온도는 3000 °C보다 높게 도달할 수 있는데, 이는 전통적인 세라믹 소결용 특수로에 요구되는 온도인 2000 °C 이상이다. 또한, 에너지가 작은 체적 내에서 고

도로 국부적으로 존재하고, 레이저-재료 상호작용시간이 종래의 소결보다 훨씬 짧기 때문에 주변의 세라믹분말은 크게 영향을 받지 않을 것이다. 이 특별한 특징은 레이저 소결에 의해서만 달성 될수 있으며, 매우 높은 용융점을 갖는 세라믹의 SLS에 아주 적합하다.

3.8.2 재료의 흡수에서 온도 의존성

재료 흡수율은 온도에 따라 다르다. 따라서 재료에 있어서 흡수율 변화에 대한 지식은 레이저 기반 3D 프린팅을 이해하는데 실제로 매우 중요하다. 금속의 광학특성에 대한 온도 의존성은 많은 논문에서 이론적으로 연구되어왔다. 전기전도의 드루드 모형(Drude model)에 따르면, 밴드 간 분포를 무시할 수 있을 때 온도에 따라 흡수율이 증가하는 것으로 나타났다. 이는 온도에 따라 DC 전도도와 이완시간이 모두 감소하기 때문이다. 실온에서 융점까지의 온도와 액상상태에서의 온도 즉, 두 가지 온도 범위가 있다. 그림 3.11은 알루미늄(Al), 은(Ag), 금(Au), 구리(Cu) 및 텅스텐(W)의 여러 금속의 흡수율을 보여준다. 알루미늄(Al), 금(Au) 및 은(Ag)의 경우에는 융점에 해당하는 흡수 계수가 급격히 증가하며, 알루미늄(Al)은 933K, 은(Ag)은 1235, 금(Au)은 1337K이다. 흡수율이 온도에 따라 증가함으로 이에 따라 레이저 빔의 스캐닝 속도가 제어되어야 하며 이 중가분에 따라 스캐닝 속도가 최대 5배까지 증가할 수 있다.

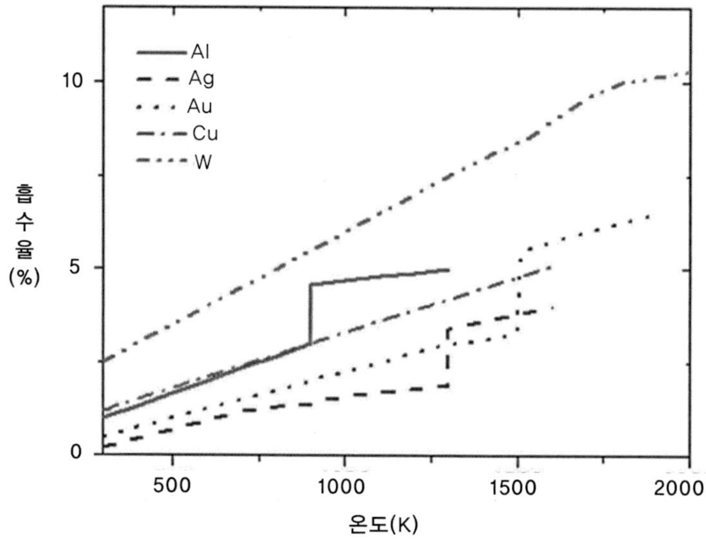

▌그림 3.11▐ 재료의 흡수에서의 온도 의존성(Al, Ag, Au, Cu, W)

3.8.3 재료의 흡수에서 편광 의존성

레이저광은 전기와 자기성분을 모두 포함하는 전자기파이다. 빔의 전파 방향에 대한 이들 구성 요소의 상대적 방향을 그림 3.12에서 보여주는 것과 같이 편광이라고 한다. 전기장 및 자기장의 벡터방향은 서로 수직이다. 레이저 빔의 전기적 벡터는 레이저 재료 공정을 위한 출력을 포함한다. 따라서, 전기 벡터의 방향 및 시간적 안정성은 금속 및 다수의 유전체 재료를 가공하는 핵심 매개 변수이다. 그림 3.13은 실온에서 532 nm 레이저 빔을 사용하여 편광 및 입사각에 대한 철(Fe)의 흡수율 의존성을 보여준다. 수직 입사각(입사각이 0일 때)에서, 흡수율은 p-편광과 s-편광에 대해 동일하다. 그러나, 약 80 °의 입사각에서 흡수율의 차이는 약 70 %이며, s-편광 빔에 대해 10 %, p-편광 빔의 경우 80 %이다. 직선편광 빔은 일정한 전계 방향을 가지지만 원 또는 타원 편광된 레이저 빔의 전계는 시간과 위치에 따라 전계 방향을 변화 시킨다(그림 3.14). s-편광과 p-편광 부분 사이의 시간 및 위치 의존적인 상대 위상 지연은 원형 및 타원 편광으로 편광 방향을 회전시킨다. 태양, 할로겐램프, LED광 등의 백색 광원은 특정 편광 방향을 갖지 않는 무작위 편광을 방사하며, 레이저는 일반적으로 선형 편광을 방출하며, 이를 위해 브루스터(Brewster) 창, 편광 빔 스플리터 및 다른 유형의 편광기와 같은 레이저 발진기의 편광 선택 요소가 존재한다. 직선 편광 빔의 편광상태는 복굴절 광학 구성 요소를 사용함으로써 원 또는 타원 편광 상태로 변환될 수 있다. 복굴절 결정은 두 개의 편광 성분에 대해 상이한 굴절률을 가지므로 s-편광과 p-편광 사이의 상대적 위상을 변경할 수 있다. 굴절 결정의 두께와 방향을 정확하게 제어함으로써 편광 상태를 회전, 변환 또는 복원할 수 있다. ½ 파장 판(half-wave plate, HWP)은 직선 편광의 전기장의 방향을 회전시키고, ¼ 파장 판(qarter-wave plate, QWP)은 선형 편광을 원형 편광으로 변환하거나 원형 편광을 선형 편광으로 되돌린다. HWP와 QWP의 조합은 임의의 편광 상태를 합성하는데 사용될 수 있다.

레이저 빔이 원 또는 무작위로 편광될 때, 레이저 전력을 포함하는 전기장은 모든 방향으로 고르게 배향된다. 따라서 3D 프린팅 및 제조시 편광 민감성 효과를 볼 수 없다. 그러나, 선형 편광은 레이저 출력이 하나의 고정 된 편광 방향으로 집중된다는 것을 의미한다. 따라서, 일직선, 비스듬한 위치, 편광방향에 수직한 각도에서의 레이저 기반 제조는 3D 프린팅 및 제조 결과에 다양한 변화를 일으킨다.

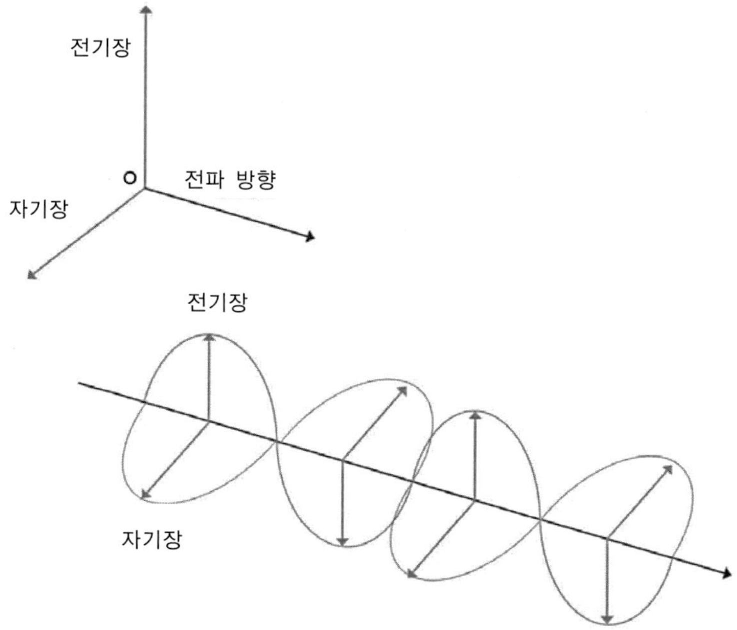

❙그림 3.12❙ 전기장 및 자기장 벡터의 방향

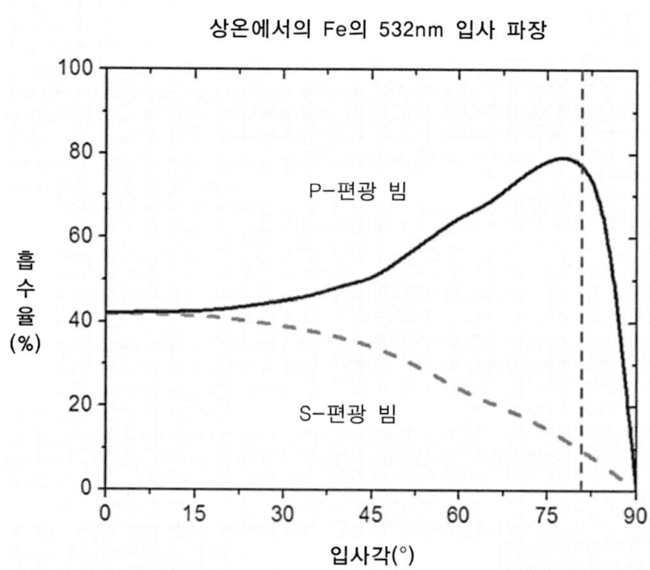

❙그림 3.13❙ 532 nm에서 철(Fe)의 편광 및 입사각에 따른 흡수율: 최대 흡수율(A_p)는 부르스터 각 (θ_B)에서의 값임을 유의

투과성 있는 폴리머 재료를 절단할 때 분극효과는 재료의 두께에 크게 좌우된다. 다음과 같이 두 가지 극단적인 예가 있다. 첫 번째로, 폴리머의 두께가 일정한 임계값을 초과하고 직선 편광 빔이 재료에 집중되면 폴리머의 변형 의존적인 복굴절이 선형 편광도를 저하시키므로 중요한 편광 효과는 발생하지 않는다. 두 번째로, 두께가 일정한 임계값을 초과하고 원형 편광이 폴리머재료에 입사하면, 편광 상태가 원형이기 때문에 상부 표면이 균일하게 처리되나, 특정 두께를 통과한 후에 변형율 의존형 복굴절(strain-dependent birefringence)은 원형 입력 편광을 하나의 축을 따라 상대적으로 강한 편광을 갖는 타원형으로 변환시켜 편광 감도와 함께 불균일한 레이저 가공을 초래한다. 따라서 투과성 폴리머에서는 편광 및 두께를 신중하게 고려해야한다.

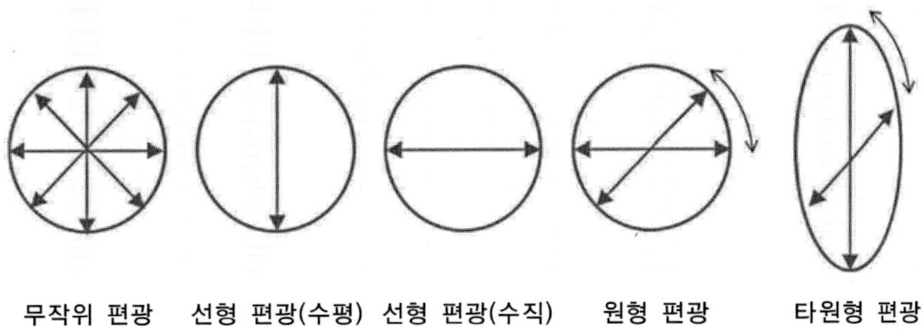

| 그림 3.14 | 빛의 편광 상태: 무작위, 선형, 원형, 타원형 편광

금속에서 직선 편광 빔을 사용하는 가공 영향은 방향성 절단폭의 변화, 낮은 공정 안정성 및 곡선 절단에서의 앵글 컷 엣지(angled cut edges)가 있다. 선형 편광 빔의 직각절단 폭의 변화(그림 3.15)는 최대 30 %까지 가능하다. 이는 입력 편광이 일직선이고 이동 방향에 수직인 경우 빔 출력이 다르게 흡수된 결과이다. 절단 폭의 차이는 패턴 해상도를 감소시키고 치수 공차를 증가시킨다. 더불어 절단 폭의 변화가 안정된 가공을 방해하기 때문에 공정의 안정성이 감소될 수 있다. 레이저 기반 공정이 한 방향으로만 수행되는 경우, 처리 방향에 따라 선형 편광된 레이저 빔이 가장 빠른 해결책이다. 그러나 2차원 또는 3차원 레이저 공정에서 원형 또는 무작위 편광은 균일성에 대한보다 간단하고 우수한 해답이 될 수 있다. 레이저 기반의 세라믹 제조에서 세라믹의 유전체 특성은 편광감도를 생성한다. 이 편광감도의 결과로 편광 방향에 대해 일직선 및 수직으로 처리할 때 제조된 깊이에 차이난다. 스크라이브 깊

이는 편광축이 스크라이브 방향과 평행할 때 최대이며, 편광축이 스크라이브 방향에 수직일 때 절삭 깊이는 감소한다. 원형 편광 빔은 모든 방향에서 균일한 가공 품질을 제공하지만 보다 낮은 처리 속도를 제공한다.

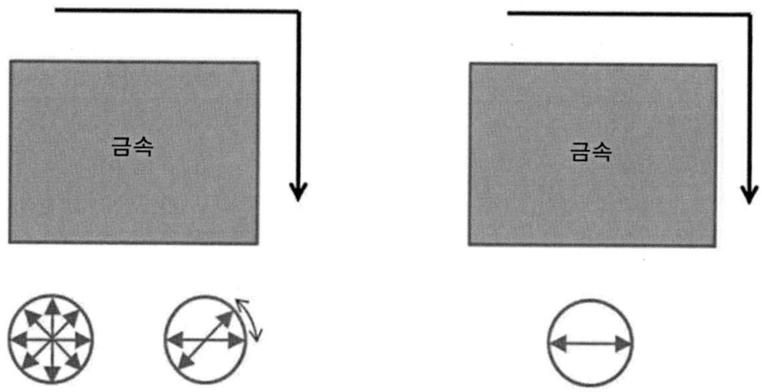

▌그림 3.15▐ 절단 폭에서의 편광 효과; 원에 표시된 선형 편광의 방향

문제 >>

1. 레이저가 요즘 3D 프린팅의 가장 중요한 에너지원으로 여겨지는 이유는 무엇인가? 네 가지 주요 이유를 설명하시오.

2. 1060 nm 파장의 Yb-파이버 레이저가 광원으로 사용될 때 빛을 얼마나 집중시킬 수 있는가? 이 초점 기능의 근본적인 한계는 무엇인가?

3. 3D 프린팅을 기본 재료로 어떻게 분류할 수 있는가? 카테고리별로 세 가지 예를 서술하시오.

4. 재료 선정 과정에서 제기 될 수 있는 다섯 가지 중요한 질문을 서술하시오. 질문 당 세 개의 답변을 서술하시오.

5. 레이저 기반 3D 프린팅에서 어떤 종류의 재료 특성을 고려해야 하는지 설명하시오. 이러한 속성을 네 가지 범주로 정렬하시오.

6. 3D 프린팅에서 세 가지 기본 동질성 재료는 무엇인가?

7. 레이저 기반 3D 프린팅에 사용되는 열가소성 수지와 열경화성 수지의 차이점은 무엇인가? 각 유형의 세 가지 예를 서술하시오.

8. 광폴리머를 기본 재료로 사용하는 3D 프린팅 프로세스에는 어떤 종류가 있는가?

9. ABS, PLA, PVA 및 나일론의 기계적 성질(인장 강도, 인성 및 열 변형 온도)을 비교하시오.

10. 금속의 탄성 및 소성 변형 특성을 시각화할 수 있는 응력-변형률 곡선을 그린다. 이러한 매개 변수가 응력 - 변형률 곡선, 항복 강도, 인장 강도, 파단 및 연신율에서 무엇을 나타내는지 설명하시오.

11. 세라믹 및 금속의 최대 사용 온도(°C)와 비 표면적(GPa/g/cm^3)을 비교하시오. 금속 사용에 비해 세라믹 사용의 장단점은 무엇인가?

12. 금속을 사용하여 3D 프린팅을 위한 세 가지 레이저 시스템을 제안하고 선택 이유를 설명하시오. 미래에 어떤 파장, 출력 및 펄스 지속 시간을 달성 할 수 있다면 3D 프린팅에 이상적인 레이저 시스템이 될 수 있는가?

13. 두 물질 사이의 계면에서의 투과율, 반사율 및 굴절을 지배하는 투명(폴리머 및 세라믹) 물질의 굴절률을 설명하시오.

14. 폴리머의 3D 프린팅을 위해 세 가지 레이저 시스템을 제안하고 선택 이유를 설명하시오.

15. 세라믹의 선택적 레이저 소결(SLS)을 위한 두 개의 레이저 시스템을 제안하고 선택 이유를 설명하시오.

참 고 문 헌 >>

[1] Yariv, A. (1976). Introduction to optical electronics.

[2] Saleh, B. E., Teich, M. C., & Saleh, B. E. (1991). Fundamentals of photonics (Vol. 22). New York: Wiley.

[3] Paschotta, R. (2008). Encyclopedia of laser physics and technology. Berlin: Wiley-vch.

[4] Chryssolouris, E. L. K. E. (2013). Laser machining: theory and practice. Springer Science & Business Media.

[5] Dubey, A. K., & Yadava, V. (2008). Laser beam machining–a review. International Journal of Machine Tools and Manufacture, 48(6), 609–628.

[6] Chua, C. K., & Leong, K. F. (2015). 3D printing and additive manufacturing: principles and applications: principles and applications. World Scientific, Singapore.

[7] Thomas, D. S., & Gilbert, S. W. (2014). Costs and cost effectiveness of additive manufacturing. US Department of Commerce. Consulted at: http://nvlpubs. nist. gov/nistpubs/Special Publications/NIST. SP, 11, 76.

[8] Kruth, J. P., Wang, X., Laoui, T., & Froyen, L. (2003). Lasers and materials in selective laser sintering. Assembly Automation, 23(4), 357–371.

[9] Khoo, Z. X., Teoh, J. E. M., Liu, Y., Chua, C. K., Yang, S., An, J., ... & Yeong, W. Y. (2015). 3D printing of smart materials: A review on recent progresses in 4D printing. Virtual and Physical Prototyping, 10(3), 103–122.

[10] Lipson, H., & Kurman, M. (2013). Fabricated: The new world of 3D printing. John Wiley & Sons.

[11] Gibson, I., Rosen, D., & Stucker, B. (2014). Additive manufacturing technologies: 3D printing, rapid prototyping, and direct digital manufacturing. Springer.

[12] Tymrak, B. M., Kreiger, M., & Pearce, J. M. (2014). Mechanical properties of components fabricated with open-source 3-D printers under real-

istic environmental conditions. Materials & Design, 58, 242–246.

[13] Gebhardt, A. (2007). Rapid Prototyping–Rapid Tooling–Rapid Manufacturing. Carl Hanser, München.

[14] Ahn, S. H., Montero, M., Odell, D., Roundy, S., & Wright, P. K. (2002). Anisotropic material properties of fused deposition modeling ABS. Rapid Prototyping Journal, 8(4), 248–257.

[15] Leigh, S. J., Bradley, R. J., Purssell, C. P., Billson, D. R., & Hutchins, D. A. (2012). A simple, low-cost conductive composite material for 3D printing of electronic sensors. PloS one, 7(11), e49365.

[16] Bose, S., Vahabzadeh, S., & Bandyopadhyay, A. (2013). Bone tissue engineering using 3D printing. Materials Today, 16(12), 496–504.

[17] Wilson, J. E. (1974). Radiation Chemistry of Monomers, Polymers, and Plastics. Marcel Dekker, NY.

[18] Lawson, K. (1994). UV/EB Curing in North America, Proceedings of the International UV/EB Processing Conference, Florida, USA, May 1–5, 1.

[19] Reiser, A. (1989) Photosensitive Polymers. John Wiley, NY.

[20] Fung, Y. C. (1965). Foundations of solid mechanics. Prentice Hall.

[21] Kruth, J. P., Leu, M. C., & Nakagawa, T. (1998). Progress in additive manufacturing and rapid prototyping. CIRP Annals-Manufacturing Technology, 47(2), 525–540.

[22] Rack, H. J., & Kalish, D. (1974). The strength, fracture toughness, and low cycle fatigue behavior of 17-4 PH stainless steel. Metallurgi-cal Transactions, 5(7), 1595–1605.

[23] Bak, D. (2003). Rapid prototyping or rapid production? 3D printing processes move industry towards the latter. Assembly Automation, 23(4), 340–345.

[24] McGurk, M., Amis, A. A., Potamianos, P., & Goodger, N. M. (1997). Rapid prototyping techniques for anatomical modelling in medicine. Annals of the Royal College of Surgeons of England, 79(3), 169.

[25] Yang, S., Leong, K. F., Du, Z., & Chua, C. K. (2001). The design of scaffolds for use in tissue engineering. Part I. Traditional factors. Tissue

engineering, 7(6), 679-689.

[26] Yang, S., Leong, K. F., Du, Z., & Chua, C. K. (2002). The design of scaffolds for use in tissue engineering. Part II. Rapid prototyping techniques. Tissue engineering, 8(1), 1-11.

[27] Leong, K. F., Cheah, C. M., & Chua, C. K. (2003). Solid freeform fabrication of three-dimensional scaffolds for engineering replacement tissues and organs. Biomaterials, 24(13), 2363-2378.

[28] Yeong, W. Y., Chua, C. K., Leong, K. F., & Chandrasekaran, M. (2004). Rapid prototyping in tissue engineering: challenges and potential. Trends in biotechnology, 22(12), 643-652.

[29] Leong, K. F., Chua, C. K., Sudarmadji, N., & Yeong, W. Y. (2008). Engineering functionally graded tissue engineering scaffolds. Journal of the mechanical behavior of biomedical materials, 1(2), 140-152.

[30] Cheah, C. M., Chua, C. K., Leong, K. F., & Chua, S. W. (2003). Development of a tissue engineering scaffold structure library for rapid prototyping. Part 1: investigation and classification. The International Journal of Advanced Manufacturing Technology, 21(4), 291-301.

[31] Lipton, J., Arnold, D., Nigl, F., Lopez, N., Cohen, D. L., Norén, N., & Lipson, H. (2010, August). Multi-material food printing with complex internal structure suitable for conventional post-processing. In Solid Freeform Fabrication Symposium(pp. 809-815).

[32] Ivanova, O., Williams, C., & Campbell, T. (2013). Additive manufacturing (AM) and nanotechnology: promises and challenges. Rapid Prototyping Journal, 19(5), 353-364.

[33] Zhu, C., Han, T. Y. J., Duoss, E. B., Golobic, A. M., Kuntz, J. D., Spadaccini, C. M., & Worsley, M. A. (2015). Highly compressible 3D periodic graphene aerogel microlattices. Nature Communications, 6, 6962.

[34] Compton, B. G., & Lewis, J. A. (2014). 3D-printing of lightweight cellular composites. Advanced Materials, 26(34), 5930-5935.

CHAPTER

04 1D, 2D 및 3D 레이저 보조 제조

이 장에서는 레이저 보조 제조의 기본개념에 대하여 구체적인 예제와 함께 서술한다. 연속파 및 단 펄스 레이저 보조 제조에 대해서 각각 설명하고, 재료 제거 메카니즘의 차이점을 보여준다. 그리고 기존의 가공 공정에 비해 새로운 이점을 가질 수 있는 레이저가공에 대하여 소개한다. 1D, 2D 및 3D 레이저가공 프로세스에 대한 자세한 개념들이 논의된다. 이 장의 마지막 부분은 바람직한 효과를 얻기 위한 목적으로 레이저 집적 빔의 역할과 다양한 레이저 재료공정에 관하여 설명한다.

4.1 서론

레이저 빔 가공(LBM)은 재료가공 또는 재료프로세싱을 위해 레이저를 가공물 쪽으로 집적하는 비전통적인 제조 공정이다[1-4]. 이 공정은 금속 또는 비금속 표면에서 재료를 제거하기 위해 공급되는 에너지(적외선 레이저 사용 시 열 에너지를 의미함) 또는 펄스 에너지(단파 또는 초단 펄스 레이저를 사용할 때 축적된 플루언스)를 사용한다. 레이저는 작업하고자 하는 표면에 초점을 맞추고, 이 때 레이저의 에너지는 사용하는 레이저의 종류에 따라 가열, 용융 또는 재료의 기화를 목적으로 하거나 어블레이션을 목적으로 하여 재료 표면으로 전달된다[1,5,6]. 전통적으로 낮은 전도성을 가진 취성 재료가공에 사용되었지만, 현재는 10년간 새로운 세대 레이저의 출현으로 전체적인 상황이 바뀌었고 현재는 대부분의 소재에 레이저를 사용할 수 있어 2D 및 3D 프린팅에서 사용하기 위한 플랫폼을 마련하고 있다.

4.2 레이저 빔 가공(LBM, Laser Beam Machining)

레이저 가공은 빔과 재료간 상호작용 중에 침식 전면(erosion front)의 형태에 따라 1D, 2D 및 3D 공정으로 나눌 수 있다(그림 4.1). 그러나 이러한 모든 공정들은 용융 층 형성, 가능한 플라즈마 형성 및 침식면으로 부터의 빔 반사와 같은 공통된 특성을 나타낸다[1,5,7].

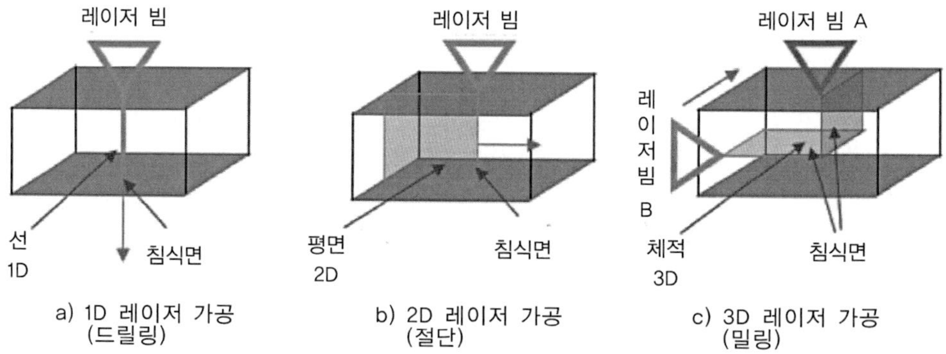

▌그림 4.1▌ 레이저 빔 가공을 이용한 드릴링, 절단 및 밀링

- 레이저 드릴링 (1D 레이저 빔 가공)
  레이저 빔은 공작물(가공소재)에 상대적으로 고정된다. 드릴링 된 구멍의 바닥에 위치한 침식면은 재료를 제거하기 위해서 라인소스 방향으로 전달된다[8].

- 레이저 절단 (2D 레이저 빔 가공)
  레이저 빔은 공작물과 상대적으로 움직인다. 재료 제거는 라인 소스(line source)를 라인 방향에 수직인 방향으로 이동시켜서 2D 표면을 형성하도록 한다. 침식면은 라인소스[1,8]의 앞 가장자리에 있다.

• 레이저 밀링(3D 레이저 빔 가공)
두 개 이상의 레이저 빔이 사용된다. 여기서 각 빔은 공작물과의 상대 운동을 통해 표면에 공급된다. 각 표면의 침식면은 각 레이저 빔의 앞쪽 가장자리에서 발견된다. 표면이 교차할 때 표면에 의해 정해진 경계면에서 3차원 체적이 제거된다[8].

재료 제거율은 침식면의 전파 속도에 의해 결정된다. 이것은 빔 방향에서의 침식면에서의 속도(레이저 드릴링의 경우)에 달려 있다. 스캐닝 속도는 레이저 절단의 경우 2차원 표면이 증가하는 속도를 결정하고 두 개의 레이저 빔에 의해 생성된 두 개의 2차원 표면이 재료의 특정 체적을 제거하는 데 필요한 시간을 의미한다(레이저 밀링의 경우).

치수 정확도는 (a) 레이저 드릴링 용 홀 테이퍼(ID LBM), (b) 레이저 커팅 용 커프 형상(2D LBM) 및 레이저 밀링 용 홈 모양(3D LBM)에 의해 결정된다. 그러나 모든 레이저 빔 가공공정의 표면 품질은 (a) 표면 거칠기 (b) 드로스(dross) 형성, (c) 열 영향부(HAZ) [9,10]과 관련이 있다.

4.2.1 1D: 레이저 드릴링

레이저 빔은 지향성 열원이므로 빔의 직경과 동일한 선 두께를 갖는 1D 라인 소스로 볼 수 있다. 이론적으로 이 방법은 레이저 조사와 공작물로의 열전도, 주변으로의 에너지손실 및 공작물의 위상 변화에 필요한 에너지 사이의 에너지 균형에 의해 지배된다. 그림 4.2는 기계 또는 재료 프로세싱에 필요한 서로 다른 에너지 손실 메카니즘과 에너지를 보여줌으로써 에너지 균형을 설명할 수 있다.

레이저 드릴링의 장점은 다음과 같다[11-13].

(a) 일반적으로 전통적인 기계를 가지고 가공하기 어려운 세라믹, 고경도금속 및 복합재료와 같은 재질을 구멍가공할 수 있다.
(b) 레이저 빔 파라미터(출력, 펄스 속도, 포커싱 렌즈 및 상호작용 시간)를 적절하게 선택하면 더 높은 정확도와 더 작은 치수를 얻을 수 있다. 그리고 원하는 기하학적 형상을 얻을 수 있다.
(c) 높은 드릴링 속도를 얻을 수 있다.
(d) 공구 교환이 필요 없다.

(e) 레이저는 높은 입사각에서도 구멍을 뚫을 수 있다.

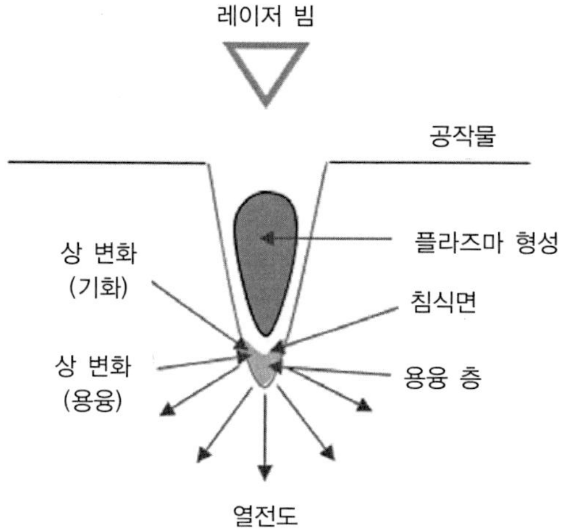

| 그림 4.2 | 1D 가공공정

그러나 레이저 가공 장비가 우수한 성능의 컴퓨터 수치 제어(CNC)에 의해 작동되는 자동 암(arm)장치가 없다면, 스텝형상의 직경을 가진 대부분의 구멍은 가공할 수 없다.

4.2.2 2D: 레이저 절단

레이저 절단에서 레이저 빔과 공작물 표면 사이의 상대운동을 통해 커프(kerf)가 형성되고(그림 4.3), 공작물의 두께는 절삭 깊이와 동일하다. 공작물 내부의 온도는 침식면까지의 거리에 따라 달라지며 시간과는 무관하다. 침식면에 축적된 용융물질은 동축의 절단 가스 제트를 사용하여 배출된다.

레이저의 절삭 깊이는 레이저 빔의 출력을 절삭 속도와 레이저 빔 스폿 직경[14]의 곱으로 나눈 몫에 직접적으로 비례한다.

$$t \propto \frac{P}{\nu d}$$

여기서, t는 절삭 깊이, P는 레이저 빔 출력, ν는 절삭 속도, d는 레이저 빔 스폿의 직경이다.

절삭 깊이는 공작물의 재질에 의해 영향을 받는다. 재료의 반사도, 밀도, 비열 및 융점 온도들은 공작물을 절단하는 레이저 능력에 영향을 미치는 요인이다.

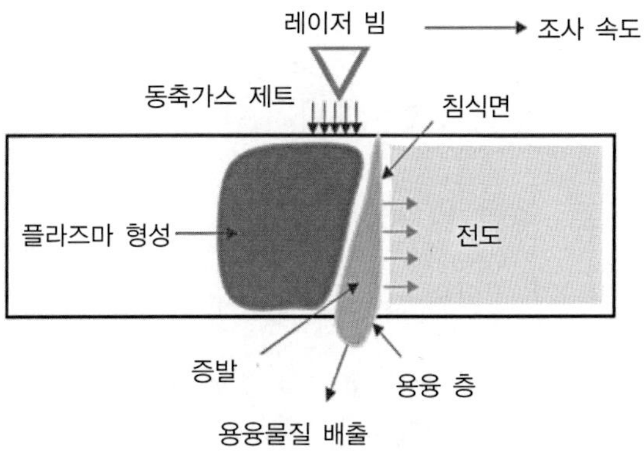

| 그림 4.3 | 2D 가공공정

4.3 산소 레이저 절단

레이저 절단 시, 절단을 돕는 절단용 가스가 필요하다. 산소는 화학적 작용에 의해 철이 열을 방출하게 되어 절단할 수 있도록 도와주는데, 이런 원리에 의해 산소는 연강(mild steel)을 절단할 때 사용된다. 이 방법으로 25 mm 두께의 연강을 절단할 수 있다[15].

산화물이 없는 절단면이 필요한 경우, 특히 스테인리스강의 절단에는 질소가 자주 사용된다. 연강과 마찬가지로 현재 절단할 수 있는 최대 두께는 약 25 mm이다. 그러나 절단 공정을 돕기 위한 화학반응이 없기 때문에 매우 높은 질소 압력(용융된 강재 제거용)과 매우 높은 레이저 출력 (최대 7 kW)이 요구된다.

4.3.1 스테인리스강 절단에서 관찰된 드로스 형성

금속의 레이저 절단에 있어서, 몇 가지 요소가 절단 표면 품질에 영향을 미칠 수 있다. 예를 들어, 집속된 레이저 빔과 동축으로 설치된 가스 제트를 사용하는 스테인레스강의 레이저 가스절단에 있어서, 최종 표면 품질은 하부에 달라붙는 산화물의 형성으로 인해 상대적으로 낮다. 이것은 "드로스"형성으로 알려져 있다[16,17]. 드로스는 주로 산화철과 산화 크롬으로 구성된다. 높은 용융점으로 인해, 가스 분출물이 틈새에서 완전히 배출되기 전에 드로스가 다시 응고된다.

이 드로스 형성은 60 % CO_2와 40 % O_2의 혼합 가스로 효과적으로 감소시킬 수 있는데, 이는 산화물의 형성을 감소시키고 용융된 물질을 배출할 수 있도록 돕는다. 그것은 또한 절단 커프표면의 용접성을 향상시킨다.

4.3.2 장점 및 제한 사항

레이저 절단의 장점은 다음과 같이 규정할 수 있다.

- 높은 재료 제거율(최대 10 mm의 공작물 두께)
- 절단폭은 기계적 수단으로 얻을 수 있는 너비보다 좁다.
- 구부러진 소재를 절단할 수 있다.
- 종이 / 목재 / 복합재료를 자를 때 잔유물이나 부스러기가 없다.

이 공정의 단점들은 다음과 같은 면을 항상 가지고 있다.

- 공작물 두께가 증가함에 따라 효율이 감소한다.
- 종래의 방법으로 얻을 수 있는 직선형 수직 커프 벽에 비해 테이퍼 형 커프 인선이 빔 발산에 의해 관찰된다. 그러나 이것은 표면보다는 공작물의 내부에 레이저 빔을 집중시킴으로써 억제될 수 있다.

4.4 3D 공정

레이저 그루빙, 레이저 스크라이빙 및 레이저 밀링과 같은 3D 가공공정은 모두 벌크재료를 제거하는 것이다[1,18].

그림 4.4는 레이저 빔이 재료 표면에 조사되는 방식, 전도 열의 전달 방식, 용융물질의 배출, 플라즈마 형성, 가스 제트 및 관련 요인들의 개념을 보여준다. 이를 위한 광학 구성은 일반적으로 교차하는 두 개의 레이저 광선을 사용하여 원하는 재료의 양을 제거한다.

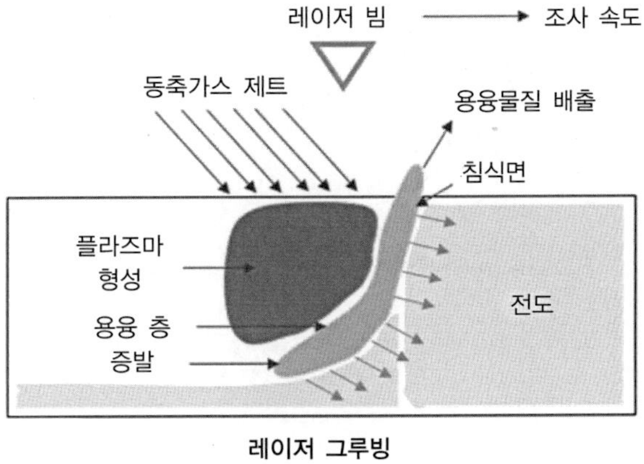

┃그림 4.4┃ 3차원 가공 – 프로세스

장점

- 3D 레이저가공은 높은 취성/경도 및 마모로 기계가공이 어려운 재료에 대해 선삭 가공, 나사 가공 및 밀링 작업을 수행할 수 있다.
- 스크라이빙(scribing) 또는 마킹(marking)은 기존의 방법보다 더 오랫동안 마모에 견딜 수 있는 공정으로 사용될 수 있다.
- 마이크로 가공에 이상적이기 때문에 반도체 산업에서 수많은 응용 분야가 있다.

단점

- 금속 및 세라믹의 경우 용융물질이 형성된다. 축 이탈 제트의 사용은 용융 층을 최소화할 수 있다.
- 그루브 깊이는 레이저 빔 변화, 기계적 진동, 재료 불순물 및 가스 제트 변동으로 인하여 야기되는 장애현상으로 인하여 변동될 수 있다. 이러한 홈 깊이의 불균일성은 표면 품질 및 최종 부품의 기계적 강도를 감소시킬 수 있다. 폐루프 제어 시스템을 사용하여 홈 깊이를 균일하게 유지할 수 있다.

  또한, 공정에 사용되는 빔 사이의 각도를 변경함으로써 그림 4.5에서 자세히 나타낸 바와 같이 모든 형태의 가공을 수행할 수 있다. 그림 4.6은 레이저 빔을 90°로 방향을 설정한 밀링 및 선삭가공의 예를 설명하고 있다 [12,17].

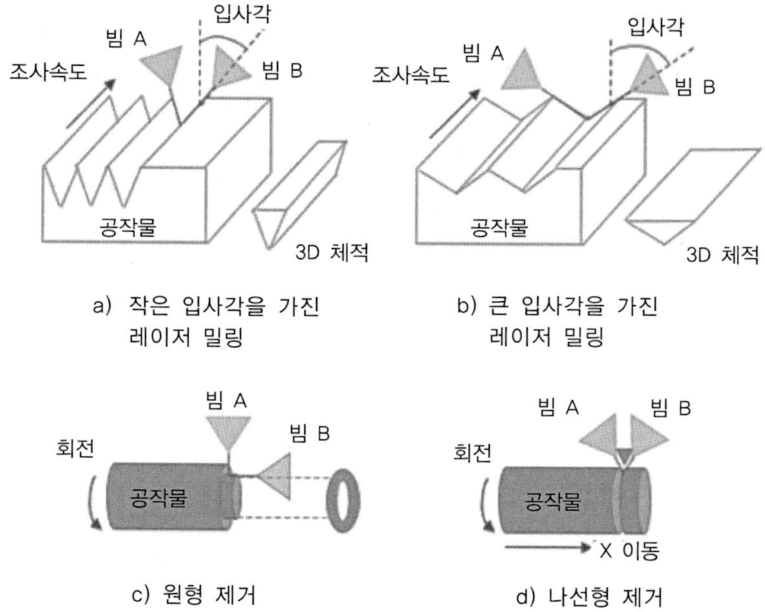

| 그림 4.5 | 입사 레이저 빔 각도가 가공에 미치는 영향

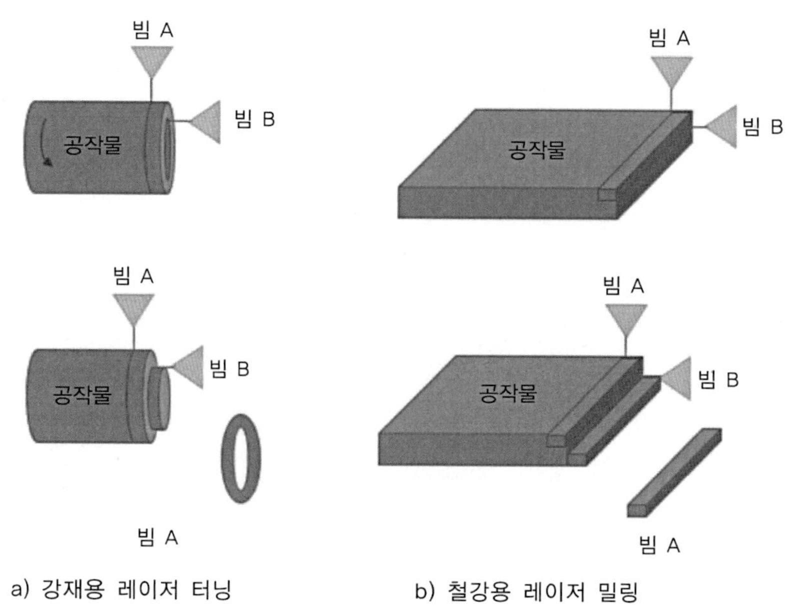

| 그림 4.6 | 레이저 빔을 90° 방향에서 조사한 밀링 및 선삭가공

4.5 LM 시스템의 기본 구성 요소

레이저 보조 기계가공 공정은 여러 가지 광학, 전기 및 기계 구성 요소를 가공시스템에 통합하여 구현해야 한다. 기본적으로 그림 4.7과 같이 레이저 빔 생성, 빔 전달, 공작물 위치 지정 및 관련한 보조 장치와 같은 네 가지 주요 요소를 포함하고 있다[1,12,13].

- 레이저 빔 생성: 레이저 장치에 의해 수행된다. CO_2 및 Nd:YAG 레이저는 일반적으로 산업기계 시스템에서 빔 생성에 사용되는 가장 일반적인 레이저이다.
- 빔 전달: 빔을 가공물의 표면에 초점을 맞추는 광학 구성 요소의 조합을 포함한다. 빔 전달 시스템의 주요 구성 요소는 다음과 같다.
  (i) 편광자 (ii) 거울 (iii) 빔 스플리터 (iv) 집속 렌즈 및 (v) 섬유 커플러 / 접속용 광섬유(pigtailed fibres).

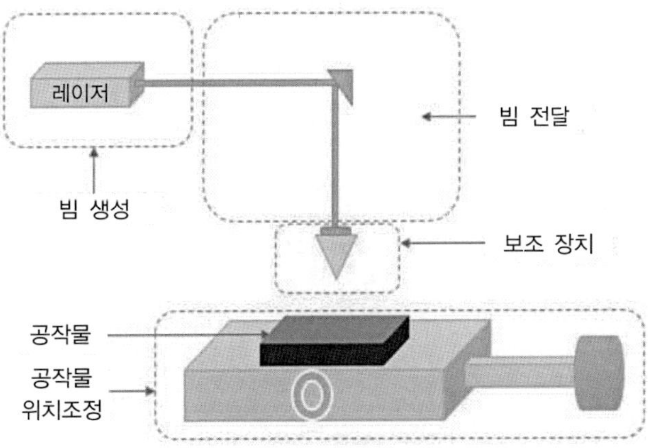

그림 4.7 레이저 빔 가공(LBM)의 기본 구성 요소

4.6 레이저 빔의 편광 상태(SOP)가 가공에 미치는 영향

광자는 전기장에 진동을 일으켜 전자기파를 생성하는 진동운동방식으로 공간내에서 전파된다. 이 파동은 시간의 함수로서 광자의 전계(전기장) 벡터의

방향과 크기를 나타낸다. 레이저 광은 가간섭성에 의해 레이저 빔의 모든 광자가 전기장과 같은 방향으로 정렬된다. 이러한 성질은 레이저 빔의 선형 편광을 유도한다. 빔의 편광 상태에 대한 이러한 성질은 레이저를 이용한 절삭 및 홈 가공작업에 영향을 미친다[5,19,20]. 선형 편광 빔을 ¼ 파장 편광 판을 통해 통과시킴으로써, 원형 편광 빔을 만들 수 있다. 그림 4.8은 편광의 선형 및 원형 상태를 나타내는 선 다이어그램을 보여준다. 전계가 주사 속도와 같은 방향으로 배향될 때 깊고 좁은 절단이 얻어진다. 전기장이 빔 주사 방향에 대해 직각으로 배향될 때, 넓고 얕은 절단이 얻어진다[1]. 각도가 법선 방향과 평행한 방향에서 5° 이상 차이가 나면 홈에 곡률문제가 나타날 수 있다.

이러한 방향성 효과는 레이저 빔에 의한 절삭에 있어서 원형 편광판을 사용하여 피할 수 있다[1, 18]. 원형 편광 빔은 절단 방향에 우선시 되는 현상을 보이지 않는다(그림 4.9).

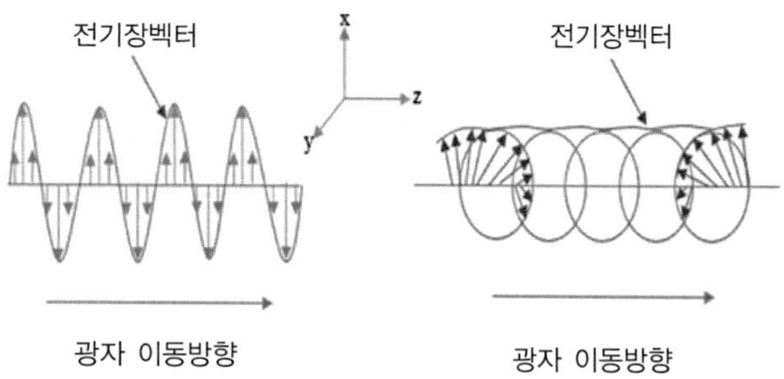

a) 선형 편광 빔　　b) 원형 편광 빔

| 그림 4.8 | 선형 및 원형 편광–각 전계 벡터의 방향성을 나타내는 대표적인 다이어그램

a) 원형 편광 빔　　b) 선형 편광 빔

| 그림 4.9 | 기계 가공된 표면에 편광의 효과

4.7 레이저 장비 특성

우수하고 원하는 결과를 얻기 위한 레이저 장비의 주요 특성은 다음과 같다.

- 레이저 빔 출력
- 레이저 빔의 파장
- 시간 모드
- 공간 모드
- 초점 스폿 크기

4.7.1 레이저 빔 출력

출력이 요구하는 값보다 낮은 경우, 가공시간이 증가하거나 원하는 재료에 대한 가공작업을 수행할 수 없게 된다. 대신에 출력이 요구 한도를 초과하면 총 비용이 증가한다.

필요한 광 출력의 양은 공작물 재료의 광학 및 열 특성을 조사하여 결정한다. 열 특성은 고정 속성과 손실 속성의 두 가지 범주로 나눌 수 있다. 재료를 녹이거나 증발시키는 데 필요한 에너지의 양은 고정된 속성을 갖는다. 이것은 열용량, 잠열 및 증발열에 달려있다[21,22]. 세라믹 재료의 경우 높은 잠열 때문에 높은 출력이 요구된다.

공정 진행 중에 주변 재료로 전달되는 에너지는 손실 범주에 속한다. 과도 상태에서 작동하는 경우는 열 확산 계수가 종속 변수이며 정상 상태에서 작동하는 경우는 열전도도가 종속 변수이다.

레이저의 광학 특성은 레이저 빔이 충돌하게 되는 공작물의 표면에 영향을 미친다. 재료의 흡수율은 출력 요구조건에 가장 큰 영향을 미친다. 또한 흡수율은 파장, 표면 조도, 온도, 재료의 위상 및 표면 코팅의 사용에 따라 달라진다.

4.7.2 레이저 빔 파장

파장은 레이저 빔의 광자에 대한 진동의 한 주기와 관련된 특성 스펙트럼 길이로 정의된다. 재료의 흡수율은 파장에 따라 다르다. 따라서 특정 레이저는 특정 소재를 가공하는데 적합하다[23]. 그 예로서 알루미늄 및 구리는 10.6 ㎛

CO_2 레이저 빔에는 낮은 흡수율을 보이며 1.06 ㎛ Nd:YAG 레이저 빔에는 높은 흡수율을 보인다[24].

레이저 빔 에너지의 흡수는 레이저 파장과 가공 재료의 파장별 흡수 특성에 의존한다. 구리와 알루미늄은 CO_2 레이저 가공(10.6 ㎛ 파장)에 대해 매우 높은 반사율을 나타내지만 Nd:YAG 레이저의 방사능은 이들 금속에 대해 높은 흡수율을 보인다. 따라서 에너지 손실이 최소화되므로 더 효과적이라는 것을 알 수 있다.

4.7.3 시간 모드

시간 모드는 연속파(CW) 또는 펄스 모드에서 모두 적용될 수 있다. CW 모드는 기계 가공 후에 평평한 표면을 생성하는 장점이 있으나 높은 출력을 요구하는 단점이 있고 공정 중에서 열영향부(HAZ)를 생성한다[1,25].

빔의 펄스 모드 작동은 심공 드릴링 또는 절단 응용 분야에서 가장 중요한 방법이다. 단점은 주기적으로 출력이 변화하므로 물결 모양의 표면이 형성되고 적절한 제어가 어렵다.

4.7.4 공간 모드

가공이 필요한 적절한 파장을 생성하기 위해서는 공진기 설계가 중요하다. 전자기파의 위상은 레이저 빔의 공간 빔 프로파일(예: 가우시안 빔 TEM_{oo})의 변화로 인한 공진기 설계에 따라 다를 수 있다[32]. 그림 4.10은 TEM_{oo} 가우시안 빔의 프로파일을 보여준다.

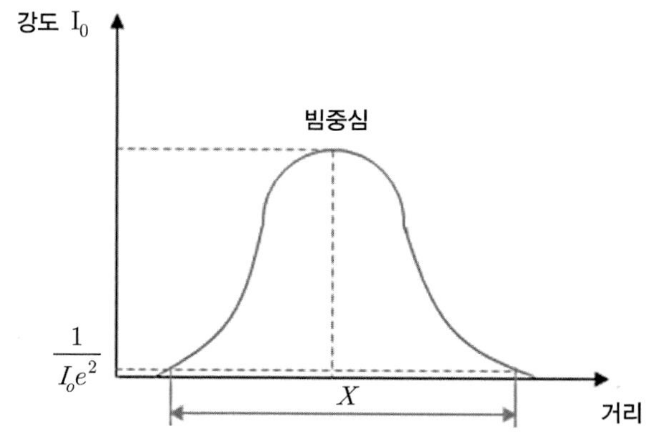

| 그림 4.10 | 가우시안(TEM) 프로파일

일반적으로 TEM_{00}는 다음과 같은 이유로 레이저 가공에 가장 적합하다.

- 상의 앞면이 균일하다.
- 빔 중심부에서 방사량을 균일하게 떨어뜨린다.
- 최소 회절 효과
- 최소의 스폿 크기를 생성할 수 있다.

4.7.5 초점 크기

재료 가공에서, 재료 표면에서의 레이저 빔의 방사량은 중요한 매개 변수이다. 방사량은 단위 면적당 출력으로 정의된다. 재료를 녹이거나 증발시킬 정도의 큰 방사량은 레이저 광선의 초점을 적절하게 맞추면 얻을 수 있다. 최대 방사량은 스폿 직경이 최소화 되는 렌즈 초점면에서 발생한다. 이때 가장 작은 스폿 직경의 위치를 초점이라고 한다. 이 지점에서 bW/cm^2 값의 방사량을 얻을 수 있다. 그러나 광학 구성 요소의 불완전성과 회절 효과로 얻을 수 있는 초점 크기는 제한된다[26,27].

스폿 직경과 작업거리 사이에는 균형점(trade-off)이 있다(그림 4.11). 에너지 밀도와 초점 스폿 크기 사이의 관계로부터 스폿 직경의 감소는 에너지 밀도를 증가시키지만 유효 작동범위는 감소시키는 것으로 나타난다. 스폿 직경은 초점 거리 f를 줄이거나 초점이 맞지 않은 빔 직경을 늘려서 줄일 수 있다. 빔 익스팬더를 사용하면 초점이 맞지 않는 빔 직경을 증가시킬 수 있다[28]. λ가 레이저 빔의 파장이면, 레이저 빔의 초점 크기는

$$D_2 = \frac{8\lambda f}{\pi D_1}, \quad \text{and} \quad B = \frac{8\lambda}{\pi}\left(\frac{f}{D_1}\right)^2$$

이 된다.

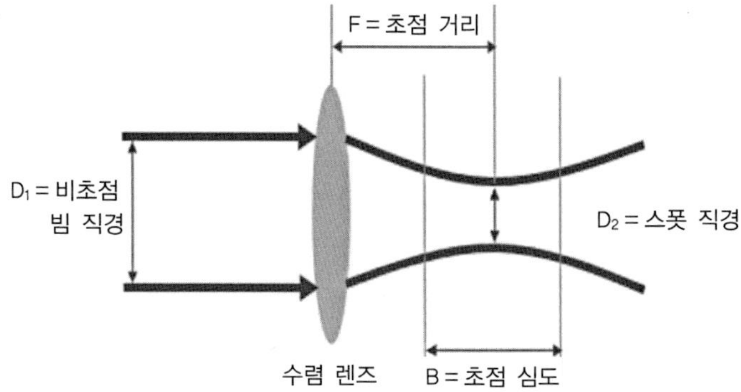

| 그림 4.11 | 초점 직경과 초점 심도 – 균형점

4.7.6 스폿 크기에 영향을 미치는 요소

- 입력되는 빔 품질 [빔 발산]
  더 작은 발산 = 매우 작은 초점 스폿크기 = 높은 방사량
- 회절
  회절 한계 레이저 빔이 렌즈로 집속될 때 높은 f값 또는 더 큰 초점 거리가 필요 = 더 큰 초점 직경
- 입력되는 레이저 빔의 직경
  좋은 빔 에너모틱이나 빔의 형태를 조절할 수 있는 광학계를 사용한다면 입력되는 빔의 직경을 늘림으로써 더 작은 초점 스폿 크기를 얻을 수 있다.

또한 열 손실은 주로 공작물의 내부로 전도되는 것과 주변 대기로 손실되는 것에 의한다. 이로 인해 빔의 에너지가 실제 홀 드릴링 가공 공정에서 벗어날 수 있다. 이 열전도는 재료의 열 확산계수 α와 상호 작용시간 t_i에 따라 달라진다. 열 침투 깊이는 다음식과 같이 주어진다[29].

$$\delta = \sqrt{\alpha t_i}$$

4.7.7 독특한 특성

재료 가공/제거를 위한 레이저의 고유한 특성은 다음과 같은 것을 고려해야 한다[1,17].

(A) 열적 공정: 레이저 가공(LM)내의 효율은 기계적 성질보다는 기계 가공되는 재료의 광학적 성질과 열적 성질에 달려있다. 따라서 레이저 가공에 적합한 소재는 i) 높은 취성 또는 경도와 ii) 낮은 열전도도와 열확산도를 가져야 한다.

(B) 비접촉 공정: 레이저와 재료 사이의 에너지 전달은 조사(irradiation)를 통해 발생한다. 이것은 다음과 같은 장점이 있다.

i) 레이저에 의한 절삭력이 없다.

ii) 재료에 기계적인 손상이 없다.

iii) 공구의 마모가 없다.

iv) 가공물의 진동이 없다.

v) 이러한 이유로 레이저 가공에서 재료 제거율은 최대 공구력, 빌드 업 엣지 형성 또는 공구 떨림 등과 같은 구속조건에 의해 제한되지 않는다.

(C) 유연한 공정: 다축 공작물 포지셔닝 시스템 또는 로봇과 적절히 조합함으로써 레이저 빔은 단일 기계를 사용하여 드릴링, 절단, 홈 용접 및 열처리 공정에 사용할 수 있다.

유연성으로 인한 장점은 다음과 같다.

i) 특수한 부품을 가공하기 위한 전용기계가 필요하지 않음

ii) 기계식 가공기술에 비하여 더 정밀하고 작은 절단 폭 또는 구멍 직경

열가공 공정인 레이저 가공(LM)의 단점은 다음과 같다.

(D) 낮은 에너지 효율: 이는 레이저 가공에서 제거가 필요한 전체 체적을 용융 또는 증발시켜 재료를 가공하는 방식이기 때문이다. 따라서 물질의 상 변화는 원자 단위로 발생하며, 이는 동등한 기계적 방법보다 훨씬 높은 에너지와 처리 시간이 필요하다.

그러나 이러한 단점은 현재 이용 가능한 고출력 산업용 레이저에 의해 극복될 수 있으며 높은 피크 출력과 고품질 빔 형성 광학계에 의해 가능하다. 예를 들면, 잘 갖추어진 3-D 레이저 가공(LM)은 높은 유연성을 갖는 재료 제거 방식으로 높은 에너지 효율을 제공한다[1].

(E) 재료 손상: 레이저 가공(LM) 중에는 높은 출력 밀도가 공작물 표면에 발생한다. 금속의 경우 높은 에너지 밀도는 침식전면 주변에 열 영향부(HAZ)를 생성한다[25] (그림 4.12).

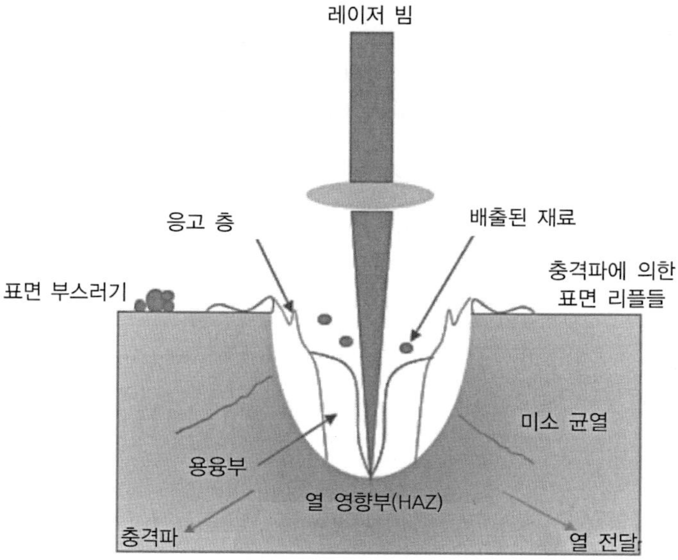

| 그림 4.12 | CW 레이저 빔과 재료의 상호 작용 – HAZ와 균열의 형성

플라스틱 및 고분자 매트릭스 복합재료에서 고온으로 인해 재료가 분해되어 고분자가 탄화 잔류물 및 가스 생성물로 분해된다. 또한 유독 가스와 관련 문제가 발생할 수 있다. 가스 잔류물을 제거하기 위한 침식 전면의 적절한 설계 기술은 현재 확립 되었다. 그러므로 이 문제는 또한 상당 부분 해결되었다[25, 30].

4.8 연속파(CW) 레이저와 자외선(UV) 레이저 가공

엑시머 레이저의 물리적 제거방식은 CO_2나 Nd:YAG 레이저의 경우와 다르다. 재료가 고체 상태에서 액체 또는 가스 상태로 가열되어 용융 또는 증발을 통해 물질을 제거하는 대신, 엑시머 레이저는 어블레이션 통해 물질을 제거하여 물질이 화학적 구성요소로 해리될 때까지 화학 결합을 끊는다(그림 4.13). 결합 파단이 임계값을 초과하면 재료가 분해된다. 이러한 방식으로, 엑시머 레이저 빔의 펄스는 물질을 마이크로 미터 단위의 두께를 한층 한층 제거한다[44].

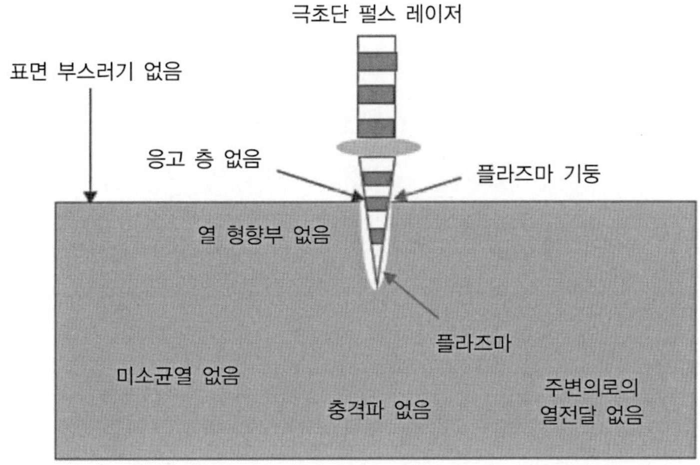

| 그림 4.13 | 재료와의 초고속 레이저 펄스 상호 작용 시연; HAZ가 생성되지 않는 방법

CO_2 또는 Nd:YAG 레이저의 경우, 빔은 작은 영역에 집중되어 가공될 공작물 내에서 움직인다. 그러나 엑시머 레이저는 설계된 절단/가공 영역이 새겨진 템플릿이 있는 마스크의 넓은 영역에 빔을 생성한다. 마스크를 통과 한 후에, 빔은 빔 형성 광학계/렌즈[12,31]를 통해 작업 물체에 포커싱된다.

4.9 UV 레이저 가공: 주요 특징

그림 4.14는 레이저 보조 가공을 위한 광학 구성을 보여준다.

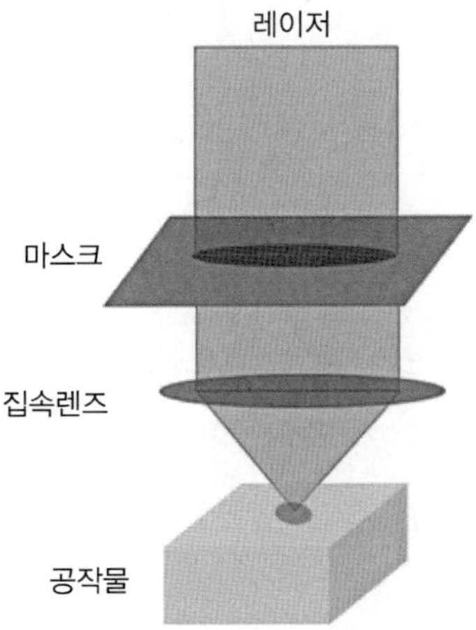

| 그림 4.14 | 엑시머 레이저로 가공 – 최적의 구성

엑시머 레이저를 사용하는 레이저 가공기의 구성은 기본 렌즈 제조업체의 공식: $1/u + 1/v = 1/f$를 따른다.

- u = 마스크에서 렌즈까지의 거리
- v = 렌즈에서 작업물까지의 거리
- f = 렌즈의 집속거리

공작물상의 레이저 빔의 에너지 밀도는 축소 계수의 제곱에 비례한다.

- $ED_w = ED_0 d^2$
- d = 축소 계수 = $I u/v I$
- ED_w = 공작물에서의 에너지 밀도
- ED_0 = 비 초점 빔의 에너지 밀도

- 마스크의 특성: 마스크는 입사되는 레이저 방사의 대부분을 반사하는 금속으로 만들어지므로 마스크 내의 물질은 절단 과정에서 제거되지 않는다[15].

- 접촉 마스킹: 공작물 면적이 1 mm × 1 mm를 초과하는 경우와 반복적인 패턴을 자를 필요가 없는 경우에 사용된다. 이 방법에서는 레이저 빔이 마스크를 통과하는 동안에는 마스크는 작업물 표면에 가깝게 유지되어야 한다.

- 등각 마스킹: 이것은 넓은 영역을 가공하는 다른 방법이다. 이 방법으로 마스크의 얇은 금속층이 작업물 위에 증착된다.

마스크 투사 방식은 다음과 같은 장점이 있다.

- 마스크가 가공에서 멀리 떨어져 있어 파편등에 의한 손상이 발생하지 않는다.
- 축소 투영 렌즈를 사용하면 마스크 제조의 제약을 줄일 수 있다.
- 축소 투영은 레이저 플루언스가 샘플위에 투영되는 것보다 마스크에 투영되는 것이 작다는 것을 의미하여 이로 인하여 마스크의 수명을 연장할 수 있다.
- 작업물에서 마스크가 멀리 떨어져 있어 마스크가 독립적으로 움직인다.

· 마스크를 변경하여 여러 패턴을 샘플에 겹칠 수 있다.

4.9.1 렌즈 초점 맞춤 최적화: 용접, 절단 및 열처리

레이저 재료가공에서 빔은 다양한 응용 분야에 따라 초점을 변화시킬 수 있다[10,13,14,25]. 일반적으로 절단 및 용접에는 작은 초점 크기가 사용되고 열처리 또는 표면 수정에는 큰 초점이 사용된다. 빔의 초점은 용도에 따라 달라질 수 있다. 디포커싱을 하여 초점의 크기를 크게 만들면 표면 열처리 등에 사용될 수 있다. 국부적 표면 개질은 레이저 스폿을 표면에 집중함으로써 수행할 수 있다(그림 4.15).

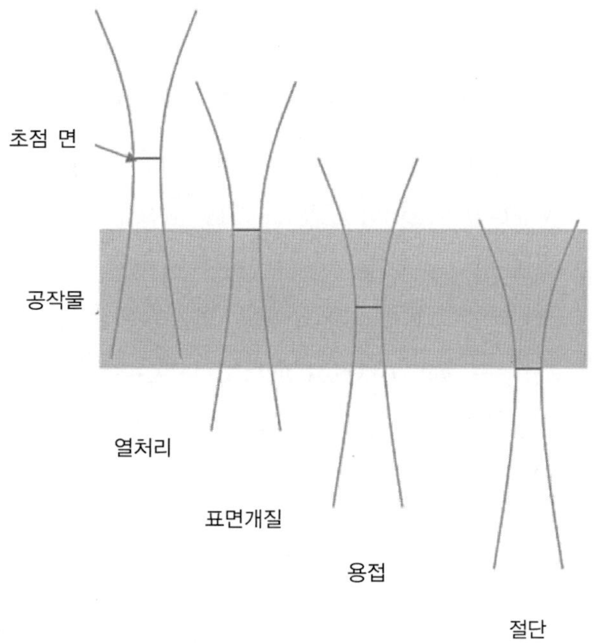

❙그림 4.15❙ 다양한 소재 가공 작업을 위한 렌즈 초점 맞춤의 최적화

레이저 용접부의 단면은 모래 시계 모양을 나타낸다. 이 모양은 레이저의 초점이 용접되는 재료 내에 있기 때문에 발생하며 빔이 초점 지점으로 수렴하고 발신하기 때문이다.

레이저 커팅의 경우, 빔의 초점은 플레이트의 아래쪽 또는 뒷면을 향하고 있다.

가장 일반적인 가스 레이저는 10.6 ㎛의 파장에서 빛을 방출하는 CO_2 레이저이다. 대부분의 금속은 CO_2 레이저의 파장보다 Nd:YAG 레이저(1.06 ㎛) 파장을 더 잘 흡수한다. 또한 Nd:YAG 레이저는 유연한 광섬유 케이블을 통해 전송될 수 있어 가스 레이저의 고정된 전달 시스템보다 다양한 용도로 사용할 수 있다.

4.9.2 가스와 고체 레이저 사이의 선택에 영향을 미치는 요인들

- CO_2 레이저의 경우: 높은 출력, 초점 능력 측면에서의 향상된 빔 품질, 빛을 반사하지 않는 재료에 대하여 더 빠른 속도와 깊은 용입 그리고 낮은 시작 및 운영 비용
- Nd:YAG 레이저의 경우: 쉬운 빔 정렬, 쉬운 유지 관리, 소형화 그리고 파장에 의한 CO_2보다 더 비싼 안전 비용

전형적인 Nd : YAG 레이저는 10^7 W/cm^2 이상의 출력 밀도로 0.1-0.8 mm (0.004-0.035 in)의 스폿 크기로 초점을 맞출 수 있다. 이러한 출력 밀도에서 키홀 이라고 하는 현상이 발생하여 금속의 연속적인 깊은 용입 용접이 가능하다. 금속은 빔과 상호 작용할 때 녹고 증발한다. 금속 증기의 압력은 용융 금속을 밀어내어 키홀이나 공동을 형성한다[32].

4.10 레이저 가공 응용 분야

레이저는 다른 제조 공정 중에서 용접, 클래딩, 마킹, 표면 처리, 드릴링 및 절단에 사용될 수 있다. 복잡한 부품의 정밀 가공을 위해 자동차, 조선, 우주항공, 철강, 전자 및 의료 산업에 사용된다. 레이저 용접은 최대 100 mm/s의 속도로 용접할 수 있고 이종금속을 용접 할 수 있다는 점에서 유리하다. 레이저 클래딩은 표면 품질을 향상시키기 위해 약한 부분을 더 단단한 물질로 코팅하는 데 사용된다.

레이저 드릴링 및 절단은 손상이 발행할 수 있는 공구와의 접촉이 없으므로 절삭 공구의 마모가 거의 없기 때문에 유리하다.

레이저를 이용한 밀링작업은 3D 가공으로 두 개의 레이저를 이용하여 수행

할 수 있으며 가공 부품의 가격을 크게 절감할 수 있다[17,33]. 레이저는 공작물의 표면 속성을 변경하는 데 사용할 수 있다.

레이저 빔 가공은 전통적인 가공 방법과 함께 사용될 수도 있다. 절삭 공구 앞에 레이저를 집중시킴으로써 절단될 재료가 연화되어 쉽게 제거될 수 있다. 공구의 수명을 증가시켜 공구비용을 줄이고 생산 비용을 절감한다[25].

4.11 요약

레이저 가공의 적용은 산업에 따라 다르다. 중공업 제조에서는 클래딩 및 드릴링, 스폿 용접 및 심 용접 등의 작업에 레이저 빔 가공이 사용된다. 경공업에서는 기계를 조각하고 다른 금속을 뚫기 위해 사용된다.

전자 산업에서 레이저 빔 가공은 와이어 스트리핑 및 회로의 파손에 사용된다. 의료 산업에서는 성형 외과 및 제모에 사용된다[17].

CO_2, Nd:YAG, Nd:YV04, 엑시머(Excimer) 및 펨토초(Femtosecond) 레이저와 같이 이 장에서 언급된 대부분의 레이저는 최근 몇 년간 구조물과 가공물의 2D 및 3D 프린팅에 잠재적으로 적용이 가능하다. 간섭계 접근법과 같이 레이저를 기반으로 하는 새로운 세대 개념 및 장비는 마이크로 및 나노 수준에서 높은 종횡비 3D 형상을 생성할 수 있다고 예상된다.

문제 >>

1. 레이저 빔 가공(LBM)을 어떻게 1차원, 2차원 및 3차원 프로세스로 나눌 수 있는지에 대한 간단한 다이어그램을 사용하여 설명하시오.

2. 레이저 가공 장비의 특성은 무엇인지 설명하시오.

3. 초점 지점의 크기는 레이저 빔 가공(LBM)에서 요구되는 임계 강도 밀도(에너지 밀도)를 어떻게 결정하는가?

4. 레이저 빔 가공(LBM)을 사용하는 엔지니어는 머시닝 또는 재료 가공 응용 분야에 레이저를 사용할 때 초점 크기와 작업 범위 사이에 명확한 절충이 있다고 항상 말한다. 이에 대하여 설명하시오.

5. 옥시-레이저(Oxy-Laser) 절단이란 무엇이며 그 중요성과 한계는 무엇인가?

6. 드로스(Dross)는 레이저 빔 가공(LBM)을 사용하면서 특정 재료를 절단하면서 형성된다. 부스러기란 무엇이며 어떻게 찌꺼기를 피하거나 제압 할 수 있는가?

7. 레이저 빔으로 재료를 가공할 때 열 침투 깊이에 영향을 주는 매개 변수는 무엇인가?

8. 레이저 빔 가공(LBM) 시스템에서 렌즈 초점 맞춤을 최적화함으로써 절단, 드릴링, 열처리 및 표면 개질을 수행할 수 있다. 이것을 간단한 개략도로 설명하시오.

9. 키홀 이란 무엇인지 설명하시오.

10. 레이저 빔의 편광상태는 가공된 표면 품질에 어떤 영향을 주는가?

참고문헌 >>

[1] E. Chryssolouris, Laser machining: theory and practice, Springer Science & Business Media (2013).

[2] J.K. Chua and V.M. Murukeshan, "UV laser-assisted multiple evanescent waves lithography for near-field nanopattеming' IET Micro & Nano Letters 4(4), 210-214 (2009).

[3] J. Bingi and V.M. Murukeshan, "Speckle lithography for fabricating Gaussian, quasi-random 2D structures and black silicon structures," Scientific Reports 5, 18452 (2015).

[4] R. Sidharthan and V.M. Murukeshan, "Pattern definition employing prism-based deep ultraviolet lithography," IET Micro & Nano Letters 6(3), 109-112(2011).

[5] R. Menzel, Photonics: linear and nonlinear interactions of laser light and matter, Springer Science & Business Media (2013).

[6] R. Sidharthan and V. Murukeshan, "Periodic feature patterning by lens based solid immersion multiple beam laser interference lithography," Laser Physics Letters 9(9), 691 (2012).

[7] Y. Deng, H. Zheng, V. Murukeshan, X. Wang, G. Lim and B. Ngoi, "In-Process Monitoring of Femtosecond Laser Material Processing," International Journal o f Nanoscience 4(04), 761-766 (2005).

[8] H. Hocheng, Machining technology for composite materials: Principles and practice, (2011).

[9] I.A. Choudhury and S. Shirley, "Laser cutting of polymeric materials: An experimental investigation," Optics and Laser Technology 42(3), 503-508 (2010).

[10] N. Muhammad, D. Whitehead, A. Boor and L. Li, "Comparison of dry and wet-fibre laser profile cutting of thin 316L stainless steel tubes for medical device applications," Journal of Materials Processing Technology

210(15), 2261-2267 (2010).

[11] H. Huang, L.M. Yang and J. Liu, "Micro-hole drilling and cutting using femtosecond fiber laser," Optical Engineering 53(5), (2014).

[12] A.K. Dubey and V. Yadava, "Laser beam machining—a review," International Journal of Machine Tools and Manufacture 48(6), 609- 628 (2008).

[13] E.K.W. Gan, H.Y. Zheng and G.C. Lim, "Laser drilling of micro-vias in PCB substrates" in Electronics Packaging Technology Conference, 2000. (EPTC 2000)" Proceedings of 3rd, 321-326 (2000).

[14] M. Behringer, "High-power diode laser technology and characteristics" In: High Power Diode Lasers, Springer (2007).

[15] C. Paul, A. Kumar, P. Bhargava and L. Kukreja, "Laser-Assisted Manufa cturing: Fundamentals, Current Scenario, and Future Applications" In: Nontraditional Machining Processes, Springer (2013).

[16] D. Teixidor, J. Ciurana and C.A. Rodriguez, "Dross formation and process parameters analysis of fibre laser cutting of stainless steel thin sheets," The International Journal of Advanced Manufacturing Technology 71 (9-12), 1611-1621 (2014).

[17] P. Parandoush and A. Hossain, "A review of modeling and simulation of laser beam machining," International Journal of Machine Tools and Manu facture 85, 135-145 (2014).

[18] S. Mishra and V. Yadava, "Laser beam micromachining (LBMM)-a review," Optics and lasers in engineering 73, 89-122 (2015).

[19] R. Buividas, M. Mikutis and S. Juodkazis, "Surface and bulk structuring of materials by ripples with long and short laser pulses: Recent advances," Progress in Quantum Electronics 38(3), 119-156 (2014).

[20] D. Clarke and J.F. Grainger, Polarized Light and Optical Measurement: International Series of Monographs in Natural Philosophy, Elsevier (2013).

[21] B. Hu and G. Den Ouden, "Synergetic effects of hybrid laser/arc welding," Science and Technology of Welding & Joining 539-543, 3872-3876 (2013).

[22] T.I. Zohdi, "Rapid simulation of laser processing of discrete particulate materials,'' Archives of Computational Methods in Engineering 20(4), 309-325 (2013).

[23] A. Kaplan, "Laser absorptivity on wavy molten metal surfaces: Categor ization of different metals and wavelengths," Journal of Laser Applications 26(1), 012007 (2014).

[24] O. Aubreton, F. Meriaudeau and F. Truchetet, "3D digitization methods based on laser excitation and active triangulation: a comparison," in 9896, 98960I-98960I-8 (2016).

[25] J. Meijer, "Laser beam machining (LBM), state of the art and new opportu nities," Journal o f Materials Processing Technology 149(1), 2- 17(2004).

[26] S. Quabis, R. Dorn, M. Eberler, O. Glockl and G. Leuchs, "Focusing light to a tighter spot," Optics Communications 179(1), 1-7 (2000).

[27] G.M. Leman and U. Levy, "Effect of radial polarization and apodization on spot size under tight focusing conditions," Optics express 16(7), 4567 - 4581 (2008).

[28] A. Shinde, S.M. Perinchery and M.V. Matham, "Fiber pixelated image database," Optical Engineering 55(8), 083105-083105 (2016).

[29] J. Kim and H. Ki, "Scaling law for penetration depth in laser welding," Journal of Materials Processing Technology 214(12), 2908-2914 (2014).

[30] Y. Jamil, R. Perveen, M. Ashraf, Q. Ali, M. Iqbal and M.R. Ahmad, "He-Ne laser-induced changes in germination, thermodynamic parameters, internal energy, enzyme activities and physiological attributes of wheat during germination and early growth," Laser Physics Letters 10(4), 045606 (2013).

[31] K. Dreisewerd, "The desorption process in MALDI," Chemical reviews

103(2), 395-426 (2003).

[32] M. Schmidt, A. Otto and C. Kageler, "Analysis of YAG laser lap- . welding of zinc coated steel sheets," CIRP Annals-Manufacturing Technology 57(1), 213-216 (2008).

[33] B. Lauwers, F. Klocke, A. Klink, E. Tekkaya, R. Neugebauer and D. McIntosh, "Productivity Improvement Through the Application of Hybrid Processes" In: Advances in Production Technology, Springer (2015).

CHAPTER

05 레이저 기반 3D 프린팅

3차원 구조물을 제조하는 기본 공정은 제거식(subtractive), 부가식(additive), 성형식(formative) 공정 세 가지이다. 전통적인 제조 공정은 오랫동안 제거식 및 성형식 공정에 기반을 두고 발전해 왔다. 부가식 제조(3D 프린팅)는 1990년대에 쾌속조형에 처음 적용되었으며, 현재는 다양한 제조 응용 분야에서 다중 소재를 이용한 복잡한 구조물의 효율적 생산으로 그 영역을 확장하고 있다. 레이저는 매우 고효율인 에너지원으로서 제거식, 부가식, 성형식 모든 공정에 이용할 수 있다. 초기 소재의 형태를 기준으로 모든 3D 프린팅 시스템은 (1) 액체 기반, (2) 고체 기반, (3) 분말 기반 시스템으로 분류할 수 있다. 이 장에서는 이러한 분류에 따라 레이저 기반 3D 프린팅 시스템의 기초 원리, 시스템 설계, 레이저 특성 및 응용에 대해 학습하고자 한다.

5.1 서론

전통적인 제조 공정들은 벌크(bulk) 고체 재료의 제거나 성형 공정에 기반을 두고 오랫동안 발전해 왔다. 제거식 공정은 생산하고자 하는 제품보다 크기가 큰 고체 덩어리 하나에서부터 시작된다. 이러한 제거식 제조법에서는 원하는 모양을 얻을 때까지 재료의 일부를 제거하는 방법으로 가공을 하며 밀링, 선삭

(turning), 드릴링, 톱질, 연마가 포함된다. 반면, 성형식 공정에서는 얇은 판 형태의 소재에 기계적 힘을 가하여 원하는 형상을 제조하며, 굽힘, 단조, 프레스 성형, 압연, 스피닝(spinning), 인발, 사출 성형등이 포함된다. 세 번째 제조공정인 부가식 제조법은 1990년대부터 상용화되기 시작했다[1-3]. IT(information technology) 기술이 급속한 성장을 하면서 전산제도(computer-aided drafting)가 1970년대에 처음 도입되었으며 1980년대에서는 3차원 제품설계, 모델링, 제조에 널리 쓰기에 되었다. 그 당시 쾌속 조형(부가식 제조의 별칭 중 하나, 표 5.1)의 개념이 제안되고 1990년대부터 상용화되었다. 쾌속 조형은 자동차, 항공, 우주 산업용 시제품의 전통적인 제작과 같은 물리적 조형에 비해 제품 설계에 소요되는 시간과 비용을 크게 절감시켰다[4-8]. 근래에는 패션에 민감한 시장 트렌드에 대응하기 위해 시간 절약이 더욱 결정적 요인이 되었다. 부가식 공정은 제거식 공정과 정반대이고 최종 제품이 공정 초기에 쓰이는 모재에 비해 훨씬 크다. 재료를 층 별로 조작하고 순차적으로 결합하여 완성품을 구현한다. 오늘날에는 30종이 넘는 부가식 공정이 있으며 100가지가 넘는 부가식 제조 장비가 있는데 그 중 70 %가 레이저를 이용한다.

[표 5.1] 부가식 제조에 사용되는 다양한 용어

핵심어	다른 용어
부가식(Additive)	부가식 제조(Additive manufacturing), 부가식 조형(Additive fabrication), 부가식 공정(Additive processes), 부가식 기법(Additive techniques), 부가식 디지털 제조(Additive digital manufacturing), 부가식 적층 제조(Additive layer manufacuting)
3D	3D 프린팅, 3D 모델링
층(Layer)	적층 제조(Layer manufacturing)
임의 형상(Freeform)	임의 형상 제작(Freeform fabrication), 고체 임의 형상 제작(Solid freeform fabrication)
쾌속(Rapid)	쾌속 조형(Rapid prototyping), 쾌속 제조(Rapid manufacturing), 쾌속 기술(Rapid technology), 쾌속 시작 기술(Rapid tooling)
직접(Direct), 디지털(Digital)	직접 디지털 제조(Direct digital manufacturing), 직접 시작 기술(Direct tooling), 디지털 조형(Digital fabrication)

레이저 기반 제조는 세 가지 공정으로 분류할 수 있는데, 제거식, 부가식, 성형식 공정이 그것이다(그림 5.1) [9,10]. 대표적인 레이저 기반 제거식 공정에는 레이저 절단, 드릴링, 천공(piercing)이 있고 대표적인 성형식 공정으로 광

조형법는 레이저 성형, 굽힘, 용접을 들 수 있다. 레이저 기반 부가식 공정에는 광조형법(SLA; Stereolithography Apparatus), 선택적 레이저 소결(SLS; Selective Laser Sintering), 선택적 레이저 용융(SLM; Selective Laser Melting), 레이저 엔지니어링 정밀 성형(LENS; Laser Engineered Net Shaping) 등이 있다. 두 공정의 중간에 위치한 기술들도 있다. 라미네이트 형상 제조(LOM; Laminated Object Manufacturing)에서는 각 층을 레이저 절단(제거식 공정)하지만 최종 제품은 여러 층을 쌓는 방식(부가식 공정)으로 완성한다. 레이저 굽힘과 용접에서 모재의 일부는 용융되어 흘러 내리지만(제거식 공정) 두 재료의 용융부를 이어 붙여 형상을 구현(성형식 공정)한다.

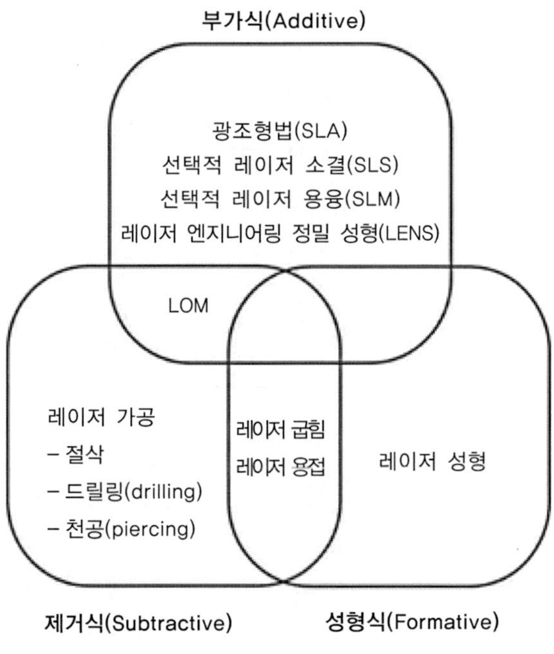

▌그림 5.1▐ 레이저 기반 제조 공정. 이 공정은 최초 및 최종 시편의 모양에 따라 제거식, 성형식, 부가식 공정으로 분류한다[1].

5.2 액체 기반 3D 프린팅

대부분의 액체 기반 3D 프린팅 시스템들은 경화성 액체 수지를 담은 용기 안에서 제품을 제작한다. 유기 수지들은 보통 자외선(UV) 영역의 빛에 노출되면 경화된다. 자연광, 램프 또는 레이저 빔으로 수지 표면을 경화시키면 얇은 경화층이 만들어진다. 부품의 경화층이 일단 형성되면 피스톤을 이용한 높이 조절 장치를 통해 경화된 부분을 낮춘 뒤 다음 층의 수지를 깔고 유사한 방법으로 그 위에 형상을 구현한다. 이러한 층별 프린팅 공정을 전체 부품이 완성될 때까지 반복한다. 그리고 용기를 열어 액체를 배출하고 부품을 꺼낸 뒤 다음 공정을 진행한다.

5.2.1 광조형법 (SLA)

역사

"광조형법"이라는 용어는 1986년 Charles W. Hull에 의해 고안되었는데 그는 UV 경화성 수지를 층층이 프린팅하여 형상을 제작하는 방법으로 광조형법 특허를 획득했다. Hull의 특허에서는 액체광경화성 수지를 채운 용기 표면에 자외선을 집속한다. 1986년 Hull은 그 방법을 상용화하기 위해 최초로 3D Systems 사(社)를 설립했다.

모든 상용 3D 프린팅 시스템 중에 SLA는 1988년에 최초의 상용 장비로 출시되었다. 3D Systems 사는 매출 증대와 기업인수를 통해 성장하였으며, 1997년 EOS 사의 광조형법 사업 부문을 합병하고 2001년에는 선택적 레이저 소결(SLS) 시스템 제조사인 DTM을 인수한 사실이 잘 알려져 있다.

원리

광조형법은 UV 경화성 광수지 용기에 자외선 레이저 빔을 주사(scan)하여 제품의 각 층을 하나씩 쌓는 방식의 부가식 제조 공정이다[11-18]. 각 층별로 갈바노 스캐너(Galvano scanner)를 이용하여 액체 수지 표면에 제품 단면의 패턴을 따라 레이저 빔을 조사한다. 자외선 레이저 빔에 노출된 패턴은 경화되면서 하부 층과 결합된다(그림 5.2) [19-21]. 그러면 피스톤이 다음 층의 프린팅을 위해 작업대의 높이를 낮춘다. 이 높이 변화에 따라 SLA 공정의 단일층의 두께가 결정되는데 통상 0.05 ~ 0.15 mm 정도이다. 그 다음에는 블레이드(blade)를 이용하여 프린팅 된 부품 위를 쓸어 수지를 상부에 다시 입힌다. 이러한 과정을 반복하여 설계대로 완성된 3D 부품을 제작할 수 있다. 제작 과정이 끝나면 제품을 화학 용액에 담가 불필요한 수지를 세척하고 자외선 오븐에서 경화시킨다.

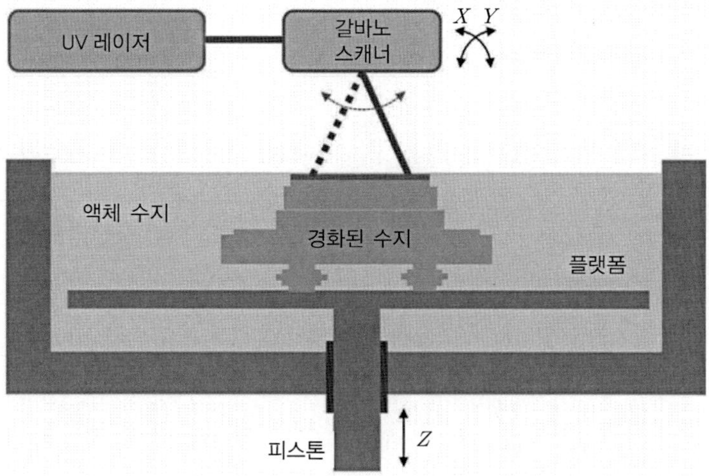

▎그림 5.2▎ SLA 시스템 구성

광조형 방법의 가장 큰 장점은 공정 속도이다. 완전한 기능성을 지닌 3차원 부품을 하루 내에 제작할 수 있는데, 정확한 공정 시간은 크기, 형상의 복잡도에 따라 다르며 보통 수 시간에서 하루 정도이다. 대형 광조형 장비는 1500 × 750 × 550 mm^3 까지 프린트 할 수 있는데 이는 자동차 부품을 생산하기에 충분한 크기이다. 광조형법에 의해 프린트한 부품은 사출성형, 가열성형, 블로몰딩(blow molding), 금속 주조에 이용하기에 충분한 정도로 강도가 높다. 과거 오랫동안 SLA 수지의 가격이 높았으나(리터당 $200), 근래에는 응용이 확대되면서 리터당 $50 아래로 하락했다. 광조형에서는 자중에 의한 수직변형, 추가 코팅용 블레이드에 의한 횡변형 및 부품이 작업대에 이탈되는 것을 막기 위해 지지용 구조물이 요구된다. 그리고 그 구조물은 완성품에서 수작업을 통해 분리해야 한다.

광조형법의 장단점은 다음과 같다.

장점

- 높은 정확도: SLA는 높은 종단간 정확도로 인해 다양한 데 적용할 수 있다.
- 제작물 크기: SLA는 붙이거나 조립하지 않고 1.5 m 폭의 단일품을 만들 수 있다.
- 빠른 프린팅: SLA는 실물 크기의 자동차 대시보드를 2일에 제작할 수 있다.
- 우수한 표면 마감: SLA는 3D 프린팅 기술 중에서 표면 마감이 가장 우수

하다.

- 다양한 재료: SLA는 일반용에서 특수 용도까지 넓은 범위의 재료에 적용 가능하다.
- 효율적인 재료 소비: SLA에서는 남은 재료를 용기에 보관할 수 있으므로 재료 낭비를 최소화할 수 있다.

단점

- 지지대: 돌출부나 언더컷(undercut)이 있는 구조물은 지지대가 필요하며 원래 물체와 함께 프린트하게 된다.
- 후경화(post-curing): 구조를 견고하게 하기 위해서는 후경화가 필요하다.
- 후처리: 지지대 제거나 표면 연마가 필요할 수 있다.

SLA 시스템 용 레이저

SLA에는 보통 UV 경화성 광수지가 이용되므로 레이저의 출력 파장이 ~400 nm보다 짧아야 한다. 이 파장대에 효과적으로 쓸 수 있는 레이저 증폭 소재는 가격이 비싸므로 주파수가 3배인(frequency-tripled) 근적외선 레이저가 널리 이용된다. 중심파장이 1.06 ㎛인 결정(crystal) 기반 고체상태 레이저(예: Nd:YAG, Nd:YVO_4)나 Yb-파이버 레이저가 대표적인 증폭 매질이다. 이러한 증폭 매질은 섬광등(flashlamp)이나 980 nm 파장의 고출력 다이오드 레이저를 이용하여 펌핑한다. SLA에는 펄스나 연속파 레이저 모두 사용 가능하지만 강한 UV 출력을 얻기 위해서는 펄스작동이 유리하다. 1060 nm(NIR)에서 353 nm로의 파장 변환(주파수 3배가 또는 3차 고조파 발생(THG)이라 불림)은 비선형 광학 과정이므로 변환효율이 입력 레이저의 피크 출력에 비례하여 증가한다. 그러므로 자외선을 발생시키기 위해서는 연속파보다 높은 피크 출력을 지니는 펄스 레이저가 유리하다. 파장은 레이저 빔을 KTP($KTiOPO_4$), LBO(LiB_3O_5), BBO(베타－BaB_2O_4)와 같은 비선형 광결정에 집속하여 변환시킨다. 파장변환 효율은 결정의 절단 각도, 어긋남 각도(walk-off angle), 길이, 표면오염, 온도와 같은 결정의 인자에 매우 민감하므로 결정의 온도조절 및 공기 밀봉이 필요하다. UV 레이저는 눈 및 피부에 유해한데 인간의 눈은 자외선에 민감하지 않기 때문에 출력이 실제보다 약해 보인다. 따라서 적절한 안전 교육과 주의가 반드시 필요하다.

SLA 장비 사례: 3D Systems 사의 SLA 시스템

3D Systems 사는 다양한 부품 크기와 생산량에 대응하는 여러 종류의 부가식 제조 장비를 생산한다[22]. 현재의 SLA 모델에는 ProJet 시리즈와 iPro™ 시리즈가 있다. ProJet® 6000과 ProJet® 7000 시리즈는 저가의 SLA 장비이다. ProJet 프린터는 크기가 두 종류이고 고정밀도 프린트 구성이 세 가지이며 Tough, Flexible, Black, Clear, HiTemp, Impact, Jewel과 같은 다양한 VisiJet® SL 프린트 재료가 있다. 제조물 외형이 큰 경우에는 iPro™ 8000, iPro™ 9000, ProX™ 950을 이용할 수 있다. 이러한 장비들은 주형, 몰드, 최종 사용 부품, 기능성 시제품(prototype) 제작에 쓰인다. ProX™ 950(그림 5.3, 5.4)은 조립 없이 크기 1.5 m 이내의 단일품을 생산할 수 있다[23]. 이 시스템은 모든 미사용 재료를 재사용을 위해 시스템에 남겨 낭비를 최소화하므로 소재 효율 또한 높다. 장비의 사양은 표 5.2에 요약하였다.

5.2.2 EnvisionTEC 사의 디지털 광 처리(DLP) 기반 퍼팩토리 시스템

┃그림 5.3┃ 3D Systems 사의 SLA 3D 프린팅 장비인 ProX 950(3D Systems 사 제공)

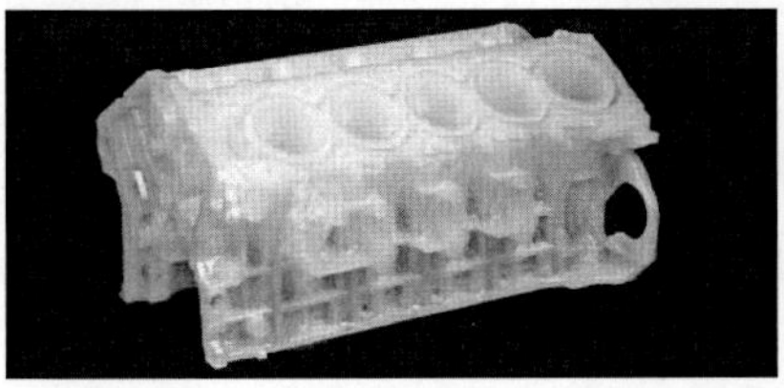

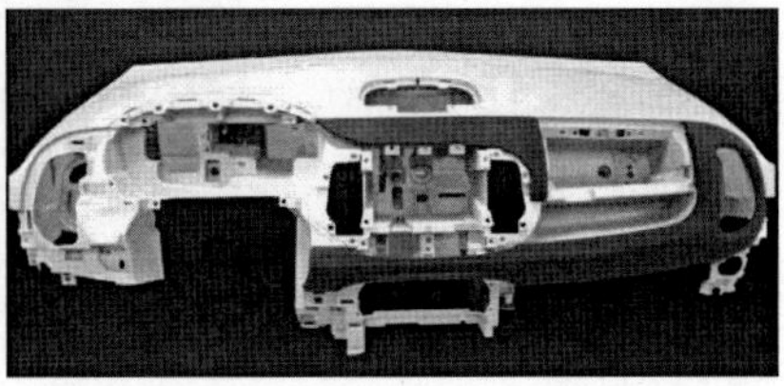

┃그림 5.4┃ 3D Systems 사의 ProX 950로 제작한 부품 엔진 블록(왼쪽)과 길이가 1.5 m를 넘는 자동차 대시보드(오른쪽). (3D Systems 사 제공)

역사

Envision Technologies 사(社) 즉 EnvisionTEC는 Ali El Siblani에 의해 1999년 설립되고 2002년 재조직되었다. EnvisionTEC 사는 다양한 응용분야에서 높은 생산성을 위해 2D 패턴 투사 기반의 3D 프린팅 솔루션들을 제공한다.

[표 5.2] ProX 950의 사양 요약

3D Systems사의 ProX 950 사양	
PolyRay 프린트 기술	
✓ 레이저	안정된 굴력의 장착 주파수 3배가 Nd:YVO4 고체 레이저
✓ 파장	354.7 nm
✓ 출력(공칭) - 헤드(head)에서	1450 mW (공칭 광경로 조건에서 재료 표면에 1,000 mW)
✓ 레이저 보증	10.000시간 또는 18개월(먼저 도래한 것 적용), 800 mW에 교체
Zephyr Recoating 시스템	
✓ 공정	탈착 가능 도포기
✓ 조절	자동 평형 자동 보정
✓ 층 두께	최소: 0.05 mm; 최대: 0.15 mm
ProScan 스캐닝 시스템	
✓ 스폿(spot) 크기 ($1/e^2$ 직경)	0.13 mm
✓ 큰 해치(hatch) 스폿	공칭 0.76 mm
✓ 최대 부품 작성 속도	3.5 m/s (150 ips) 25 m/s (1000 ips)
외형 제조 능력	
✓ MDM950 (ProX 950)	1500 × 750 × 550 mm^3
✓ 최대 부품 중량	150kg

EnvisionTEC는 시스템의 생산성을 높이고 비용을 낮추기 위해 소프트웨어 및 소재도 개발 중이다. 두 군데에 본부를 두고 있는데 하나는 독일 Gladbeck에 있고 다른 하나는 미국 미시건 주 Dearborn에 있다.

원리: 2D 패턴 투사 DLP

DLP는 광경화성 수지를 이용한 3D 프린팅 공정이라는 점에서 SLA와 유사한 공정이다. 주된 차이는 광원과 빔 전송 광학계이다. DLP는 UV 램프와 같은 통상적인 광원과 액정디스플레이 장치(LCD) 또는 디지털 미러 장치(DMD; digital mirror device)와 같은 빔 전송 광학계를 사용한다. 빔 전송 광학계는 LDC나 DMD 상의 2D 영상 패턴을 광경화성 수지 용기의 전체 표면에 전송한다(그림 5.5)[24-28].

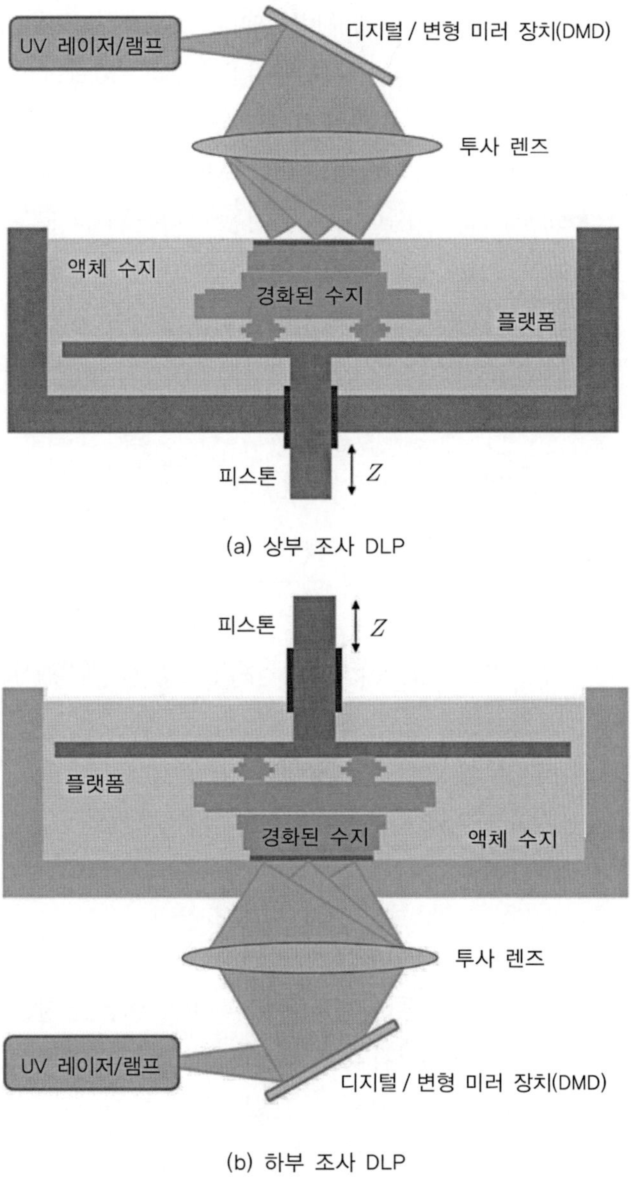

(a) 상부 조사 DLP

(b) 하부 조사 DLP

| 그림 5.5 | DLP의 시스템 구성

광중합체 용기 위에서 레이저 빔을 2차원 스캔하는 SLA에 비해, DLP는 기계적인 빔 스캔이 아닌 직접 2D 투사 방법에 기반하고 있기 때문에 빠르다. 핵심 투사 장치로서 DMD를 이용한 DLP 투사기가 가장 널리 이용된다. DMD는 MEMS 기술로 제조된 디스플레이 장치로서 소형 디지털 마이크로 미러 집합체를 이용한다. 그 기술은 Texas Instrument 사의 Larry Hornbeck 박사에 의해 1987년에 개발되었다. DMD가 Texas Instrument 사에 의해 발명되었으나, DLP 투사기는 1997년 Digital Projection 사에 의해 최초로 개발되었다. DLP는 디스플레이에 다양하게 응용되는데, 그 범위가 전통적인 디스플레이부터 쌍방향 디스플레이를 포함할 뿐 아니라 의료, 보안, 산업용 임베디드(embedded) 응용과 같은 비전통적 디스플레이도 포괄한다. SLA와 마찬가지로 DLP를 이용하면 탁월한 정밀도를 지닌 고정밀 부품을 생산할 수 있다. 하지만 SLA와 마찬가지로 지지용 구조물과 후경화(post curing)가 필요하다는 단점을 지닌다. DLP가 SLA에 비해 우수한 장점 하나는 수지 용기의 깊이가 얕기 때문에 낭비가 적고 유지 비용이 저렴한 것이다.

DLP의 장단점은 아래와 같다.

장점

- 빠른 제작 속도: 시간당 100 mm(픽셀 높이 0.1 mm 기준)
- 와이퍼(wiper)와 수평 조절기 불필요: DLP에서는 중력에 의해 수평이 맞음
- 제작에 소량의 수지가 필요
- 사무실 친화적인 공정
- 작은 수축
- 안전한 공급 카트리지

단점

- 제작 크기의 제한: DMD 미러를 이용한 재료 표면의 2D 패턴 투사는 제한된 시야각을 지님
- 완성품의 벗겨짐
- 후처리 필요

광원 요구사항

DLP에는 UV 램프가 광범위하게 이용된다. 응용에 따라, UV 레이저가 UV 램프보다 훨씬 좋은 성능을 발휘하기도 한다. 미세전자 제품 광리소그래피의 경우, 최고의 해상도를 구현하기 위한 최첨단 장비에는 UV와 EUV 레이저(예: Ar_2, Kr_2, F_2, Xe_2, ArF, KrF 엑시머 레이저 또는 EUV 레이저)가 이용된다. 3D 프린팅에서는 적절한 공정 비용을 위해 현재까지 UV 램프가 DLP 광원으로 쓰여 왔다. 미래에는 UV와 EUV 레이저가 3D 프린팅에 활용될 것으로 기대된다.

EnvisionTEC 사 3D 프린터의 경우, 텅스텐 전극으로 구성된 100~180 W 아크 램프가 광원으로 쓰인다. 빛의 발산이 크므로 광 출력을 시편에 효과적으로 전달하기 위해서는 직경 100 mm인 타원형 반사경이 필요하다. UV 레이저를 DLP에 쓰면 고도의 가간섭성(coherence)으로 인해 출력 전달 효율이 UV 램프보다 훨씬(수백 배 이상) 좋다. 120 W 램프의 경우, 6 mm 동공을 통해 5200 루멘의 빛을 전송할 수 있다. 120 W 이하 작동 시, 평균 수명은 6000시간이다.

DLP 장비 사례: EnvisionTEC 사의 퍼팩토리 시스템

퍼팩토리는 EnvisionTEC 사가 사무실 환경에서 사용을 목표로 개발한 AM 시스템이다(그림 5.6). 퍼팩토리에서는 DLP라 불리는 영상 투사에 의해 광중합이 일어나는데, 이 때 수지를 경화시키기 위해 마스크 투사 기법이 이용된다. 표준 시스템의 해상도는 재료에 따라 25에서 150 ㎛ 범위이다. 'Mini Multi Lens', 'Enhanced Resolution Module'(ERM)과 같은 옵션을 이용하면 향상된 표면 품질을 지닌 더 작은 부품을 제작할 수 있다. Perfactory 3, Mini Multi Lens, ERM, 85 mm 렌즈를 결합하면 최소 16 ㎛ 복셀(voxel) 크기의 고품질 부품을 제작할 수 있다.

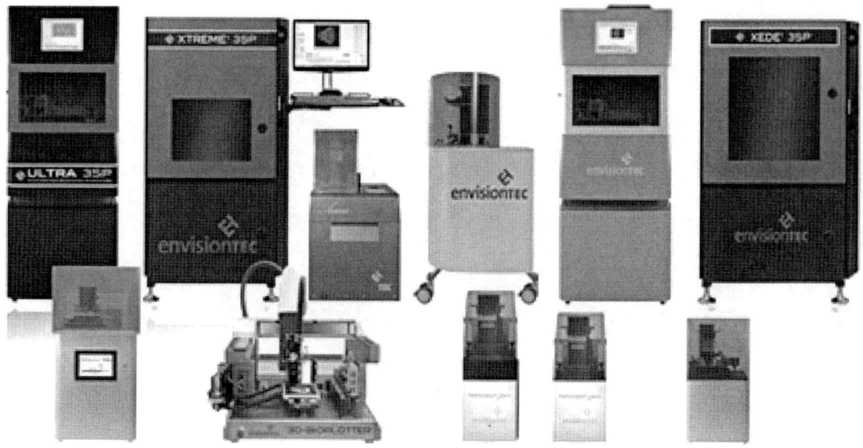

| 그림 5.6 | EnvisionTEC 사의 DLP와 다른 3D 프린터 시리즈(EnvisionTEC 제공)

'Mini Multi Lens'의 경우, 60, 75, 85 mm 세 가지 초점 거리의 렌즈를 적절히 선택하여 Z-축 방향으로 15에서 150 ㎛의 동적 프린팅 해상도를 구현할 수 있다. 3D 프린팅과 제조 공정에서 구현 가능한 해상도는 광학적 회절한계(diffraction limit)에 따라 결정되는데 이는 렌즈 조리개, 초점 거리, 빛의 파장, 매질의 굴절률에 따라 정해진다. 'Mini Multi Lens'는 해상도를 동적으로 제어하기 위해 초점 거리를 변화시킨다. 표면 마감과 정확도를 더욱 향상시키기 위해 대부분의 퍼팩토리 시스템에는 ERM이 장착되어 있다. ERM에서는 각 복셀이 횡방향으로 반 픽셀(pixel) 간격을 두고 두 번 노출되는데 이렇게 하면 시스템의 수평(X, Y 방향) 해상도를 절반으로 향상시킬 수 있다. 이러한 기법은 광학 현미경 분석에 쓰이는 서브픽셀(sub-pixel) 분해 알고리즘과 유사하다. 예를 들면, 해상도가 64 ㎛인 퍼팩토리 시스템에 ERM을 장착하면 32 ㎛의 해상도를 얻을 수 있다. 이는 탁월한 표면 마감을 가능하게 하고 화소 분할 효과를 줄이며 3D CAD 설계에 부합하는 정확도를 유지할 수 있게 한다. Perfactory 4의 사양은 표 5.3에 요약되어 있다.

[표 5.3] Perfactory 4 Standard 시리즈의 사양 요약

ERM 장착 Perfactory 4 Standard 시리즈		
	Perfactory 4 Standard	Perfactory 4 Standard XL
제품 크기	160 × 100 × 180 / 230 mm^3	192 × 120 × 180 / 230 mm^3
프로젝트 해상도	1920 × 1200 pixels	1920 × 1200 pixels
원 픽셀 크기	0.083 mm	0.100 mm
ERM 보정 픽셀	0.042 mm	0.050 mm
Z 방향 동적 복셀 해상도 (소재 별로 상이)	0.025 ~ 0.150 mm	0.025 ~ 0.150 mm
데이터 처리	STL	

DLP 프린팅 부품및 응용

ABS Tough(그림 5.7(a))는 인성이 큰 SLA 3D 프린팅 소재로서 양질의 완성품 뿐 아니라 고품질 자동차 시제품 및 소비자 제품의 생산에 적합하다. 치과 분야에 쓰이는 3D 프린팅 소재로서는 치과 교정모델용 E-Appliance(그림 5.7(b)), 미세입자형 복합(micro-hybrid filled) 치과 크라운(crown)과 브리지(bridge)를 위한 E-Dent, 생체 적합성 투명 부목(splint) 및 교정 유지 장치(retainer)에 쓰이는 E-guard가 있다. E-Dent는 FDA의 승인을 받았다. E-Shell은 보청 산업을 위해 특별히 고안된 것으로서 CE 인증을 받았고 ISO 10993 등급으로 Class-IIa 생체 적합성을 지닌다(그림 5.7(c)).

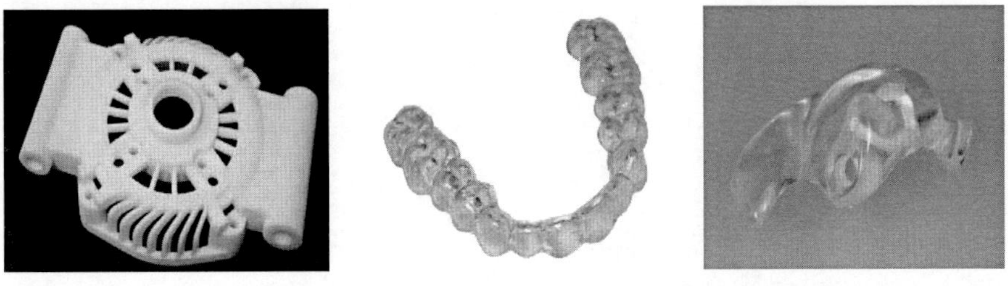

(a) (b) (c)

▌그림 5.7▐ (a) ABS Tough(a), (b) E-guard, (c) E-shell 소재를 이용한 DLP 프린팅 부품 (EnvisionTEC 제공)

5.2.3 액체 기반 다광자 미세 제조

이광자 중합(TPP)은 정밀도 100 nm에 이르는 3D 구조를 제조하기 위한 3D 프린팅 기술이다. 펨토초(10^{-15}s) 펄스 레이저(800 nm 부근의 적외선 방출) 빔을 광경화성 수지 용기안의 작은 스폿에 집속시키면 흡수광의 강도가 최대인 초점 영역 내에서 중합 반응이 일어난다. 이를 이용하면 앞서 기술한 SLA 방법보다 더 작은(광학적 회절한계를 넘어서는) 구조를 지지체 없이 제조할 수 있다.

역사

Nanoscribe 사는 마이크로/나노미터 크기용 3D 프린터를 생산한다. Nanoscribe 사는 Karlsruhe Institute of Technology(KIT)에서 분할된 기업으로서 2007년 설립되었는데 기술적 토대는 2001년에 마련되었다. 그 회사의 3D 프린터인 Photonic Professional GT 시스템은 성능의 우수성을 인정받아 2014년 2월 미국 샌프란시스코에서 첨단 제조 부문에서 광학계의 오스카상으로 불리는 Prism상을 수상했다. Nanoscribe사는 독일 Karlsruhe 인근 Eggenstein- Leopoldshafen에 위치한다.

원리: 이광자 또는 다광자 중합

통상적인 SLA에서는 광자 에너지가 큰 UV 레이저나 램프의 빛을 광반응성 재료의 표면에 주사하여 경화된 광수지의 2D 패턴을 형성한다. 소재가 UV(소재에 강하게 흡수되는 파장 대역) 방사광에 노출되면 단일광자 흡수 과정을 통해 표면에서부터 광중합 반응이 일어난다. 그러므로 통상적인 SLA 방법의 경우에는 층별 적층에 의한 3D 형상 제조 만이 가능하다. 대부분의 광반응성 재료는 적외선 영역에 흡수 피크(peak)가 없는 적외선 투과성이다. 따라서 짧은 레이저 펄스를 광반응성 물질 내의 작은 영역에 집속시켜(원하지 않는 주변부의 중합 없이) 이광자 중합(TPP) 반응을 유도하여야 하는데 이는 UV 광선을 이용한 SLA 방식으로는 불가능하다[29-35].

그림 5.8은 TPP 기반 3D 프린팅 방식을 보여준다. UV 광경화성 수지 내부의 작은 영역에 강한 극초단 NIR 레이저 펄스가 집속되면 그 부분이 TPP 기반 3D 프린팅의 복셀(voxel)이 된다. 나노/마이크로 3D 프린팅을 위해서 다광자 흡수(예: 3광자 흡수)에 의한 광경화를 이용하는 것도 원칙적으로는 가능하기는 하나 TPP에 비해 에너지 효율이 낮기 때문에 아직까지 널리 이용되지

는 않는다. UV 광경화성 수지는 NIR 펄스 레이저 초점이 움직이는 궤적을 따라 경화되므로 설계된 3D 고분자 패턴을 효과적으로 구현할 수 있다. NIR 빛(λ_{IR})에 의한 UV 경화성(λ_{UV}) 수지의 광중합 반응 메커니즘은 이광자 흡수인데, 이 때 재료는 두 개의 광자를 한꺼번에 흡수하므로 빛의 파장은 입사광의 절반($\lambda_{IR} = 2\lambda_{UV}$)으로 볼 수 있다. TPP는 집속된 피크 출력이 중합 문턱값(threshold level)보다 큰 경우에만 일어나므로 광학적 회절한계를 넘어서는(크기가 마이크로미터 이하 또는 심지어 100 nm 이하인) 매우 작은 3D 형상을 제조할 수 있다.

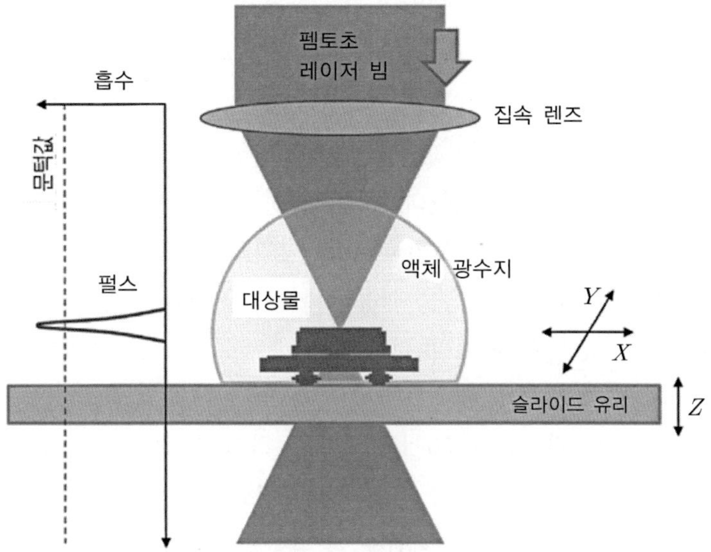

▌그림 5.8▌ 비선형 TPP 기반 3D 프린팅의 시스템 구성(Nanoscribe 사 제공)

TPP의 장단점은 아래와 같다.

장점

- 고정밀도: TPP는 최상의(마이크로미터 이하의) 정밀도를 구현할 수 있다.
- 높은 정확도: TPP는 종단 정확도가 우수하다. 예를 들면 피드백 센서를 장착한 플렉셔(flexure) 기반 3D 포지셔너(positioner)와 같은 시편 주사 메커니즘에 의해서는 나노미터 정확도도 얻을 수 있다.
- 최상의 표면 마감: TPP는 3D 프린팅 기술 중에서 표면 마감이 가장 우수하다. 광학적 품질을 지닌 표면도 프린트할 수 있다.

단점

- 특수한 레이저가 요구됨: TPP에서는 레이저가 프린팅 특성을 크게 좌우한다. 고품질의 제품 생산에는 적절히 설계된 높은 피크 출력을 지닌 펨토초 펄스 레이저가 이용된다.
- 느린 프린팅 속도: TPP에는 고출력이 필요하므로 레이저 빔이 점 단위 주사 방식으로 전 영역을 스캔해야 하고 이는 프린팅 속도를 저하시킨다.
- 제한된 소재: TPP는 2000년대 초반에 개발되었으므로 이용 가능한 프린팅 재료의 수가 아직 적다.

TPP 시스템의 레이저 요구사항

TPP는 비선형 광흡수에 기반을 두고 있으므로 높은 피크 출력의 레이저 펄스가 필수적이다. 따라서 펨토초 레이저와 같은 극초단 펄스 레이저가 공정에 유리하다. TPP 과정에서는 레이저 파장의 2차 고조파가 광중합체의 흡수 파장대에 속해야 한다. 예를 들면, 중심파장이 800 nm인 Ti:Sapphire 펨토초 레이저는 그 반파장인 400 nm 영역의 UV 경화성 수지에 잘 흡수된다. 최근에는 Ti:Sapphire 결정을 이용하는 펨토초 레이저 대신에 보다 소형이고 정렬이 필요없을 뿐 아니라 더 안정적인 광원으로서 780 nm 파장의 주파수 배가된 Er 첨가 광섬유 펨토초 레이저가 널리 쓰인다. Er 첨가 광섬유 펨토초 레이저의 기본 파장은 1560 nm임을 주목하기 바란다. 이광자 흡수 과정에 따라 UV 경화성 수지는 입사 레이저 파장(780 nm)의 2차 고조파인 390 nm 파장을 흡수하는 셈이다. 다른 이용 가능한 광원으로는 Yb-도핑 광섬유 펨토초 레이저가 있는데 중심파장이 1060 nm이므로 2차 고조파의 파장은 530 nm이고 이는 530 nm을 포함하는 상대적으로 긴 파장에서 흡수성을 지닌 특수한 수지에 사용할 수 있다. Yb-광섬유 레이저를 활용하는 다른 방법 두 가지가 있는데 우선 다광자 흡수 과정(TPP보다 더 많은 수의 광자 이용)을 이용할 수 있다. 예를 들면 3차 고조파 파장인 353 nm을 이용하는 것이다. 두 번째 방법은 광 결정으로 생성한 2차 고조파(530 nm)를 TPP 과정의 광원으로 써서 265 nm 파장을 이용하는 것이다. 두 가지 방법 모두 더 많은 횟수의 비선형 파장 변환을 요하기 때문에 광경화의 에너지 변환 효율은 TPP에 비해 현저히 낮다.

TPP에서 가장 중요한 레이저 인자는 파장과 피크 출력(peak power)이다. 파장에 관해서는 전 단락에서 이미 고찰했으므로 여기서는 피크 출력에 대해 보다 자세히 살펴보자. 피크 출력은 평균 출력, 반복률, 펄스 폭, 초점 크기 네 가지 독립적인 인자에 의해 결정된다. 피크 출력은 평균 출력에는 비례하고 다른 세 가지 즉 반복률, 펄스 폭, 초점 크기에는 반비례한다. Er 첨가 광섬유 펨토초 레이저의 경우, 2차 고조파 파장인 780 nm에서 평균 출력 ~ 150 mW, 반복률 250 MHz, 펄스 폭 ~ 100 fs이다. 이 펄스가 ~ 1.0 ㎛ 크기로 집속되면, 피크출력은 10^9 ~ 10^{10} W / cm^2 범위이다. UV 경화성 수지 재료의 문턱값이 이보다 낮을 경우 경화가 일어난다.

3D 프린팅의 광범위한 적용에 있어서 레이저 유지보수는 실용적이면서도 중요한 이슈이다. Ti:Sapphire 결정 기반의 펨토초 레이저(중심 파장 800 nm)는 Nd:YVO_4 연속파 레이저(기본 파장 1064 nm의 2차 고조파로서 중심 파장 532 nm)를 이용하여 펌핑하는데, 이는 다시 고출력 다이오드 레이저(830 nm)로 펌핑을 한다. 이러한 연속적인 펌핑 과정 때문에 고체상태 레이저의 전력 효율이 낮아진다. 결정 기반 펨토초 펄스 레이저의 유지보수에는 두 가지 중요한 사항이 있다. 첫 번째는 복잡한 레이저 공진기 정렬이고, 두 번째는 펌핑용 다이오드 레이저의 수명이다. 결정 기반 펨토초 레이저 공진기는 수 미터 길이의 광학 테이블에 배치된 많은 단위 광학 부품(예: 미러, 렌즈, 프리즘, 회절격자)으로 이루어지므로 장기간에 걸친 환경 변화는 펄스 작동의 안정성을 쉽게 저하시킨다. 그러므로 매일 또는 매주 광학계를 재정렬해야 한다[36,37].

펌핑용 다이오드 레이저(830 nm)의 다이오드 수명은 2년 또는 2500시간 중 먼저 도래하는 것이다. 결정 기반 레이저에 비해 희토류 첨가 광섬유 펨토초 레이저들은 유지보수가 쉽다. 전체 공진기가 융착 접속된(fusion-spliced) 광섬유로 이루어지므로 기본적으로 정렬이 필요 없다. 게다가 Er이나 Yb 같은 희토류 첨가 광섬유는 광통신 용도로 이미 잘 확립된 980 nm 파장의 다이오드 레이저에 의해 펌핑되므로 펌프 레이저 수명이 25년에 이를 수 있다[38-47]. 그러나 파이버 레이저의 펄스 폭은 ~ 100 fs로 결정 기반 레이저에 비해 훨씬 길다. 파장 대역 확대와 펄스 압축 기술 덕분에 파이버 레이저의 펄스 폭은 계속 줄어드는 추세이다. 현재 10 fs 이하의 Er 첨가 광섬유 펨토초 레이저가 존재한다. 표 5.4는 TPP용 레이저 사양의 사례이다.

[표 5.4] TPP 기반 부가식 제조용 펨토초 레이저 사양

TPP용 펨토초 레이저	
FemtoFibre pro-NIR	
✓ 파장	780 nm (기본 파장: 1560 nm)
✓ 출력	140 mW (350 mW @ 1560 nm)
✓ 펄스 폭	100 fs (100 fs @ 1560 nm)
✓ 반복률	80 MHz (standard)
✓ 빔 모양	TEM_{00}, $M^2 < 1.2$
✓ 빔 발산	1 mrad (2 mrad @ 1560 nm)
✓ 선형 편광	95% (수평)

TPP 장비: Nanoscribe 사의 Photonic Professional GT

Photonic Professional GT는 다양한 과학, 기술, 산업적 용도의 미세 제조 플랫폼을 제공한다. 광학, 의료, 유체역학, 역학 등 다양한 응용 분야에서 3D 모델을 물리적 부품으로 구현하기 위한 단순한 3D 프린팅 작업 방식을 제공함으로써 고속의 미세 부품 제조를 가능하게 한다. 그림 5.9에 도시된 것처럼 Photonic Professional GT는 NIR 광섬유 펨토초 레이저, 빔 주사용 갈바노(galvano) 스캐너, 시편 이송대, 검사 현미경 네 개의 유닛으로 구성된다. 첫째, 레이저 유닛은 2차 고조파(775 nm) 생성기가 장착된 Er 첨가 모드 동기(mode-locking) 광섬유 펨토초 레이저(1550 nm)이다. 775 nm에서 평균 출력은 140 mW 이상이며 펄스 폭은 ~100 fs이다. 편광은 선형 편광이며 빔 모드는 M^2 값 1.2 이하로 양호하다. 둘째, 갈바노 미러는 SLA 주사 미러와 원리면에서 유사하다. 2D 영역을 고속으로 스캔할 수 있으나 위치 정확도는 낮다. 셋째, 압전변환기를 사용한 시편 이송대의 정밀도와 정확도는 나노미터 수준이다. 주사 속도가 목표 시편의 질량에 의해 제약된다는 점이 갈바노 미러의 경우와 다르다. 따라서 무거운 시편 위에서 고속 프린팅을 하기 위해서는 갈바노 미러를 쓰는 것이 유리한 반면 광결정(photonic crystal), 회절격자, 플라즈모닉(plasmonic) 소자와 같이 시편의 치수가 절대적인 광학 부품의 고정밀 프린팅에는 압전 이송대가 적당하다. 넷째, 프린팅 공정을 실시간 감시하기 위해서는 고해상도 현미경 시스템이 필요하다. 프린팅 재료에 따라 감시가 어려운 경우도 있는데 이는 경화된 광중합체의 색, 휘도 또는 굴절률이 액체 광중합

체와 크게 다르지 않은 경우이다. 차등 간섭대비 현미경(DIC), 위상차 현미경(PCM) 같은 특수한 기술을 이용하여 공정을 감시할 수도 있다. 표 5.5에는 Nanoscribe사의 Photonic Professional GT의 사양을 요약했다.

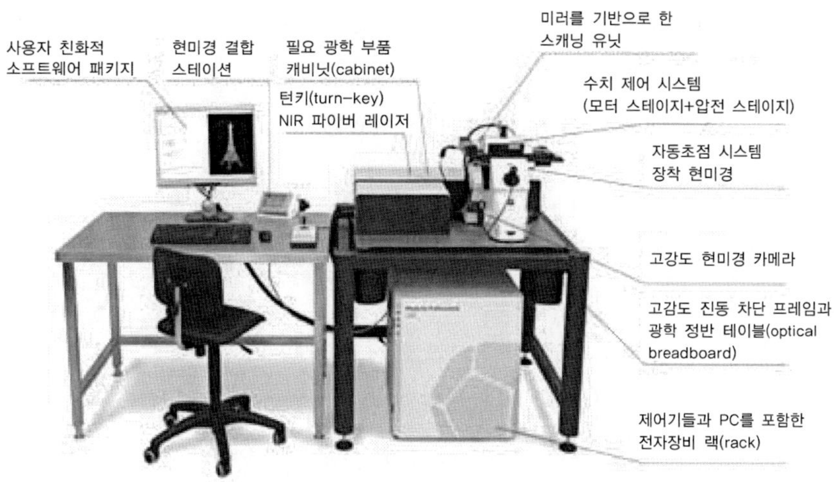

▮그림 5.9▮ TPP 시스템 구성(Nanoscribe 사 제공)

[표 5.5] Photonic Professional GT의 사양 요약

Nanoscribe사 Photonic Professional GT 사양		
프린팅 사양	갈바노 모드	압전 모드
✓ 대물렌즈: $63 \times NA = 1.4$ ✓ 3D 수평 물체 크기 (IP-DIP) ✓ 2D 수평 물체 크기 (IP-DIP) ✓ 범위 ✓ 인쇄 속도 ✓ 인쇄 가능 면적	 < 200 nm < 500 nm 200 ㎛ (140 × 140 ㎛²)10 mm / s 최대 100 × 100 mm²	 < 200 nm < 500 nm 300 × 300 × 300 ㎛³ 100 ㎛/s 최대 100 × 100 mm²
레이저	NIR 펨토초 레이저	
안전 ✓ 전기 안전 ✓ 레이저 안전	EN 61010-1:2010 기준 전체 시스템은 EN 60825-1:2007 기준 Class 1 (내부 레이저는 Class 3B)	

TPP 프린팅 제작 부품 및 응용

TPP 응용의 대표적 사례를 아래 나열했다(그림 5.10, 5.11). 광중합체의 높은 투명도와 TPP 프린팅의 높은 치수 정확도 때문에, 처음 네 가지는 기능성 광 구조물 및 소자에 응용된 사례이다. 최근 대두된 생체 적합성 고분자 덕분에 세포 스캐폴드(cellular scaffold)와 미세유체역학 소자를 마이크로미터 이하 크기로 제작할 수 있다. 고강도 고분자들은 구조용 메타 재료(metamaterial)와 MEMS 구조에 활용할 수 있다.

- 마이크로 광학
- 자유형 표면
- 광결정 / 메타 재료
- 광도파로 접합(photonic wire bonds)
- 생체 모방 / 생명과학
- 조직공학 / 세포 생물학
- 마이크로, 나노유체역학
- 구조용 메타 재료
- MEMS

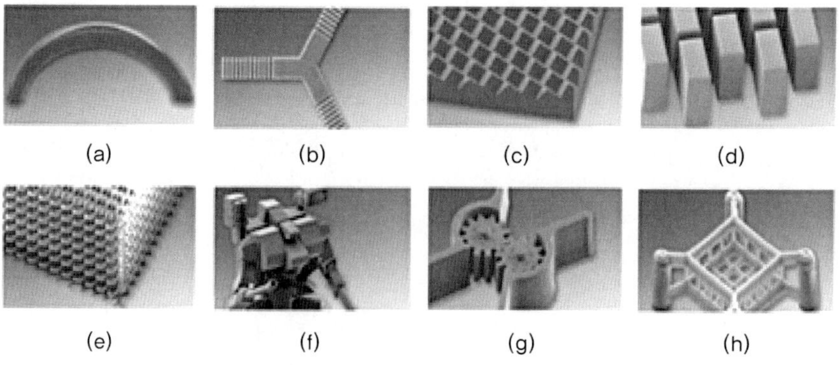

| 그림 5.10 | TPP 기반 3D 프린팅 제작 부품. (a) 광 배선, (b) 포토닉(phtonic) 표면, (c) 미소 광학 부품, (d) 미세유체역학, (e) 포토닉스, (f) 마이크로 조형(prototyping), (g) 기계적 미세 구조, (h) 세포 스캐폴드 및 생체모방(Nanoscribe 사 제공)

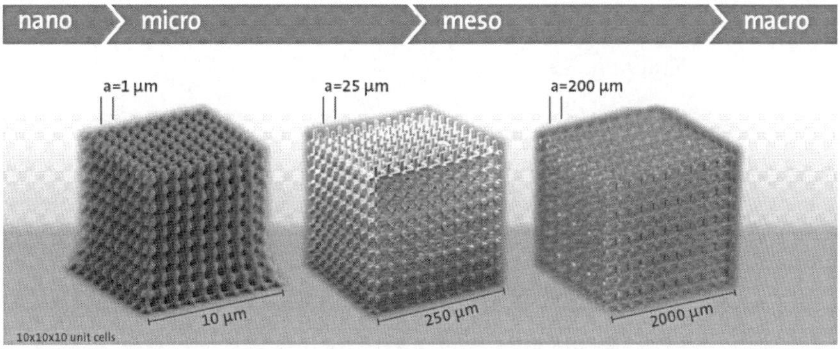

▮그림 5.11▮ 마이크로스케일부터 나노스케일: 다양한 크기의 미세 생산 공정을 보여주기 위해 TPP 프린팅으로 제작한 격자들(Nanoscribe 사 제공)

5.3 분말 기반 3D 프린팅

이 절에서는 기본 소재로서 분말을 주로 이용하는 특별한 부류의 고체 기반 3D 프린팅을 소개한다. 선택적 레이저 소결(SLS), 선택적 레이저 용융(SLM)과 같은 이 그룹에 속하는 일부 시스템들은 2.1장에서 기술한 액체 기반 SLA와 유사하다. SLS와 SLM에서는 SLA와 마찬가지로 보통 각 층별로 부품을 프린트하지만 3D 모델을 쌓는 재료가 광경화성 수지가 아니라 분말이다. 이 절에서 설명할 시스템의 공통적 특징은 3D 프린팅에 이용되는 재료가 분말에 기반을 둔다는 점이다.

5.3.1 선택적 레이저 소결(SLS)

역사

SLS는 1980년대 University of Texas at Austin에서 Carl Deckard 박사와 그 지도교수인 Joe Beaman 박사가 처음 개발하고 특허를 등록했다. Deckard와 Beaman은 SLS 장비를 설계, 개발하는 벤처 회사인 DTM에 참여했는데 2001년에는 3D Systems가 DTM을 합병했다. Deckard의 SLS에 관한 가장 최근의 특허는 1997년 1월 28일에 발급되었고, 2014년 1월 28일 소멸되었다.

선도적인 SLS 제조사의 하나인 EOS는 1989년 설립되었다. EOS는 1000대가 넘는 SLS 시스템을 전 세계에 판매했다. 그리고 유럽, 북아메리카, 아시아에 분포한 지사를 통해 수많은 산업을 지원함으로써 시장의 주도권을 장악했다.

주소는 EOS GmbH Electro Optical Systems, Robert-String-Ring 1, D-82152 Krailling, Germany이다.

원리: 선택적 레이저 소결

SLS도 적층 방식으로 프린팅을 하는 기술이다. SLS에서는 부품 위에 고출력 레이저 빔을 집속할 때 발생하는 열에너지를 이용하여 고분자, 금속, 세라믹 또는 유리 분말을 녹여 붙이거나 소결하여 고형의 3D 부품을 생산한다(그림 5.12) [48,49]. 직경 수십 마이크로미터 입자로 구성된 작은 분말이 이전에 적층된 표면에 반복적으로 도포된다. 층이 쌓이면 고출력 레이저 빔이 표면을 스캔하면서 분말을 선택적으로 소결하여 프린팅하는 제품의 단면을 형성한다. 각 단면이 소결되면 분말 베드(bed)를 그 층의 두께만큼 낮추고 그 위에 새로운 층을 쌓고 레이저 빔 스캐닝을 반복하는 방식으로 부품을 완성한다. SLS는 레이저 빔을 에너지원으로 한 열적소결 과정이므로 레이저의 광에너지가 큰 손실 없이 효율적으로 열에너지로 변환되어야 한다. 따라서 재료의 광 흡수는 SLS의 핵심적인 고려 사항이므로 목표 재료에 부합하는 레이저 시스템의 선정이 SLS의 가장 기초적인 단계이다. 물리적인 과정은 완전 용융, 부분 용융 또는 액상 소결로 나눌 수 있다. SLS에서 완성된 부품의 밀도는 평균 출력 보다는 피크출력에 의존하므로 SLS에는 펄스 레이저가 유리하다. 일부 재료의 경우, 벌크(bulk) 소재와 거의 같은 밀도와 물성을 얻는 것이 가능하다. SLS에서는 생산성을 높이기 위해 유리전이온도(GTT) 이하의 온도로 분말 베드를 가열한다. SLS는 SLA에 비해 큰 장점을 지니는 데, 그것은 지지대나 희생층을 필요로 하지 않는다는 점이다. 이는 소결되지 않고 남아있는 분말이 3D 프린팅 구조물을 지지하는 역할을 하기 때문이다. 이 점 때문에 고도로 복잡한 형상도 지지대를 고려할 필요 없이 간단히 설계하고 제조할 수 있다. 목표 소재를 분말로 만들 수 있고 레이저 집속에 의해 소결할 수만 있다면 SLS가 가능하다. 그러므로 SLS는 넓은 범위의 상용화된 소재로 부품을 생산할 수 있다. 예를 들면, 분말 수지의 종류를 적절히 선택하면 SLS로 프린트한 고분자 부품이 높은 강성, 강도, 수밀성, 기밀성, 내열성을 갖게 할 수 있다. 2성분 분말 즉, 코팅된 분말 또는 분말 혼합물도 SLS에 널리 쓰인다. 단일 성분 분말을 쓰는 경우, 레이저 빔은 분말의 외피 만을 녹이고 녹지 않은 중심부 고체부분은 소결 과정을 통해 다른 분말 또는 이전 층에 결합된다. SLS 분말은 일반적으로 볼 밀링 공정을 통해 생산된다.

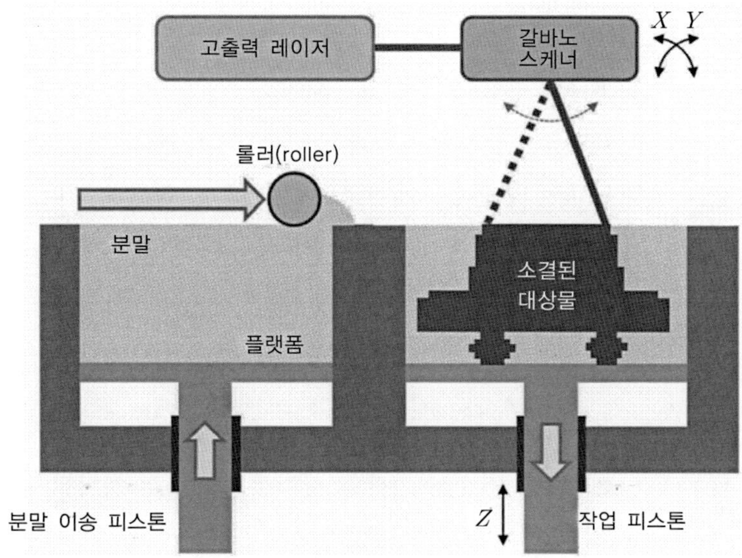

▎그림 5.12▎ SLS의 시스템 구성

SLS의 장단점은 아래와 같다.

장점

- 부품의 우수한 안정성: 생산이 힘든 최종 제품과 기능성 시제품을 높은 정밀도와 생산성으로 프린트 할 수 있다.
- 넓은 범위의 가공 재료: 나일론, 폴리카보네이트, 금속, 세라믹 등 분말 형태의 모든 재료를 소결할 수 있다.
- 지지부가 불필요함: SLS는 3D 프린팅의 설계 자유도를 최대한 활용할 수 있다.
- 후처리가 거의 불필요함: 지지대가 없으므로 단순히 남은 분말을 제거하면 정형을 얻을 수 있다.
- 프린팅 후 경화 단계가 불필요하다.

단점

- 장비 크기가 크다.
- 높은 전력 소모: 고출력 레이저의 전력 효율이 낮고 분말 베드 예열 시 많은 에너지를 사용하므로 SLS의 에너지 효율은 상대적으로 낮다.
- 저품질의 표면 마감: 분말 입도에 따라 추가적인 표면 후처리가 요구될

수 있다.

SLS 시스템의 레이저 요구사항

SLS는 분말의 열소결과 용융을 위한 열원으로서 레이저 빔을 이용한다. 따라서 재료의 흡수도에 따라 레이저를 선정해야 한다. 앞서 기술한 것처럼, 대표적인 SLS용 레이저 솔루션들은 다음과 같다.

- 고분자: 10.6 ㎛ CO_2 레이저
- 금속: 1030 nm 또는 1060 nm Nd:YAG, Nd:Glass, Yb 파이버 레이저
- 세라믹: 세라믹에 대해서는 시장 주도적인 레이저 솔루션이 없음

고분자는 10.6 ㎛ 파장의 적외선을 잘 흡수하므로, CO_2 레이저가 SLS에 가장 널리 이용된다. 오늘날에는 높은 생산성을 위해 수백 와트의 평균 출력을 지닌 CO_2 레이저가 이용된다.

SLS 장비 사례: 3D Systems 사의 SLS 500

3D Systems 사는 여러 세대에 걸친 SLS 시스템들을 제작해 왔다[49-56]. 현재는 ProX 500과 sPro 시리즈 프린터가 주력이다. ProX 500은 3D Systems 사가 개발한 가장 큰 SLS 프린터이다(그림 5.13, 5.14). 그 프린터는 DuraForm® ProX™ 소재를 이용하여 다양한 분야에서 고품질 시제품을 생산한다. ProX 500 Plus는 유리 충전 알루미늄과 섬유 충전 알루미늄과 같은 재료를 추가 지원할 뿐 아니라 고해상도 모드도 제공한다. 최첨단 Material Quality Centre(MQC) 모듈은 효율적이고, 청정하고, 자동화된 생산을 위한 재료의 재활용을 보증한다. sPro™ SLS 시스템은 서로 다른 품질과 프린팅 속도로 상이한 모델들을 프린팅하기 위한 유연한 플랫폼으로 쓰인다[57,58]. 표 5.6에는 ProX 500의 사양을 요약하였다.

[표 5.6] ProX SLS 500 사양 요약

3D Systems사 ProX SLS 500 사양	
표준 프린트 모드 ✓스캐닝 속도 ✓층 두께 ✓체적 제작 속도	 채우기: 12 m/s 테두리: 3.5 m/s 범위: 0.08 - 0.15 mm 통상: 0.10 mm 2 litres / hour
고해상도 프린트 모드 ✓스캐닝 속도 ✓층 두께 ✓체적 제작 속도	 N/A N/A N/A
고속 프린트 모드 ✓스캐닝 속도 ✓층 두께 ✓체적 제작 속도	 N/A N/A N/A
외형 제작 능력	381 × 330 × 457 mm^3
영상 시스템	ProScan DX Digital High Speed
레이저 시스템	100 W / CO_2 레이저

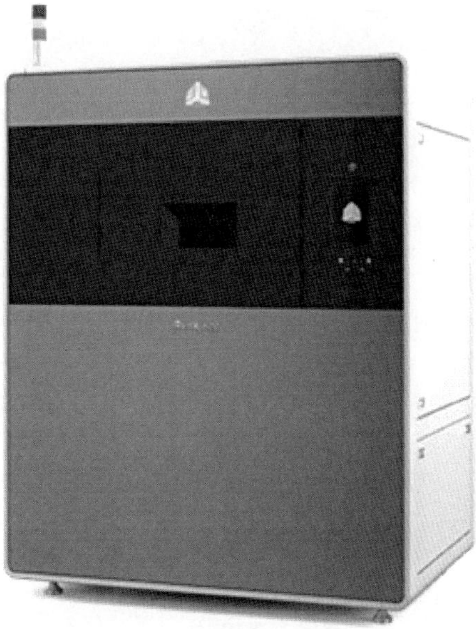

▌그림 5.13▐ 3D Systems 사의 SLS 3D 프린팅 장비, ProX SLS 500(3D Systems 사 제공)

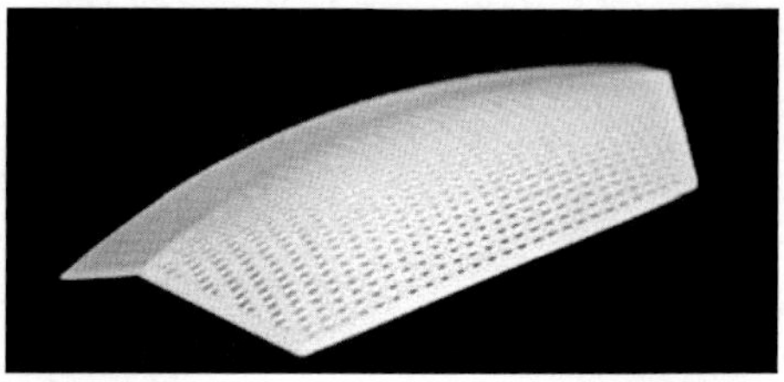

▌그림 5.14▐ 3D Systems 사 ProX SLS 500으로 제작한 플라스틱 제품(3D Systems 사 제공)

SLS 장비 사례: 3D Systems 사 ProX DMP 320

3D Systems사 DMP 시리즈를 이용한 공정은 레이저 빔으로 미세한 금속 분말을 용융해 치밀하고 화학적으로 순수한 금속 부품을 제작한다. 층 두께는 5-30 마이크로미터 정도로서 정밀도가 높고, 부품 정확도가 우수하며 표면 마감이 매끄럽다. DMP는 수백 와트 고출력의 Yb-광섬유 레이저를 에너지원으로 이용한다. ProX 400은 크기가 최대 500 mm × 500 mm × 500 mm 이상인 금속 부품과 공구를 생산할 수 있다(그림 5.15). ProX 400은 조립 준비가 된 정밀 부품을 금형과 툴링(tooling)에 의한 것보다 빠른 시간 내에 생산한다(그림 5.16, 표 5.7) [59,60].

[표 5.7] ProX DMP 320 사양 요약

3D Systems사 ProX DMP 400 사양	
레이저 유형	2대의 파이버 레이저 / 2 × 500 W
레이저 파장	1070 nm
층 두께 ✓ 범위	조절 가능, 최소 10 ㎛, 최대 100 ㎛
외형 제작 능력	500 × 500 × 500 mm^3
기확립된 프린팅 조건으로 즉시 제작 가능한 소재	스테인레스강, 공구강, 비철합금, 초합금(super alloys) 등
최소 형상 크기	x = 100 ㎛, y = 100 ㎛, z = 20 ㎛

| 그림 5.15 | 3D Systems 사의 SLS 3D 프린팅 장비, ProX DMP 320(3D Systems 사 제공)

복잡한 금속 부품의 빠른 제작이 필요한 경우, 금속 분말 SLS는 아래와 같은 특정 산업계에서 경쟁력이 큰 공정이다.

- 항공우주 및 방위산업
- 엔진/부품 제작
- 의료 기술
- 환자 맞춤형 임플란트
- 치과 응용
- 공구 인서트(insert)의 형상 적응 냉각(conformal cooling)

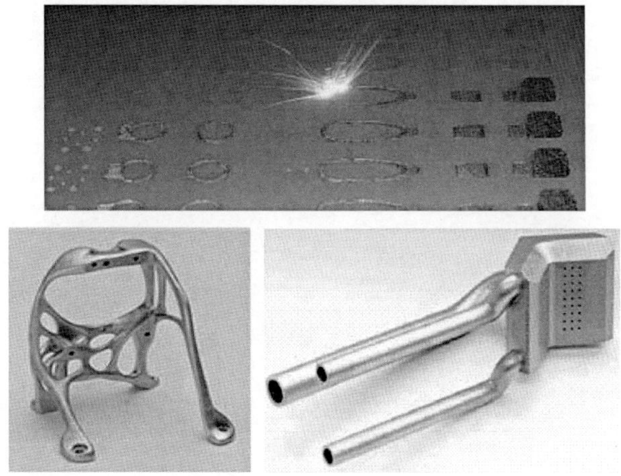

| 그림 5.16 | 3D Systems 사 SLS/DMP로 제작된 부품(3D Systems 사 제공)

SLS 장비: EOS 사의 EOSINT P760과 EOS M400 시스템

EOSINT P760은 높은 공정 온도(385 °C 까지)에서 고성능 플라스틱 제품의 3D 프린팅이 가능한 세계 최초의 레이저 소결 시스템이다(그림 5.17, 표 5.8) [61]. 고효율로 플라스틱 제품을 제작하기 위해 두 대의 50 W CO_2 레이저가 에너지원으로 장착되어 있다. 부품 제작 공정을 최적화하고 안정화 하기 위해 '온라인 레이저 출력 제어(OLPC)' 모듈이 생산 중 레이저의 상태를 감시한다. 플라스틱의 경우, EOS에는 FORMIGA P110, EOS P396, EOSINT P760, EOSINT P800과 같은 SLS 제품 계열이 있다[62].

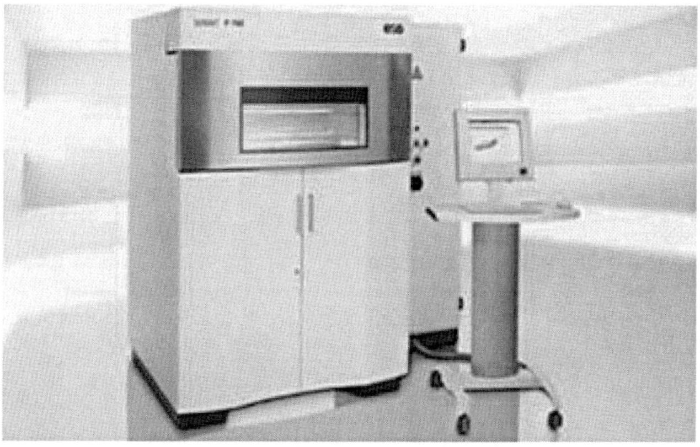

| 그림 5.17 | EOS 사의 SLS 3D 프린팅 장비, EOSINT P760(EOS 사 제공)

[표 5.8] EOSINT P760의 사양 요약

EOS사 EOSINT P760 사양	
기술적 자료	
✓ 유효 제작 크기	700 mm × 380 mm × 560 mm
✓ 제작 속도(재료 별로 상이)	32 mm/h
✓ 층 두께(재료 별로 상이)	통상 0.12 mm
✓ 지지대	불필요
✓ 레이저 유형	CO_2: 2EA × 50 W
✓ 정밀 광학 부품	F-theta 렌즈
✓ 제작 공정 중 스캔 속도	최대 2 × 6 m/s
✓ 소비 전력	최대 12 kW / 통상 3.1 kW
크기	
✓ 설치 공간	4.8 m × 4.8 m × 3.0 m
✓ 중량	약 2,300 kg

EOS는 대형 고품질 금속 부품의 산업용 3D 프린팅 용도로 M400 제품계열을 제공한다(그림 5.18, 표 5.9). M400 시리즈는 1 kW 고출력 Yb-파이버 레이저를 이용하여 산업계가 요구하는 품질을 만족하는 대형 금속 부품을 생산하며 제작 크기는 400 mm × 400 mm × 400 mm이다. M400은 공정 스테이션(process station)과 셋업 스테이션(set-up station)으로 구성되는데 이러한 모듈화 방식은 미래 혁신을 위한 통합을 손쉽게 한다. 시스템은 아르곤(Ar)과 질소(N_2) 보호 가스 내에서 작동하므로 경량금속에서부터 스테인레스강, 공구강, 초합금에 이르는 다양한 재료의 안전한 이용이 가능하다. EOS는 다양한 금속 분말 소재를 각 응용에 최적화된 공정 조건 데이터와 더불어 제공한다. 금속의 경우, EOS에는 EOSINT M280, EOS M290, EOS M400, PRECIOUS M080와 같은 제품 계열이 있다.

그림 5.18 EOS의 SLS 3D 프린팅 장비, EOS M400(EOS 사 제공)

[표 5.9] EOS M400 사양 요약

EOS M400 사양	
기술적 자료	
✓ 유효 제작 크기	400 mm × 400 mm × 400 mm
✓ 레이저 유형	Yb-광섬유 레이저, 1 kW
✓ 정밀 광학 부품	F-theta 렌즈
✓ 제작 공정 중 스캔 속도	최대 7.0 m/s
✓ 초점 직경	약 90 m
✓ 소비 전력	최대 20.2 kW / 통상 16.2 kW
✓ 제작 속도(재료 별로 상이)	7 mm/h
크기	
✓ 시스템 공간	4.2 m × 1.6 m × 2.4 m
✓ 중량	약 4,635 kg

5.3.2 선택적 레이저 용융(SLM)

역사

SLM은 1995년 독일 아헨의 Fraunhofer Institute ILT에서 시작되었다. F&S Stereolithographietechnik 사의 Dieter Schwarze 박사와 Matthias Fockele 박사는 초기 개발 단계부터 ILT 연구원인 Wilhelm Meiners 박사, Konrad Wissenbach 박사와 협력하였다. F&S는 2000년대 초에 MCP HEK 사와 동업을 시작했는데 명칭이 이후 MMT Technology로 바뀌었고 SLM Solutions 사로 다시 변경되었다[63].

원리

선택적 레이저 용융(SLM)은 고출력 레이저 빔으로 미세 금속 분말을 서로 녹여 붙여 3차원 금속 부품을 만드는 3D 프린팅 공정이다[64-78]. SLM은 5.3장에서 기술한 SLS와 유사한 개념을 이용하지만 재료가 물리적으로 소결되는 것이 아니라 완전히 녹는다는 점이 다르다. 이처럼 완전 용융이 일어나면 결정 구조, 다공성 등 재료 물성이 SLS에 의한 것과 다르게 된다. SLM에서는 고출력 레이저 빔이 금속 기판에 균일하게 분포된 작은 금속 분말의 얇은 층을 선택적으로 녹인다. 산소농도 500×10^{-6} 미만인 불활성 기체(Ar 또는 N_2)로 채워진 엄격히 제어되는 기체 챔버(chamber)에서 프린팅을 한다. 레이저 빔은 2축 갈바노(galvano) 미러에 의해 두 수평 방향으로 전송된다. 이러한 빔 스캐닝 과정은 부품이 완성될 때까지 반복된다. 전자빔 용융(EBM)도 유사한 프린팅 공정인데 에너지원으로서 전자빔을 사용한다[79,80]. SLM 제조 공정은 현재 항공우주나 정형외과 의료 분야에 적용되고 있다.

SLM의 장단점은 다음과 같다.

장점

- 고품질 금속 부품: 완전 용융 덕분에 고밀도의 벌크(bulk) 금속과 같은 3D 부품 생산이 보장된다.
- 넓은 범위의 금속 재료: 모재가 단일 성분 분말(SLS 보다 단순 구조)이므로 더 넓은 범위의 소재를 사용할 수 있다.
- 복잡한 형상: SLM를 이용하면 형상 적응 냉각(conformal cooling)용 내부 언더커트(undercut)나 채널(channel)를 가진 공구나 인서트(insert)를 만들

수 있다.
- 빠르고 낮은 비용
- 높은 정확도

단점

- 장치의 크기가 크다.
- 높은 전력 소모: 낮은 전력 효율과 분말 베드 예열에 소모되는 대량 에너지 소모로 인해 SLM의 에너지 효율은 상대적으로 낮다. 효율이 SLS보다 낮다.
- 상대적으로 느린 공정: 금속 소결에 비해 금속의 완전 용융은 오래 걸린다.
- 무거운 금속 분말 때문에 지지대가 필요하다.

SLM 시스템의 레이저 요구사항

SLM 또한 열적 용융 과정을 위한 열원으로 레이저를 이용한다. 그러므로 레이저 선정시 금속의 광 흡수 스펙트럼을 고려해야 한다. 앞서 서술한 것처럼 SLM을 위한 대표적인 레이저 솔루션은 1030 nm 또는 1060 nm 파장의 Nd:YAG와 Yb-광섬유 레이저이다. 비록 대부분의 금속이 가시광선과 자외선 파장(근적외선 1030 nm에 비해 더)을 잘 흡수하지만 가시광이나 자외선 영역에는 아직까지 적당한 고출력 레이저가 없다. 오늘날에는(다른 레이저에 비해) 생산성이 높기 때문에 킬로와트 수준의 고출력 Yb-광섬유 레이저가 쓰인다.

SLM 장비 사례: SLM Solutions 사의 SLM 500 HL

SLM 500HL은 큰 외형 제작이 가능하고 다중빔 기술이 적용된 고성능 SLM 플랫폼이다(그림 5.19, 표 5.10). 이 시스템은 이중 빔(2 × 400 W)과 사중 빔(4 × 4400 W) 구성을 통해 생산 현장의 처리량을 극대화하도록 특별히 설계되었다[81]. SLM 500HL은 종합적인 감시와 품질 보증 시스템을 통해 공정을 고도로 제어할 수 있다. 사용 가능한 재료 종류로는 스테인레스강, 공구강, 코발트 크롬, 티타늄, 알루미늄 등이 있다. 사용 가능한 모든 재료는 일정 정도의 유동성을 지닌 미분화된 분말로 존재해야 한다.

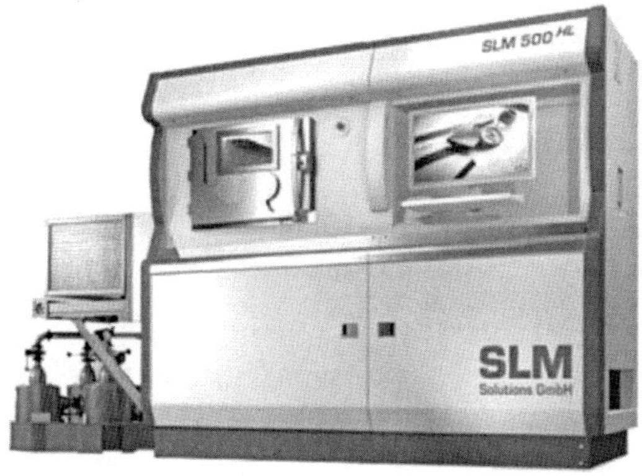

▌그림 5.19▐ SLM Solutions 사의 SLM 3D 프린팅 장비, SLM 500 HL(SLM Solutions 사 제공)

[표 5.10] SLM 500 HL의 사양 요약

SLM Solutions 사 SLM 500 HL 사양	
기술적 자료 ✓ 제작 크기 ✓ 3D 광학계 구성 ✓ 제작 속도 ✓ 가변 층 두께 ✓ 최소 형상 크기 ✓ 빔 초점 직경 ✓ 최대 스캔 속도	 700 mm × 380 mm × 560 mm 7 mm / h 통상 0.12 mm 불필요
크기 ✓ 공간 ✓ 중량	 5.2 m × 2.8 m × 2.7 m 약 3,100 kg (분말 포함) / 2400 kg (분말 불포함)

SLM은 로트(lot) 크기가 작은 복잡한 형상이나 얇은 벽과 숨겨진 공동/채널로 구성된 구조물 제작에 적합하다. SLM의 초기 선구적 연구들은 툴링(tooling), 가공 표면으로 물리적 접근과 같은 전통적 제조법의 제약으로 인해 부품 설계가 구속을 받아 온 항공우주 산업에 대해 수행되었다. 의생명 분야에서 SLM은 둔부 줄기부(hip stem) 등 정형 임플란트에서와 같이 한 제품이 속이 꽉 찬 구조와 격자 구조를 동시에 포함하는 하이브리드 형상을 한꺼번에 제조할 수 있는데 이를 통해 이식물의 표면 형상이 접합을 촉진하도록 할 수 있다. SLM에서는 근사 정형 부품을 부가 방식으로 제작하므로 재료 낭비를 최소화할 수 있다.

SLM은 금속 분말을 이용해 치아 모형을 제조하는데 이용된다(그림 5.20). SLM은 치과 제품의 생산성, 품질 및 비용을 개선하였다. SLM은 수 시간에 400개의 치관(tooth cap)을 제작할 수 있다. 부품 정확도, 맞춤도, 외관, 느낌이 같도록 반복 생산할 수 있다.

SLM은 새로운 타이어 트레드(tread) 몰드 부분을 단시간에 저가로 생산할 수도 있다(그림 5.20). 또한, SLM은 타이어 제조사가 차세대 타이어에 새롭고 혁신적인 설계를 구현할 수 있도록 한다. 즉, SLM을 통해 타이어 트레드의 틈을 한층 더 최적화할 수 있다.

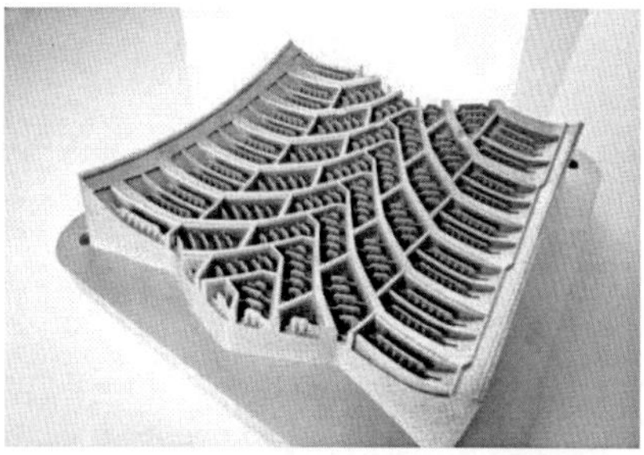

| 그림 5.20 | SLM Solutions 사가 SLM 공정으로 제작한 부품(SLM Solutions 사 제공)

5.3.3 레이저 엔지니어링 정밀 성형(Laser Engineering Net Shaping, LENS)

역사

Optomec Systems 사는 1997년부터 전자, 에너지, 생명과학, 항공우주, 국방 등의 시장에서 수백 가지의 혁신적 3D 프린터와 제품들을 생산해왔다. 성공적인 제품 개발 실적과 대규모 투자에 힘입어 Optomec은 3D 프린팅 분야의 선도적 기업 및 연구 기관들과 협력해왔다. 특허 기술인 '레이저 엔지니어링 정밀 성형'(LENS)과 'Aerosol Jet'은 3D 프린팅의 이점을 활용하는데 있어서 효율 및 성능을 새로운 수준으로 끌어올렸다. Aerosol Jet은 레이저 기반이 아니므로 이 책은 LENS를 주로 다룬다. LENS 3D 프린터는 1998년 처음 상용화되어 같은 해 "올해의 25가지 최고 기술상"을 수상했다. 1999년 Optomec은 DARPA과 900만불 계약을 체결했으며 2003년에는 Boeing, Rolls-Royce, Siemens, 미국 육·해·공군으로부터 500만불 규모의 LENS 프로젝트를 수주했다. 3세대 LENS 3D 프린터는 2003년 출시되었다. LENS는 특히 군사/항공

우주 부품의 개발 및 보수에 활용되어왔다. 새롭게 대두되는 응용 분야로는 바이오 과학, 보건 과학 및 에너지 분야가 있다.

원리

LENS는 집속된 고출력 레이저 빔에 의해 생성된 용융풀(melt pool)에 금속 분말을 분사하여 금속 부품을 제작하는 3D 프린팅 기술이다[82-84]. LENS에 의해 제작 가능한 부품의 크기는 SLA, SLS, SLM 등 분말 베드에 기반한 다른 공정에 비해 훨씬 커서 길이가 수 미터에 이른다. 그림 5.21처럼 고출력 레이저 빔이 측면에서 분사되는 금속 분말에 집속되면 분말이 녹아 용융풀이 생긴다. 레이저 빔은 프린트 헤드의 중심부를 통해 전송되어 작은 점에 집속된다. 물체의 각 층을 제작하기 위해 시편 전송 테이블(목표 형상에 따라 X-Y 또는 R-Θ형)은 래스터(raster) 방식으로 움직인다. 각 층을 프린트한 후 헤드는 수직으로 올라간다. 금속 분말은 중력이나 가압된 운반 기체의 도움으로 분사된다. 공정을 더욱 잘 제어하고 표면 젖음성을 높여 층 간 접합을 증진하기 위해서는 보통 불활성 기체를 이용해 용융풀을 산소로부터 차단한다(10 ppm 이하의 산소 수준이 요구된다). 용융풀이 작고 이송대의 이동 속도가 빠르므로 적층된 부분은 매우 빨리(10,000 °C/s 까지) 식는데 이를 통해 미세한 결정립(grain) 구조가 생성된다. 결정립 크기는 단조된 벌크(bulk) 제품에 비해 대략 1/10 수준이다. 따라서 제작된 부품의 기계적 물성이 주물이나 벌크 금속을 능가할 수 있다. LENS 3D 프린터는 우주항공, 국방, 발전, 의료 기구 제작 산업에서 고품질 금속 부품을 제조, 개선 및 보수하는데 매우 적합하다.

LENS의 장단점은 아래와 같다.

장점

- 탁월한 재료 물성: 유사하거나 심지어 더 좋은 물성
- 후처리 필요성 경감
- 복잡한 부품

단점

- 제한된 소재: 금속만 가능
- 큰 장비크기: 장비 설치에 상대적으로 넓은 면적이 필요
- 높은 전력 소비

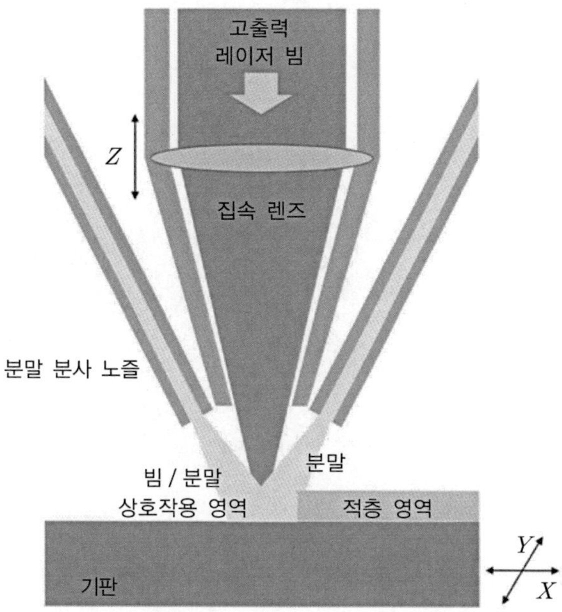

▎그림 5.21 ▎ LENS의 시스템 구성

LENS 시스템의 레이저 요구사항

LENS 시스템은 에너지원으로서 1030 nm 또는 1060 nm 파장의 고출력 근적외선 레이저를 사용한다. 램프 펌핑(pumping)되는 Nd:YAG 레이저가 오랫동안 이용되었으나 효율 및 시스템 안정성이 더 높고 유지 보수가 쉬운 다이오드 레이저에 펌핑 Yb-도핑 파이버 레이저로 대체되고 있다. LENS는 금속에 이용되므로 금속 흡수도가 높은 Nd:YAG나 Yb-도핑 파이버 레이저가 10 ㎛ 적외선 파장의 CO_2 레이저보다 유리하다.

LENS 장비 사례: Optomec사의 LENS 850-R

LENS 850-R은 보수, 재작업, 수정, 제조에 있어서 검증된 산업용 3D 프린팅 시스템이다(그림 5.22, 표 5.11). 900 mm × 1500 mm × 900 mm의 큰 작업 용적은 대형 산업용 부품 생산에 이상적이다[85]. 장비는 Yb-도핑 파이버 레이저를 이용하며, 금속 분말을 완전히 녹여 한 번에 한 층씩 쌓아 구조물을 제작한다. 빠른 냉각 속도 때문에 제조물의 기계적 물성은 원 재료와 같거나 더 우수하다. 850-R에는 5축 CNC 제어 운동, 폐루프(closed loop) 제어, 분위기 완전 제어와 같은 다양한 기능이 있다. Optomec 사의 3D 프린터들은 제조사들이 자체 공장에서 3D 프린팅을 할 수 있도록 현존 제거식 또는 성형식 생산 공정과 함께 사용할 수 있도록 설계되었다.

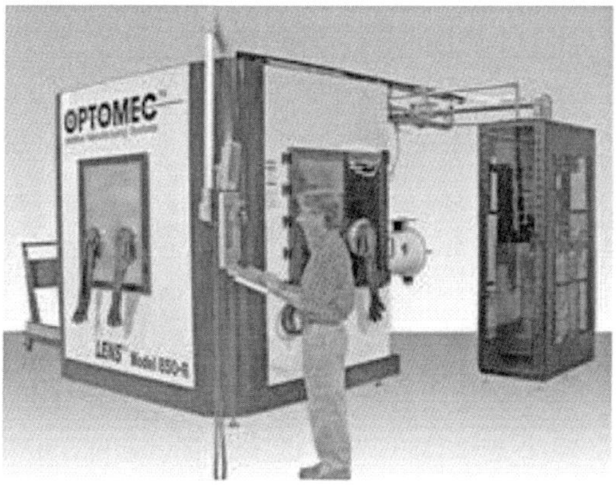

▌그림 5.22▐ Optomec 사의 LENS 3D 프린팅 장비, LENS 850-R(Optomec 사 제공)

[표 5.11] LENS 850-R 사양 요약

Optomec사 LENS 850-R 사양	
기술적 자료	
✓ 공정 작업 크기	900 mm × 1500 mm × 900 mm
✓ 작업 용기	Class I 레이저 작업 용기, 작업 환경 유지와 안전을 위해 밀봉
✓ 운동 제어	5축 표준: XYZ 선형 갠트리(gantry) 운동 기울임-회전 작업대 전 축 완전 CNC 제어
✓ 위치 정확도	± 0.25 mm
✓ 선형 정밀도	± 0.025 mm
✓ 운동 속도	60 mm/s
✓ 적층 속도	최대 0.5 kg / hr
✓ 부품 조작	기울임-회전 테이블 기울임 ±90°, 무한 회전 레일과 부품 카트(cart)로 테이블을 장비 내 외에 옮길 수 있음
✓ 기체 정화 시스템	두 개의 유닛이 연속적으로 02 수준 유지 < 10 ppm
✓ 분말 공급기	두 개의 공급기가 14 kg의 분말 저장
✓ 레이저	1 또는 2 kW IPG 파이버 레이저
✓ 작업 용기 크기	3 m × 3 m × 3 m, 기체 정화 시스템 및 레이저 제외

LENS는 제품 보수에 특히 적합한 솔루션으로 알려져 있다. 제품의 수명을 늘리고, 유지 비용을 감소시키며, 고도의 준비 상태를 유지하기 위해서는 고가 금속 부품의 보수가 중요하다. LENS는 전통적인 보수 공정들에 비해 고도의 선택적 기법으로서 열영향을 최소화하고 손상된 부위에 정밀하게 재료를 부가한다(그림 5.23). 따라서 LENS를 이용하면 가스 터빈 블레이드(blade) 등 얇은 벽으로 구성된 부품 수리가 가능하다. LENS로 보수한 제품은 단조재와 같거나 심지어 더 우수한 기계적 물성을 지닌다. LENS 시스템은 기존 부품에 재료를 부가하는 기능이 있기 때문에 서비스와 보수 응용에 있어서 필수적인 시스템이 되었다.

(a) (a)

| 그림 5.23 | Optomec 사 LENS의 터빈 블레이드 보수 적용 사례
(a) LENS를 이용한 앞전(leading edge) 보수 전 T700 stage 1 블리스크(blisk)
(b) 보수 공정 후 블리스크(Optomec 사 제공)

5.4 고체 기반 3D 프린팅

고체 기반 3D 프린팅 시스템은 액체나 분말 기반 시스템과는 전혀 다르다. 다양한 형태의 고체를 3D 모델을 만드는 주 소재로 사용한다. 고체 기반 재료들은 절단 또는 분할할 필요가 있으므로 이 공정은 부가식과 제거식 공정의 경계에 위치하는 것으로 간주된다.

5.4.1 라미네이트 형상 제조(LOM)

역사

LOM은 Helisys 사에 의해 상용화된 3D 프린팅 기술이다. LOM의 개척자인

Helisys는 1990년대에 375대가 넘는 시스템을 판매하였으나 2000년에 사업을 접었다. 그 사업은 Cubic Technologies 사가 계승하였고 구 Helisys 사 장비의 서비스와 부품 공급을 담당하고 있다. Helisys 사 LOM 프린터는 접착제가 도포된 종이의 단면을 CO_2 레이저를 이용해 연속적으로 절단하는 방식인데, 신뢰성 문제를 완전히 해결하지는 못했다. 이스라엘에 본거지를 둔 Solido 3D와 일본의 Kira 사와 같이 LOM에 특화된 다른 기업들도 최근 몇 년 사이에 문을 닫았다.

Mcor Technologies 사는 '선택적 라미네이션 증착(SDL)' 기술을 출시했는데 이는 LOM과 유사점이 있다. SDL이 LOM과 다른 점은 층간 접합 기법이다. SDL에서는 프린터가 제품화되는 부위에만 접착제 방울을 도포하므로 프린팅 완료 후 부품을 지지부로부터 빠르고 쉽게 떼어낼 수 있다. 앞에서 LOM에서는 접착제가 재료 전 표면에 미리 도포되므로 공정이 끝난 후에는 모델 주위 지지부를 포함한 모든 것들이 접착된다. 따라서 프린팅된 모델을 꺼내기 어렵고 종종 제품이 망가지게 된다. Mcor Technologies사의 SDL에서는 레이저가 아니라 텅스텐카바이드 칼날을 이용해 종이의 각 층을 절단하므로 이 책의 범위를 벗어난다.

원리

LOM에서는 접착제가 도포된 종이, 플라스틱, 금속 판과 같은 고체 재료의 각 층들을 연속적으로 접합하고 레이저 절단기나 칼날로 모양에 따라 절단한다[86-88]. 전통적인 LOM은 다음과 같은 과정을 따른다(그림 5.24). 첫째, 가열된 롤러(roller)에 의해 한 장을 기판에 붙인다. 둘째, 레이저 빔을 부품이 아닌 영역에 해치 주사(hatch scan)하여 불필요한 부분을 제거한다. 셋째, 플랫폼을 낮춘다. 넷째, 롤러를 돌려 새 판을 위치시킨다. 레이저와 칼날 절단 중, 레이저 절단은 기본적으로 비접촉이고 점(point) 기반 절단 공정이므로 고정밀도의 복잡한 형상 프린팅에 상대적인 장점을 지닌다. 수평 정밀도는 수십 마이크로미터 정도로 기본적으로 회절한계에 의해 결정되고 층 두께 정밀도는 공급 재료에 따라 정해지는데 복사지 한 장에서 몇 장 두께 정도이다. LOM의 치수 정확도는 SLA, SLS, SLM 보다 약간 우수하고 공정이 단순하므로 상대적으로 큰 크기의 프린팅도 가능하다.

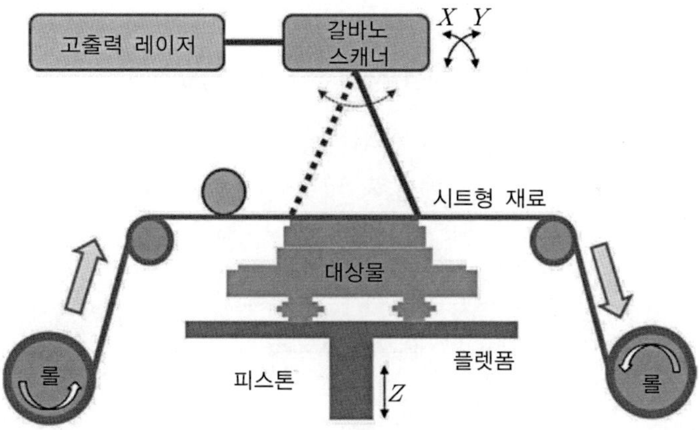

▎그림 5.24 ▎ LOM 시스템의 구성

LOM의 장단점은 다음과 같다.

장점

- 넓은 범위의 재료: 시트(sheet) 형태의 재료는 모두 사용 가능하다.
- 빠른 제작 시간: 용융이나 화학적 과정을 포함하지 않는다.
- 높은 정밀도: 수평 정밀도는 광학적 회절한계에 의해 결정되며, 깊이 방향 정밀도는 각 층의 두께에 의해 정해진다.
- 지지대: 재료의 잔여부가 지지대 역할을 한다.
- 후 경화: 물리 화학적 변화가 필요 없다.

단점

- 정밀한 출력 제어 필요: 이전 층이 절단될 수 있다.
- 얇은 벽의 제작: z축 방향 강직도가 상대적으로 낮다.
- 시제품의 강건성: 접착제의 한계로 인해 강도가 낮다.
- 지지부 제거

LOM 시스템의 레이저 요구 사항

LOM에는 고성능 레이저가 필요 없다. 집속된 레이저 빔이 시트 재료를 절단할 수만 있으면 된다. 따라서 LOM에서 레이저 선정 시 가장 중요한 기준은 비용이다. 결과적으로 저가의 CO_2 레이저가 주 시트 재료로서 인쇄용지나 고분자와 더불어 널리 이용되어 왔다. 다른 유형의 레이저들도 LOM에 이용할 수 있다.

LOM 장비 사례: Helisys 사의 LOM

현재 시중에 유통되는 상용 레이저 기반 LOM 3D 프린팅 장비는 없다. 표 5.12는 단종된 Helisys 사의 LOM 시스템의 사양을 보여준다.

[표 5.12] Helisys 사 LOM의 사양 요약

Helisys 사 LOM 사양	
기술적 자료	
✓ 최대 부품 크기	812 mm × 559 mm × 508 mm
✓ 최소 형상 크기	200 ㎛
✓ 최소 층 두께	50 ㎛
✓ 공차	100 ㎛
✓ 표면 마감	거침
✓ 제작 속도	빠름
✓ 재료	PVC 등 열가소성 수지, 종이, 복합재

문제 >>

1. 3D 프린팅을 일컫는 다른 용어를 다섯 가지 예시하시오.

2. 아래와 같이 분류 가능한 레이저 기반 제조 공정들을 설명하시오.
   a. 부가식 제조(네 개)
   b. 제거식 제조(세 개)
   c. 성형식 제조(세 개)

3. 광조형법(SLA)의 프린팅 단계를 설명하시오. SLA에는 어떤 종류의 레이저가 사용되는가? 이유는 무엇인가? 그 레이저의 평균 출력은 얼마인가?

4. SLA에서 갈바노(galvano) 스캐너의 기능은 무엇인가?

5. SLA의 장점 다섯 가지와 단점 세 가지를 설명하시오.

6. DLP에 쓰이는 변형 미러 장치(DMD)의 기능을 설명하시오. DMD에는 몇 개의 초소형 미러가 있는가? DMD 픽셀 수에 따른 DLP 프린팅의 정밀도를 설명하시오.

7. DLP의 프린팅 크기와 복셀(voxel) 해상도는 얼마인가?

8. DLP의 장점 다섯 가지와 단점 세 가지를 설명하시오.

9. DLP의 대표적 응용 두 가지를 설명하시오.

10. 이광자중합(TPP)이 무엇인지 설명하시오. TPP가 SLA의 광경화와 어떻게 다른지 비교 설명하시오. 광경화에 비해 TPP를 이용하는 장점은 무엇인가?

11. TPP로 구현 가능한 복셀 해상도와 프린팅 크기는 얼마인가?

12. TPP에는 어떤 종류의 레이저가 이용되는가? 그 이유는 무엇인가? 그레이저의 펄스 폭, 평균 출력, 반복률은 얼마인가?

13. 3D 프린팅에 파이버 레이저 이용이 확대되는 이유는 무엇인가?

14. TPP의 장점 세 가지와 단점 세 가지를 설명하시오.

15. 선택적 레이저 소결(SLS)의 원리를 SLA와 비교하여 설명하시오. 두 기술의 공통점과 다른 점은 무엇인가?

16. SLS로 구현 가능한 복셀 해상도와 프린팅 크기는 얼마인가? 이를 결정하는 근본적인 요인은 무엇인가?

17. SLS에는 어떤 종류의 레이저가 쓰이는가? 재료에 따라 레이저의 어떤 인자가 변해야 하는가?

18. SLS의 장점 다섯 가지와 단점 세 가지를 설명하시오.

19. 선택적 레이저 용융(SLM)을 SLA, SLS와 비교하여 설명하시오. 공통점과 다른 점은 무엇인가?

20. SLM으로 구현 가능한 복셀 해상도와 프린팅 크기는 얼마인가? 이를 결정하는 근본적인 요인은 무엇인가?

21. SLM에는 어떤 종류의 레이저가 쓰이는가? 레이저의 평균 출력은 얼마나 필요한가?

22. SLM의 장점 다섯 가지와 단점 세 가지를 설명하시오.

23. SLM의 대표적인 응용 두 가지를 설명하시오.

24. LENS의 원리를 SLM과 비교하여 설명하시오. 공통점과 다른 점은 무엇인가?

25. LENS의 장점 세 가지와 단점 세 가지를 설명하시오.

26. LENS의 대표적인 응용 두 가지를 설명하시오.

참고문헌 >>

[1] Chua, C. K., & Leong, K. F. (2014). 3D printing and additive manufacturing:principles and applications: principles and applications. World Scientific, Singapore.

[2] Chua, C. K., & Leong, K. F. (2010). Rapid Prototyping: Principles and Applications. 3rd edition. World Scientific, Singapore.

[3] Chua, C. K., Chou, S. M., & Wong, T. S. (1998). A study of the state-of-the-art rapid prototyping technologies. The International Journal of Advanced Manufacturing Technology, 14(2), 146–52.

[4] Chua, C. K., Feng, C., Lee, C. W., & Ang, G. Q. (2005). Rapid investment casting:direct and indirect approaches via model maker II. The International Journal of Advanced Manufacturing Technology, 25(1–), 26–2.

[5] Lipson, H., & Kurman, M. (2013). Fabricated: The new world of 3D printing. John Wiley & Sons.

[6] Chua, C. K, & Yeong, W. Y. (2014). Bioprinting: principles and applications. World Scientific, Singapore.

[7] Tan, J. Y., Chua, C. K., & Leong, K. F. (2010). Indirect fabrication of gelatin scaffolds using rapid prototyping technology. Virtual and Physical Prototyping, 5(1), 45–3.

[8] Gibson, I., Rosen, D., & Stucker, B. (2014). Additive manufacturing technologies:3D printing, rapid prototyping, and direct digital manufacturing. Springer.

[9] Burns, M. (1994). Research Notes, Rapid Prototyping Report, 4(3), 3–6.

[10] Burns, M. (1993). Automated Fabrication. New Jersey: PTR Prentice Hall.

[11] Jacobs, P. F. (1992). Rapid prototyping & manufacturing: fundamentals of stereolithography. Society of Manufacturing Engineers.

[12] Chua, C. K. (1994). Three-dimensional rapid prototyping technologies

and key development areas. Computing & Control Engineering Journal, 5(4), 200–06.

[13] Chua, C. K., Chou, S. M., & Wong, T. S. (1998). A study of the state-of-the-art rapid prototyping technologies. The International Journal of Advanced Manufacturing Technology, 14(2), 146–52.

[14] Jacobs, P. F. (1995). Stereolithography and other RP&M technologies: from rapid prototyping to rapid tooling. Society of Manufacturing Engineers.

[15] Cooke, M. N., Fisher, J. P., Dean, D., Rimnac, C., & Mikos, A. G. (2003). Use of stereolithography to manufacture critical-esized 3D biodegradable scaffolds for bone ingrowth. Journal of Biomedical Materials Research Part B: Applied Biomaterials, 64(2), 65–9.

[16] Hutmacher, D. W., Sittinger, M., & Risbud, M. V. (2004). Scaffold-based tissue engineering: rationale for computer-aided design and solid free-form fabrication systems. Trends in Biotechnology, 22(7), 354–62.

[17] Griffith, M. L., & Halloran, J. W. (1996). Freeform fabrication of ceramics via stereolithography. Journal of the American Ceramic Society, 79(10), 2601–608.

[18] Melchels, F. P., Feijen, J., & Grijpma, D. W. (2010). A review on stereoli thography and its applications in biomedical engineering. Biomaterials, 31(24), 6121–130.

[19] Wilson, J. E. (1974). Radiation Chemistry of Monomers, Polymers, and Plastics. Marcel Dekker, NY.

[20] Lawson, K. (1994). UV/EB Curing in North America, Proceedings of the International UV/EB Processing Conference, Florida, USA, May 1–5, 1.

[21] Reiser, A. (1989) Photosensitive Polymers. John Wiley, NY.

[22] 3D Systems Product brochure. (2016). SLA Production series.

[23] 3D Systems Product brochure. (2016). ProJet® 6000, 7000, 3500, 3510, 5000 and 5500X.

[24] Hendrick, J. Perfactory® - A Rapid Prototyping system on the way to the "ersonal factory"for the end user. Envision Technologies GmbH.

[25] Ho, C. M. B., Ng, S. H., Li, K. H. H., & Yoon, Y. J. (2015). 3D printedmicrofluidics for biological applications. Lab on a Chip, 15(18), 3627-637.

[26] A. Lifton, V., Lifton, G., & Simon, S. (2014). Options for additive rapid prototyping methods (3D printing) in MEMS technology. Rapid Prototyping Journal, 20(5), 403-12.

[27] Comina, G., Suska, A., & Filippini, D. (2014). Low cost lab-on-a-chip prototyping with a consumer grade 3D printer. Lab on a Chip, 14(16), 2978-982.

[28] O'Neill, P. F., Azouz, A. B., Vazquez, M., Liu, J., Marczak, S., Slouka, Z., ... & Brabazon, D. (2014). Advances in three-dimensional rapid prototy ping of microfluidic devices for biological applications. Biomicrofluidics, 8(5), 052112.

[29] Maruo, S., Nakamura, O., & Kawata, S. (1997). Three-dimensional microfabrication with two-photon-absorbed photopolymerisation. Optics Letters, 22(2), 132-34.

[30] Cumpston, B. H., Ananthavel, S. P., Barlow, S., Dyer, D. L., Ehrlich, J. E., Erskine, L. L., ... & Qin, J. (1999). Two-photon polymerisation initiators for threedimensional optical data storage and microfabrication. Nature, 398(6722), 51-4.

[31] Kawata, S., Sun, H. B., Tanaka, T., & Takada, K. (2001). Finer features for functional microdevices. Nature, 412(6848), 697-98.

[32] Gattass, R. R., & Mazur, E. (2008). Femtosecond laser micromachining in transparent materials. Nature Photonics, 2(4), 219-25.

[33] Xiong, W., Zhou, Y. S., He, X. N., Gao, Y., Mahjouri-Samani, M., Jiang, L., ... & Lu, Y. F. (2012). Simultaneous additive and subtractive three-dimensional nanofabrication using integrated two-photon polymer-

isation and multiphoton ablation. Light: Science & Applications, 1(4), e6.

[34] Obata, K., El-Tamer, A., Koch, L., Hinze, U., & Chichkov, B. N. (2013). Highaspect 3D two-photon polymerisation structuring with widened objective working range (WOW-2PP). Light: Science & Applications, 2(12), e116.

[35] Fabian, N., & Hermatschweiler. M. (2014). Additive Manufacturing of Micro-sized Parts. Laser Technik Journal 11.5, 16-8.

[36] Jin, J., Kim, Y. J., Kim, Y., Kim, S. W., & Kang, C. S. (2006). Absolute length calibration of gauge blocks using optical comb of a femtosecond pulse laser. Optics Express, 14(13), 5968-974.

[37] Kim, Y. J., Jin, J., Kim, Y., Hyun, S., & Kim, S. W. (2008). A wide-range optical frequency generator based on the frequency comb of a femtosecond laser. Optics Express, 16(1), 258-64.

[38] Kim, Y., Kim, S., Kim, Y. J., Hussein, H., & Kim, S. W. (2009). Er-doped fiber frequency comb with mHz relative linewidth. Optics express, 17(14), 11972-11977.

[39] Kim, Y., Kim, Y. J., Kim, S., & Kim, S. W. (2009). Er-doped fiber comb with enhanced fceo S/N ratio using Tm: Ho-doped fiber. Optics Express, 17(21), 18606-18611.

[40] Kim, Y. J., Kim, Y., Chun, B. J., Hyun, S., & Kim, S. W. (2009). All-fiber-based optical frequency generation from an Er-doped fiber femtosecond laser. Optics Express, 17(13), 10939-0945.

[41] Lee, J., Kim, Y. J., Lee, K., Lee, S., & Kim, S. W. (2010). Time-of-flight measurement with femtosecond light pulses. Nature Photonics, 4(10), 716-20.

[42] Kim, S., Kim, Y., Park, J., Han, S., Park, S., Kim, Y. J., & Kim, S. W. (2012). Hybrid mode-locked Er-doped fiber femtosecond oscillator with 156 mW output power. Optics Express, 20(14), 15054-5060.

[43] Jang, Y. S., Lee, J., Kim, S., Lee, K., Han, S., Kim, Y. J., & Kim, S. W.

(2014). Space radiation test of saturable absorber for femtosecond laser. Optics Letters, 39(10), 2831–834.

[44] Kim, Y. J., Coddington, I., Swann, W. C., Newbury, N. R., Lee, J., Kim, S., & Kim, S. W. (2014). Time-domain stabilization of carrier-envelope phase in femtosecond light pulses. Optics Express, 22(10), 11788 –1796.

[45] Kim, S., Park, J., Han, S., Kim, Y. J., & Kim, S. W. (2014). Coherent supercontinuum generation using Er-doped fiber laser of hybrid mode-locking. Optics Letters, 39(10), 2986–989.

[46] Lee, J., Lee, K., Jang, Y. S., Jang, H., Han, S., Lee, S. H., ... & Kim, S. W. (2014). Testing of a femtosecond pulse laser in outer space. Scientific Reports, 4, 5134.

[47] Jang, H., Jang, Y. S., Kim, S., Lee, K., Han, S., Kim, Y. J., & Kim, S. W. (2015). Polarization maintaining linear cavity Er-doped fiber femtosecond laser. Laser Physics Letters, 12(10), 105102.

[48] Gibson, I., & Shi, D. (1997). Material properties and fabrication parameters in selective laser sintering process. Rapid Prototyping Journal, 3(4), 129–36.

[49] Agarwala, M., Bourell, D., Beaman, J., Marcus, H., & Barlow, J. (1995). Direct selective laser sintering of metals. Rapid Prototyping Journal, 1(1), 26–6.

[50] Liao, H. T., Chang, K. H., Jiang, Y., Chen, J. P., & Lee, M. Y. (2011). Fabrication of tissue engineered PCL scaffold by selective laser-sintered machine for osteogeneisis of adipose-derived stem cells: the research has proven that a bone tissue-engineered scaffold can be made using the selec tive laser sintering method. Virtual and Physical Prototyping, 6(1), 57–0.

[51] Jhabvala, J., Boillat, E., Antignac, T., & Glardon, R. (2010). On the effect of scanning strategies in the selective laser melting process. Virtual and Physical Prototyping, 5(2), 99–09.

[52] Ponche, R., Hascoët, J. Y., Kerbrat, O., & Mognol, P. (2012). A new global approach to design for additive manufacturing: A method to obtain a design that meets specifications while optimizing a given additive manufacturing process is presented in this paper. Virtual and Physical Prototyping, 7(2), 93–05.

[53] Oxman, N., Tsai, E., & Firstenberg, M. (2012). Digital anisotropy: A variable elasticity rapid prototyping platform: This paper proposes and demonstrates a digital anisotropic fabrication approach by employing a multi-material printing platform to fabricate materials with controlled gradient properties. Virtual and Physical Prototyping, 7(4), 261–74.

[54] De Campos, B. M., Bandeira, L. C., Calefi, P. S., Ciuffi, K. J., Nassar, E. J., Silva, J. V. L., ... & Maia, I. A. (2011). Protective coating materials on nylon substrate by sol–el: The sol-gel process can be used to coat a nylon substrate, changing the properties of the material and the interaction between the coating and the substrate takes place through the NH groups of nylon. Virtual and Physical Prototyping, 6(1), 33–9.

[55] Nakthewan, K., & Koomsap, P. (2013). Direct contour generation for structured light system-based selective data acquisition: This paper reports a direct method to extract contour information based on the surface data acquired via structured light system. Virtual and Physical Proto typing, 8(2), 135–63.

[56] Salmoria, G. V., Klauss, P., Zepon, K., Kanis, L. A., Roesler, C. R. M., & Vieira, L. F. (2012). Development of functionally-graded reservoir of PCL/PG by selective laser sintering for drug delivery devices: This paper presents a selective laser sintering-fabricated drug delivery system that contains graded progesterone content. Virtual and Physical Proto typing, 7(2), 107–15.

[57] 3D Systems Product Brochure. (2016). SLS® Systems.

[58] 3D Systems Product Brochures and Datasheets.

[59] 3D Systems. (2005). SLS® Technology Featured at the "xtreme Textiles"

Exhibition at the Smithsonian' Cooper-Hewitt, National Design Museum.

[60] 3D Systems. (2014). Customer Success Story – Hankook Tire.

[61] EOS GmbH. (2013). The Challenge of Customised Products.

[62] EOS GmbH Product Brochures and Datasheets.

[63] Sturm, R., Erickson-Harris, L., & Onge, D. S. (2002). SLM Solutions: A Buyer's Guide. Enterprise Management Associates.

[64] Liu, A., Chua, C. K., & Leong, K. F. (2010). Properties of test coupons fabricated by selective laser melting. In Key Engineering Materials (Vol. 447, pp. 780–84). Trans Tech Publications.

[65] Niendorf, T., Leuders, S., Riemer, A., Richard, H. A., Tröster, T., & Schwarze, D. (2013). Highly anisotropic steel processed by selective laser melting. Metallurgical and Materials Transactions B, 44(4), 794–96.

[66] Liu, Z. H., Chua, C. K., & Leong, K. F. (2012). Heat treatment of SLM M2 high speed steel parts. In 5th International Conference PMI, Ghent, Belgium.

[67] Zhang, D. Q., Liu, Z. H., & Chua, C. K. (2013, September). Investigation on forming process of copper alloys via Selective Laser Melting. In High Value Manufacturing: Advanced Research in Virtual and Rapid Prototyping: Proceedings of the 6th International Conference on Advanced Research in Virtual and Rapid Prototyping, Leiria, Por tugal, 1 – October, 2013 (p. 285). CRC Press.

[68] Leuders, S., Thöne, M., Riemer, A., Niendorf, T., Tröster, T., Richard, H. A., & Maier, H. J. (2013). On the mechanical behaviour of titanium alloy TiAl6V4 manufactured by selective laser melting: Fatigue resistance and crack growth performance. International Journal of Fatigue, 48, 300–07.

[69] Loh, L. E., Chua, C. K., Yeong, W. Y., Song, J., Mapar, M., Sing, S. L., ... &Zhang, D. Q. (2015). Numerical investigation and an effective modelling on the Selective Laser Melting (SLM) process with aluminium

alloy 6061. International Journal of Heat and Mass Transfer, 80, 288–00.

[70] Jhabvala, J., Boillat, E., Antignac, T., & Glardon, R. (2010). On the effect of scanning strategies in the selective laser melting process. Virtual and Physical Prototyping, 5(2), 99–09.

[71] Averyanova, M., Bertrand, P., & Verquin, B. (2011). Manufacture of Co-Cr dental crowns and bridges by selective laser Melting technology: This paper presents the successful application of the selective laser melting technology in dental frameworks manufacturing from Co-Cr alloy using Phenix PM 100T Dental Machine over a production period of 14 months. Virtual and Physical Prototyping, 6(3), 179–85.

[72] Yasa, E., Deckers, J., Kruth, J. P., Rombouts, M., & Luyten, J. (2010). Charpy impact testing of metallic selective laser melting parts. Virtual and Physical Prototyping, 5(2), 89–8.

[73] Delgado, J., Ciurana, J., & Serenó, L. (2011). Comparison of forming manufacturing processes and selective laser melting technology based on the mechanical properties of products: In this work, the superior property of the selective laser melting technology is presented by comparing four real parts manufactured using forming processes and selective laser melting technology and analysed for tension, compression and flexural. Virtual and Physical Prototyping, 6(3), 167–78.

[74] Averyanova, M., Bertrand, P., & Verquin, B. (2011). Studying the influence of initial powder characteristics on the properties of final parts manufactured by the selective laser melting technology: A detailed study on the influence of the initial properties of various martensitic stainless steel powders on the final microstructures and mechanical properties of parts manufactured using an optimized SLM process is reported in this paper. Virtual and Physical Prototyping, 6(4), 215–23.

[75] Papadakis, L., Loizou, A., Risse, J., Bremen, S., & Schrage, J. (2014). A computational reduction model for appraising structural effects in selective laser melting manufacturing: A methodical model reduction pro-

posed for time-efficient finite element analysis of larger components in Selective Laser Melting. Virtual and Physical Prototyping, 9(1), 17–5.

[76] Gu, D., & Zhang, G. (2013). Selective laser melting of novel nano-composites parts with enhanced tribological performance: nanocrystalline TiC/Ti nanocomposites parts were built via SLM technology and the densification, microstructures, microhardness and tribological performance were investigated. Virtual and Physical Prototyping, 8(1), 11–8.

[77] Yadroitsev, I., & Yadroitsava, I. (2015). Evaluation of residual stress in stainless steel 316L and Ti6Al4V samples produced by selective laser melting. Virtual and Physical Prototyping, 10(2), 67–6.

[78] Wen, S. F., Yan, C. Z., Wei, Q. S., Zhang, L. C., Zhao, X., Zhu, W., & Shi, Y. S. (2014). Investigation and development of large-scale equipment and high performance materials for powder bed laser fusion additive manufacturing: This paper reports a uniform preheating technique, a multi-laser scanning technique and a technique to prepare nylon coated composite powder. Virtual and Physical Prototyping, 9(4), 213–23.

[79] Arcam AB. (2007). Electron Beam Melting.

[80] Arcam AB. New orthopedic implants improve people' quality of life. Rapid News.

[81] SLM Solutions Product Brochures and Datasheets.

[82] Griffith, M. L., Keicher, D. M., Atwood, C. L., Romero, J. A., Smugeresky, J. E., Harwell, L. D., & Greene, D. L. (1996, August). Free form fabrication of metallic components using laser engineered net shaping (LENS). In Proceedings of the Solid Freeform Fabrication Symposium (pp. 125-131). Austin, TX: University of Texas at Austin.

[83] Atwood, C., Griffith, M. L., Schlienger, M. E., Harwell, L. D., Ensz, M. T., Keicher, D. M., ... & Smugeresky, J. E. (1998, November). Laser engineered net shaping (LENS): a tool for direct fabrication of metal parts. In Proceedings of ICALEO (Vol. 98, pp. 16-19).

[84] Liu, W., & DuPont, J. N. (2003). Fabrication of functionally graded TiC/Ti composites by laser engineered net shaping. Scripta Materialia, 48(9), 1337–342.

[85] Optomec Product Brochures and Datasheets.

[86] Mueller, B., & Kochan, D. (1999). Laminated object manufacturing for rapid tooling and patternmaking in foundry industry. Computers in Industry, 39(1), 47–3.

[87] Zhang, Y., He, X., Du, S., & Zhang, J. (2001). Al_2O_3 ceramics preparation by LOM (laminated object manufacturing). The International Journal of Advanced Manufacturing Technology, 17(7), 531-–34.

[88] Park, J., Tari, M. J., & Hahn, H. T. (2000). Characterization of the laminated object manufacturing (LOM) process. Rapid Prototyping Journal, 6(1), 36–0.

CHAPTER

06 첨단 3D 제조 기술: 마이크로 나노 스케일 패터닝

감광성 물질을 포함하는 다양한 소재 상에 2D 및 3D 패터닝과 프린팅 기술은 과학 및 산업계 전 분야에서 최근 들어 매우 각광받고 있다. 레이저 간섭계의 개념 및 방법론은 이 분야에 중대한 영향을 미칠 수 있다. 이러한 관점에서 볼 때, 이번 장에서 주요하게 다루어질 내용은 레이저 간섭계 이론을 활용한 마이크로, 나노 단위의 패터닝에 관한 전반적인 이해가 될 것이다. 여기에서 강조되어야 할 점은 이러한 패터닝 방법이 다양한 소재의 2D 및 3D 프린팅 기법에 활용될 수 있다는 점이다. 이번 장은 레이저 간섭계의 소개를 시작으로 이에 관련된 기본적인 이론들이 다루어진다. 이어서 다채널 빔 기반의 리소그래피 시스템을 근간으로 하는 2-빔 및 4-빔 패터닝 기술에 대해 자세히 다룰 예정이다. 간섭계 빔의 강도 및 편광이 형상에 미치는 영향에 대해서도 이번 장에서 자세히 다루어질 것이다. 끝으로 초고속 레이저 가공법에 대해 다루고자 한다.

6.1 개요

광학적 간섭계 개념과 방식이 1, 2차원의 주기적인 형상을 제작하는데 적용될 수 있다는 점은 잘 알려진 사실이다. 사인파 강도의 분포를 가지는 주기적인 1차원 프린지 패턴은 두 개의 가간섭성(coherence)을 만족하는 간섭 파장을 이용해 만들어질 수 있다. 이 방법은 2-빔 간섭계 패턴을 각각 다른 각도로 한 번 이상 조사함으로써 2차원 형상 제작에 적용될 수 있다. 일반적으로 90° 회전하여 두 번 조사하는 방법으로 사각 대칭 이차원 형상을 제작할 수 있으며, 조사중간 120° 회전하여 세 번 조사하는 방법으로 육각 격자 구조를 제조할 수 있다[1,2]. 2, 3차원의 주기적인 형상을 제조하는 다른 방법으로는 다수의 가간섭 빔들 기반 간섭계를 활용하는 방법이 있다[3,4]. 네 개의 가간섭 평면파는 사각형의 주기적 패턴을 제조하는데 활용되며, 각각의 빔이 가지는 편광성이 간섭패턴 이미지의 명암과 주기에 지대한 영향을 미친다. 이러한 다중빔 간섭계를 이용한 방식은 다양한 2, 3차원의 마이크로, 나노 형상 가공에 널리 사용되어 왔다[5-8]. 다중 빔 활용을 포함한 다양한 방식들이 여러 종류의 3차원 주기 형상을 제조하는데 활용되어왔다[9-11]. 간섭계 방식을 활용한 3차원 주기 형상의 제조에는 최소 네 개의 빔이 필요하다. 다양한 3D 구조 중, 다이아몬드 같은 격자구조는 특별한 관심을 받아왔으며, 중심 주파수의 약 0.25% 수준의 밴드 갭을 갖는 것으로 보고되었다[12-16]. 다양한 종류의 3D 형상들이 서로 다른 간섭계 패턴의 조사 방법으로 제작되어 왔다는 결과도 보고되고 있다[13,17].

이번 장의 핵심 목표는 레이저 간섭계 원리를 기반으로 한 마이크로, 나노 패턴의 제작에 관한 기본적인 이해이다. 여기에서 강조되어야 할 점은 이러한 패터닝 방법이 적층된 3차원 구조 프린팅에 활용될 수 있다는 점이다. 이에 따라, 각각의 여러 가지 소재에 다양한 형상의 3차원 프린팅 형상을 제작할 수 있을 것으로 사료되며 향후, 미래 연구 개발이 필요한 분야이다.

이러한 관점에서 볼 때, 이번 장의 목표는 레이저 간섭계의 간섭과 패터닝의 기초원리(레이저 간섭 리소그래피, LIL, Laser Interference Lithography) 및 레이저의 강도, 상 및 편광성 등의 다양한 변수의 영향에 대해서 다룰 예정이다.

6.2 간섭

두 개 이상의 광자 빔이 서로 교차하게 되면 특정 조건하에서는 빔의 강도가 합해지면서 강도의 변화가 발생한다. 이러한 변경된 빔의 강도가 최고가

될 때, "빔이 보강되었다" 또는 "보강간섭이 발생했다"고 표현한다. 반대로 합력 또는 변경된 빔의 강도가 0 (최솟값)이 될 경우를 상쇄 간섭이라고 한다(그림 6.1).

| 그림 6.1 | 두 개의 빔 간섭으로 생성된 전형적인 간섭 패턴

6.2.1 빛의 간섭이 발생하는 조건

고정적인 간섭 패턴은 다음과 같은 조건이 만족되었을 때 얻어진다.

a) 두 간섭파가 가간섭성이 있는 경우

b) 두 간섭파가 같은 방향으로 진행하는 경우

c) 두 간섭파가 진동하고 있거나 같은 평면 상에서 진동하는 성분을 가질 경우 (단, 두 간섭파가 같은 편광성을 가지는 경우)

6.2.2 간섭계의 원리

a) 테스트 빔과 기준 빔 사이의 광 경로차가 위상차(OPD, optical path difference)를 발생시킨다.

b) 광 경로차는 소스 빔의 간섭 길이보다 커서는 안 된다.

c) 이 두 빔 사이의 간섭은 어떤 지점에서는 보강간섭을 일으키며, 다른 지점에서는 상쇄간섭을 일으켜 간섭 패턴을 형성한다.

만약 I_1과 I_2가 두 간섭빔 사이의 강도를 나타내고, $(\alpha_1 - \alpha_2)$가 두 빔의 위상차이며, 보편적인 간섭 방정식은 다음과 같이 나타낼 수 있다.

$$I = I_1 + I_2 + 2\sqrt{I_1 I_2}\, cos(\alpha_1 - \alpha_2) \qquad (1)$$

6.3 두 빔의 간섭

서로 다른 편광성을 가지는 두 개의 평면파는 다른 간섭을 일으킨다. 전기적 횡파(TE, Transverse Electric) 편광의 경우, 두 벡터의 전기장이 완전히 겹쳐지며 중첩되지만, 다른 편광 조합의 경우에는 중첩의 정도가 두 개의 파 사이의 각도에 따라 달라진다. 먼저 그림 6.2와 같이 z축에 대해 같은 각도 'θ'를 가지며 X-Z 평면에 수렴하는 공통 가간섭 광원을 가지는 두 파장의 간섭 패턴에 대해 고려해보자.

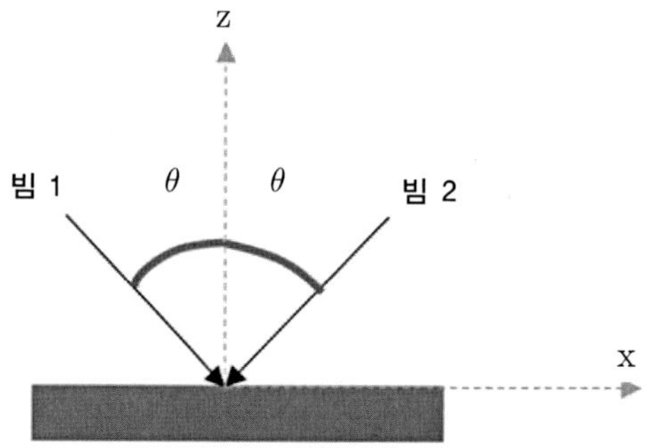

| 그림 6.2 | 평면상에 두 빔의 간섭

일차원 주기 형상은 두 개의 가간섭파의 간섭을 이용해 제작될 수 있다. 간섭을 나타내는 패턴은 주기성(p)를 가지는 빔의 강도에 의해 축을 따라 주기적으로 변화한다. 이 때 P는,

$$P = \lambda / 2\sin\theta \tag{2}$$

과 같으며, λ는 빔의 파장, θ는 샘플 상에 두 빔의 교차 각도에 절반을 나타낸다.

6.4 레이저 간섭 리소그래피

많은 응용분야는 간섭 리소그래피(IL, Interferometric Lithography)라고 불리는 단순한 실험실 규모의 기술에 의해 달성될 수 있는 주기적 또는 준주기적 패턴만을 필요로 한다. 간섭 리소그래피는 다수의(대부분 두 개 또는 네 개)

가간섭성 레이저 빔의 간섭을 기반으로 한 기술로써, 넓은 영역 및 부피에 걸쳐 패턴을 형성한다. 간섭 리소그래피의 기본적인 개념은 가간섭성 레이저 빔이 양쪽에서 대칭적으로 조사되는 두 빔 간섭계(그림 6.3)의 간단한 예시로 설명될 수 있다. 간섭 패턴의 주기(P)는 $\lambda/2\sin\theta$로 나타낼 수 있다. 이 중첩거리가 레이저 빔의 종방향 간섭거리보다 짧으면 정상파 패턴이 중첩영역 전반에 걸쳐 존재하며 웨이퍼는 간섭 부피영역의 어떠한 위치에도 배치될 수 있다.

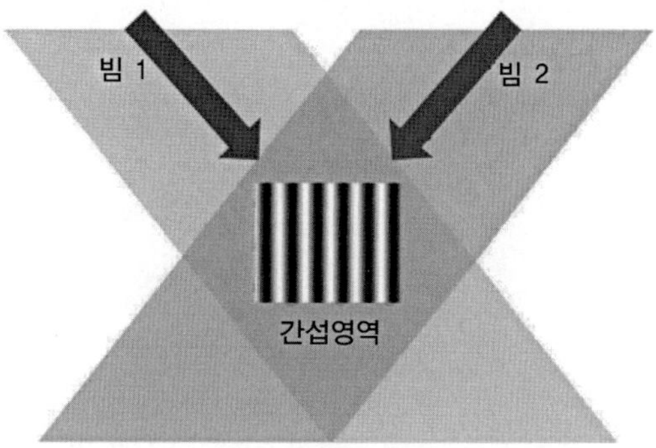

| 그림 6.3 | 두 빔의 간섭계의 개략도[18]

IL은 감광층 상에 상이한 방향으로부터 입사하는 최소 개수의 가간섭 광학 빔을 사용하여 강도분포가 감광층에 생성되고 간섭패턴을 형성하며 후속적으로 열적, 화학적으로 감광층에 기록하는 간단한 공정이다. 제작된 형상의 공간 주기는 간섭하는 빛의 파장의 최소 절반 수준까지 도달할 수 있다[18]. 그림 6.4와 6.5에 보여지듯이 홀로그램 리소그래피, 무마스크 레이저 간섭 포토 리소그래피 등 다양한 이름을 가지는 이 간섭 리소그래피 방식은 진폭 분할(amplitude division)과 파면 분할(wave front division) 리소그래피로 나눌 수 있다.

광학 리소그래피 시스템의 해상도는 일반적으로 리소그래피 공정 조건에 따른 상수인 파장(λ) 및 개구수(NA, Numerical Aperture)로 다음과 같이 표현된다.

$$해상도 = \frac{\lambda K}{NA} \tag{3}$$

일반적으로 마스크 기반의 포토 리소그래피를 사용하는 집적회로(IC) 제조 기술에서 광학계와 웨이퍼 스테이지는 주변 매질에 의한 광흡수를 감소시키기 위해 공기 중이나 진공 중에 배치된다. 이것은 굴절률(n)이 1이고 개구수 $NA = \sin\theta$인 것을 의미한다. 따라서 개구수는 1보다 클 수 없고 실제적으로는 0.5에서 0.8 사이의 값을 가지며 개구수의 값이 클수록 민감도가 낮은 공정이다.

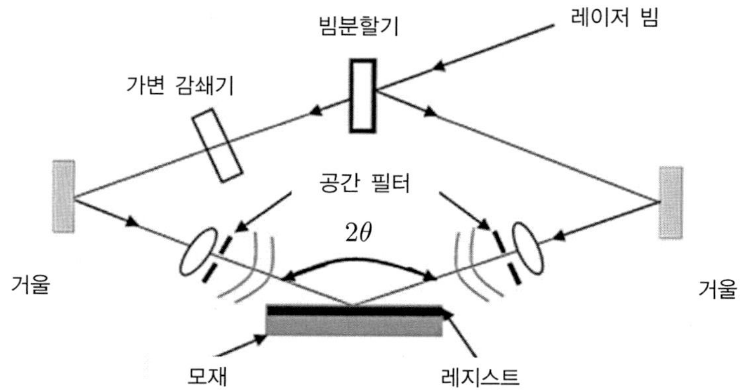

| 그림 6.4 | 간섭 리소그래피의 일반적인 구성[19]

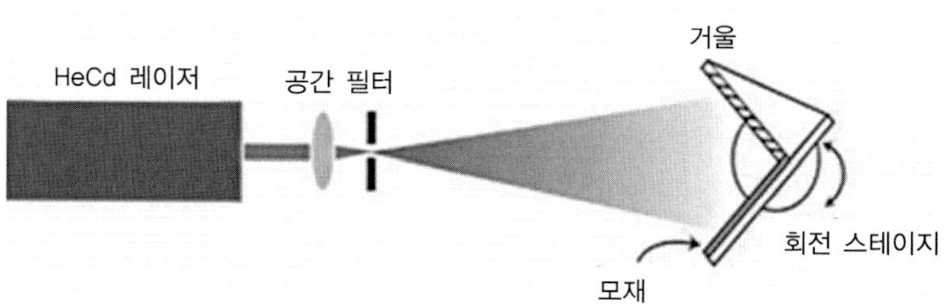

| 그림 6.5 | 간섭 리소그래피의 Lloyd 거울 구성[19]

광학 리소그래피에서 개구수는 일반적으로 0.5에서 0.6 사이의 값을 가진다. 이머전(immersion) 기술은 $n > 1$의 큰 개구수를 달성하는 간단한 방법을 제공한다. 이는 그림 6.6과 같이 투영 광학계와 기록 매체 사이에 액체(모든 액체는 1보다 큰 굴절률을 가진다)를 사용하여 달성할 수 있다[22, 23]. 일반적으로 상용화된 액체의 경우 1에서 1.6 사이의 굴절률을 가진다. 이 때 중요한 점은 높은 굴절률을 가지는 액체는 원하는 파장대에서 충분한 투과를 지니고 있어야 하며 이러한 요인이 액체의 굴절률이 2보다 훨씬 크게 되는 것을 방해한다.

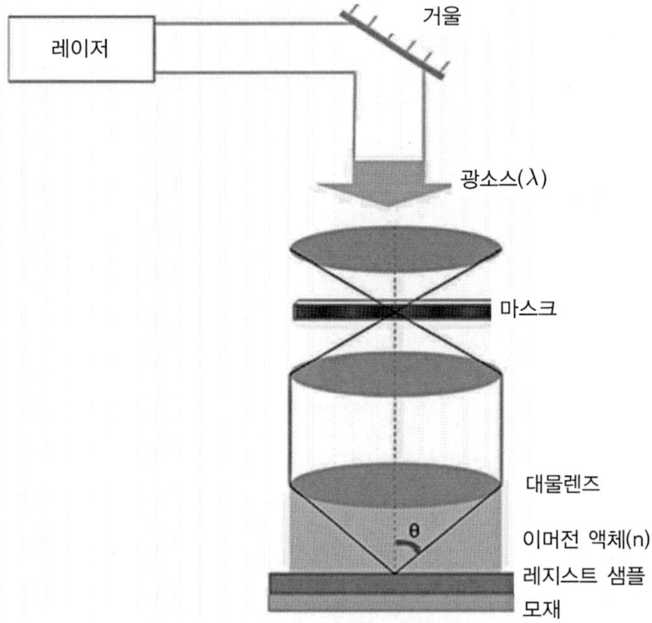

❙그림 6.6❙ 이머전 액체를 활용한 마스크 기반 투영 리소그래피 시스템의 개략도

일반적으로 고전적인 광 간섭 리소그래피 기술의 개념은 제한적인 회절이며 제작된 형상이 가질 수 있는 최소 크기 한계는 $\lambda/2$이고 여기서 λ는 광 파장이다[24,25]. 공기 중 또는 진공 중의 두 빔 간섭계의 경우, 패턴의 주기 (P)는 이전에 식 (2)로 표현되었다.

이머전 방법을 사용하면, 1보다 큰 굴절률을 가지는 액체를 차용하여 주기를 아래 식과 같이 단순화할 수 있다.

$$\mathrm{P} = \frac{\lambda}{2\mathrm{nsin}\theta} \tag{4}$$

그러나, 주변 매질의 굴절률을 변화시켜 개구수를 $\mathrm{NA} = n\sin\theta$과 같이 증가시키는 이머전 리소그래피의 개념을 이용함으로써 형상의 크기가 더욱 감소될 수 있다. 예를 들어 θ를 45°로 고정하고 증류수(n=1.33)를 매질로 활용하여 개구수를 0.707에서 1.01로 증가시킬 수 있다. 또한, $n=1.8$의 액체를 사용하면, 개구수는 1.27이 된다. 현재 이머전 간섭 리소그래피를 이용한 다양한 방법론들이 연구되어 왔다[18,20,26,27]. 문헌상에 대부분의 연구들은 극자외선(deep ultraviolet, DUV) 광원을 활용한 이머전 공정 개념의 구현을 연구해

왔다[20,23,26]. IBM 연구팀에 의해 개발된 시스템 중에 하나의 경우, 193 nm 파장의 빛을 진공 간섭계의 상부로 투영시켜 용융 실리카(silica) 격자에 의해 두 개의 빔으로 분리되는 시스템이다[28]. 이 빔은 두 개의 거울에 반사되고 용융 실리카 프리즘을 통과한 후에 웨이퍼 표면에 중첩된다. 이 장비 구성은 더 나은 해상도를 제공하지만 구현을 위해 극자외선을 활용한다는 점에서 매우 비싼 공정이다. 이와 더불어, 대부분의 구성은 빔 분할기, 거울 등과 같은 수많은 광학계 요소를 필요로 한다.

6.5 4–빔 간섭

간섭에 관련된 빔의 편광상태는 일반적으로 상의 명암에 큰 영향을 미친다. 따라서 두 빔의 간섭의 경우 편광의 주요 효과는 이미지의 명암을 변화시키는 것이다. 4-빔 간섭과 같은 다중 빔 간섭의 경우, 기존의 간섭계보다 복잡한 현상을 가지며 적절한 구현이 필요하다. 사각 대칭을 가지는 2차원 주기 강도 분포는 두 개의 수직 평면을 따라 동일하게 수렴하는 네 개의 가간섭성 평면파로 형성될 수 있다. 이러한 4-빔 간섭 구성의 실현을 위한 배열은 그림 6.7에 나타나 있다.

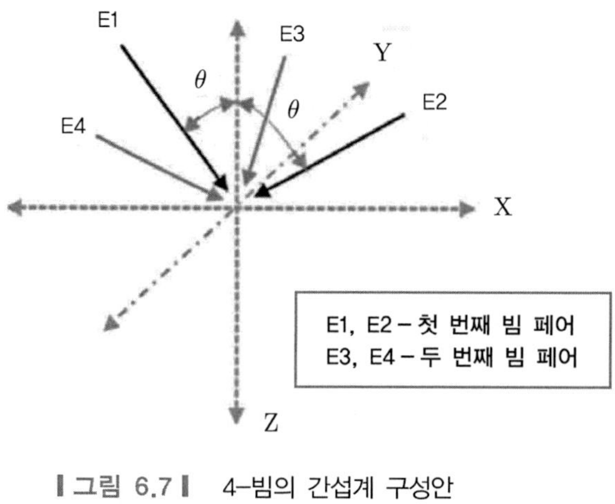

▎그림 6.7▎ 4–빔의 간섭계 구성안

6.6 제조 시스템 및 방법론

4-빔 및 5-빔 간섭 리소그래피에 대한 실험 구성은 그림 6.8에 나타나 있다.

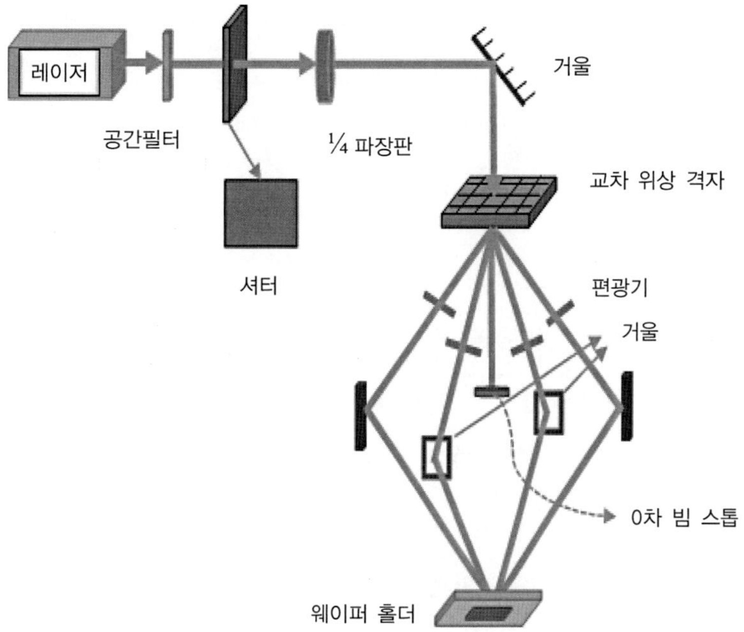

▎그림 6.8▎ 격자기반 다중빔 간섭 리소그래피용 실험 구성

공간적으로 필터(filter)된 364 nm 파장의 연속파 레이저 빔은 10 ms의 시간적 해상도를 가지며 전자 셔터(shutter)에 조사된다. ¼ 파장판은 레이저 빔을 원형 편광빔으로 변화시키는 셔터 뒤에 위치한다. 이렇게 원형 편광된 빔은 입력빔을 다중빔으로 회절시키는 자체 제작된 교차 격자(lbsen Photonics Pte Ltd)에 수직으로 조사된다. 교차 위상 격자는 네 개의 1차 빔과 한 개의 0차 빔을 생성하도록 설계되었다. 맞춤형으로 제작된 회전 마운트 상에 장착된 선형 편광기는 각 회절된 빔의 광학 경로상에 배치되어 s-편광빔 또는 p-편광빔을 생성한다. 0차 빔을 제거하여 4-빔 간섭계를 만들기 위해 하드 스톱(hard stop)을 선택적으로 도입하였다. 회절된 빔은 z축에 45 °가 되도록 조사되고 z축에 대해 35 °의 각도일 때 레지스트(resist)에 조사된다. 양성 레지스트가 코팅된 실리콘 웨이퍼 AZ 9260이 시료로 사용되었다. 1 ㎛ 두께의 레지스트층이 스핀 코팅 장비를 활용하여 4000 rpm의 속도로 30초 동안 코팅되었다. 노광

후 패턴 형상은 AZ400K 현상제에서 현상 후 증류수로 세척되었다. 제작된 형상의 관찰을 위해 필드 방출형 주사 전자 현미경(FESEM, Field Emission Scanning Electron Microscopy)을 사용하였다.

일반적으로 빔의 편광 상태 변화는 프린지(fringe) 패턴의 명암을 변화시킨다. 다시 말해 빔의 편광 상태는 기록 시 포토 레지스트 패턴 형상의 명암을 결정한다. 또한 편광 변화는 주기성 및 방향성의 변화를 유발한다.

6.7 초고속 레이저 가공

다양한 조사시간을 가지는 레이저가 요즘 3D 프린팅과 생산공정에 활용되고 있다. 일반적인 레이저와 비교하여 초단파 펄스 레이저는 가공 시 더 높은 정밀도를 구현할 수 있다[24-26].

이번 절에서는 상이한 조사 시간을 가지는 레이저 펄스가 재료 표면과 상호작용할 때 발생하는 서로 다른 물리현상과 상호작용에 관해 다룬다.

6.7.1 레이저 펄스 시간에 따른 제거 메커니즘

광자 에너지 전달은 느림, 중간, 빠름의 세 가지 다른 시간 체계를 통해 구분될 수 있다. 이러한 속도는 그림 6.9에 나타나 있는 것과 같이 레이저 펄스와 대상물이 상호작용하는 물리적 시간에 따라 분류될 수 있다. 레이저 펄스가 대상물에 조사될 때, 캐리어 여기, 열중성자화, 열적/구조적 변형이 순서대로 발생한다. 만약 펄스 지속시간이 수 ms보다 상대적으로 긴 시간이라면, 위의 세 가지 현상이 모두 발생한다. 그러나 펄스 지속시간이 짧아질수록 열적 및 구조적 변형이 적어진다[27-29].

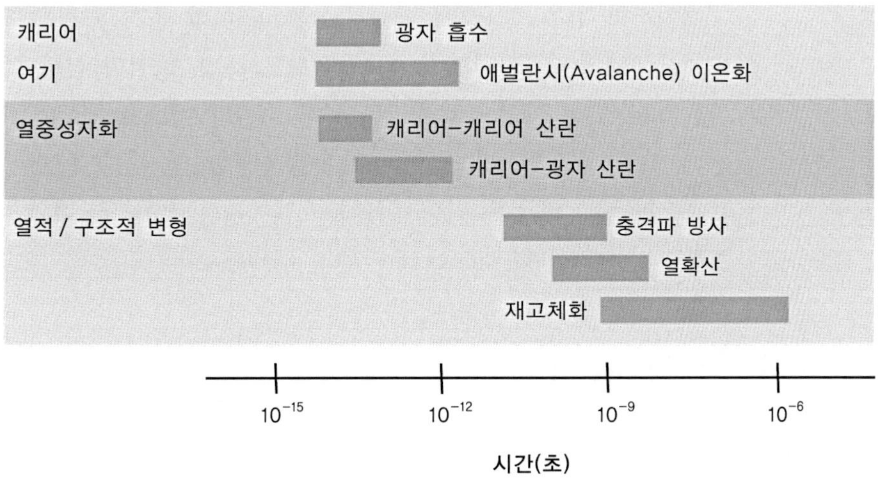

그림 6.9 다른 시간 척도에 따른 고체와 레이저 펄스와 상호작용

레이저 조사에 사용되는 시간 단위는 다음과 같다.

- 초 = 1 s
- 밀리초 = 1/1,000 s
- 마이크로초 = 1/1,000,000 s
- 나노초 = 1/1,000,000,000 s
- 피코초 = 1/1,000,000,000,000 s
- 펨토초 = 1/1,000,000,000,000,000 s
- 아토초 = 1/1,000,000,000,000,000,000 s
- 젭토초 = 1/1,000,000,000,000,000,000,000 s

나노초(ns) 이상의 시간 단위는 느린 영역으로 간주되며, 피코초(ps)와 나노초(ns) 사이의 시간 단위는 중간 영역, 피코초(ps) 이하의 시간 단위는 빠른 영역으로 간주된다. 연속파 레이저는 다이오드, HeNe, CO_2 및 Nd:YAG 레이저 등의 다양한 종류의 레이저가 있다. 이러한 레이저는 기본적으로 변조 펌프 소스 또는 외부 강도 변조기를 활용하여 펄스 모드로 작동할 수 있다. 도달 가능한 최소 펄스 지속 시간은 수 나노초의 수준이다. 나노초 보다 더 짧은 펄스 지속 시간의 경우, 내부공조 손실 또는 내부공조 게인이 변조되어야 하며 Q-스위치(Q-switching) 레이저가 이의 대표적인 예이다. 1피코초 이하의 초단파 레이저의 경우, 모드 록킹(mode-locking)이라 불리는 전용 위상 정렬 방식을 활용해야 한다. 커렌즈(Kerr lens) 모드 록킹, 비선형 편광 회전 및 포화 흡수 등의 다양한 모드 록킹을 활용하여 초단파 펨토초 레이저를 생성할 수 있으며, 고 해상도 3D 나노/마이크로 프린팅 및 생산제조 공정에 적용될 수 있다. 초단파 펄스 생성을 위해서 광대역 레이저를 지원하는 특수 게인 재료가 필요하다. 예를 들면, Ti:Sapphire 결정 Cr:Forsterite 결정 및 희토류 첨가 광섬유(Er, Yb, Tm, Ho fiber)등을 활용할 수 있다.

'제거'는 레이저의 에너지를 직접 흡수하여 재료를 제거하는 공정이다. 표 6.1에서 볼 수 있듯이 레이저 펄스 지속 시간에 따라 3D 프린팅과 생산제조 공정에서 어떤 물리적 현상이 적용되는지 결정된다. 제거 공정은 입사 펄스 지속시간에 따라 광열공정과 광화학공정으로 분류될 수 있다. 펄스가 열 이완 시간보다 긴 경우 광열공정이 우세하며, 반대의 경우에는 광화학공정이 우세하다. 초단파 펄스의 경우, 쿨롱(Coulomb) 폭발이 소재의 제거에 주요 메커니즘으로 작용한다. 이 경우, 펄스 지속시간이 매우 작기 때문에 레이저 에너지는 초미세 부피 영역에 국한되므로 주변으로의 열전도, 대류 및 복사를 통해서 효과적으로 전달될 수 없다. 이러한 초단파 펄스의 에너지 집중현상은 부가적으로 열영향부의 발생을 방지하며 고 해상도의 생산제조 공정을 가능하게 한다.

광열공정

- 열응력 발생, 기화 및 승화를 포함하는 메커니즘
- 더 많은 휘발성 물질의 제거를 통한 화학 성분의 변화
- 강도 높은 조사에서 비등에 의한 상 폭발 발생

광화학공정

- 분자의 직접적인 이온화
- 열 상변화, 직접적인 결합 파괴 및 전자 반발에 의한 폭발적인 격자 분해 발생
- 고분자, 제거 영역에서 직접적인 결합 분해 초래 및 작은 열 영향부(HAZ, Heat Affected Zone) 발생

[표 6.1] 다른 시간 척도에 따른 다른 물리적 현상

공정(시간)	물리적 현상	재료 변화
느림	열적 가역 광열 효과 열응력 발생	기화 파쇄
빠름	광화학 효과 광물리 효과	기화
매우 빠름	쿨롱 폭발 기계적 충격	기화 쿨롱 폭발

6.7.2 장 펄스 레이저 공정

연속파 또는 장 펄스 레이저가 대상물에 도달하면 선형 광흡수가 주로 발생한다. 대상물이 E_g의 밴드갭(Bandgap)을 가지고 있다면, 조사된 광자가 밴드갭 이상의 에너지를 가질 경우 흡수될 수 있다($h\nu > E_g$, 그림 6.10). 광자가 밴드갭 이하의 에너지를 가지고 있다면 흡수되지 않는다. 선형 흡수 영역에서 광자의 에너지는 파장에 관한 함수로 표현되며 따라서, 입력 빔의 파장이 전체 공정 효율이 결정한다. 그러므로 레이저 파장은 소재의 파장에 따른 에너지 흡수율을 고려하여 신중히 결정되어야 한다. 흡수된 에너지는 열전도, 대류 및 복사에 의해서 주변으로 전달된다. 과도한 열은 열영향부(HAZ), 미세 크랙 및 파편 등의 예기치 못한 부작용을 야기하게 된다.

장 펄스 제거(나노초 이상)

- 긴 펄스 지속 시간으로 인해 전자와 격자 사이의 열 평형이 단일 펄스 지속 시간보다 덜 형성됨
- 용융 및 기화에 의해서 소재 제거가 발생하고 온도 상승에 따른 소재의 상변화가 발생함
- 과도한 열에 의해 열영향부, 미세 크랙 및 파편 등이 발생함(그림 4.12)
- 레이저 절삭, 드릴링, 용접 및 열처리 등의 전통적인 레이저 가공법이 이 영역에 속하며, 열로 인한 가열이 주요 메커니즘으로 작용함

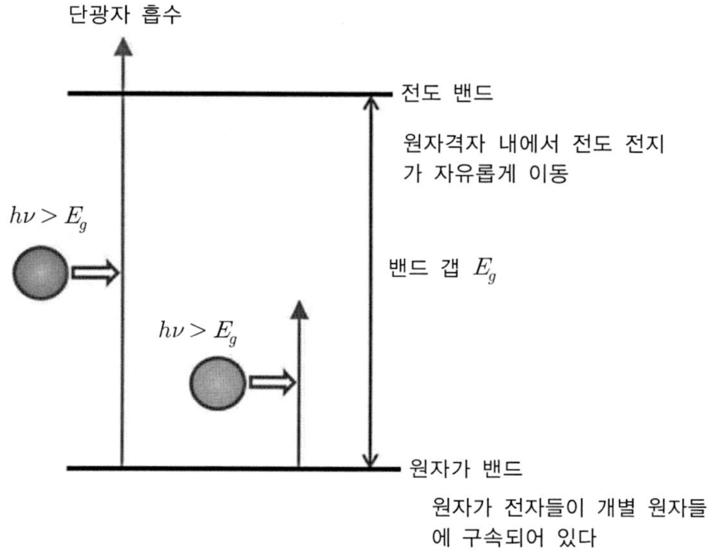

▌그림 6.10▐ 선형 흡수 영역에서 광에너지 흡수 공정

6.7.3 단 펄스 레이저 공정

피코초와 나노초 사이의 펄스 지속시간을 갖는 레이저가 대상물에 도달하였을 때 단 레이저 펄스 공정이 발생한다. 전자와 격자 사이에 훨씬 큰 동역학적 열 상호작용이 발생하며 단파 레이저 공정은 2-온도 모델(그림 6.11)로 설명될 수 있다. 열 확산 효과로 인해 여전히 열영향부가 존재하지만 장 펄스 레이저 공정에 비해서 그 영역이 상당히 작다.

2-온도 모델(그림 6.11)

(1) 펄스 조사 전, 전자와 격자는 정상상태이다.
(2) 광자 에너지 흡수에 의해 전자가 여기 상태가 되고 높은 전자의 에너지는 전자-격자 커플링 효과로 인해 격자로 전달된다.
(3) 격자의 온도가 상승한다.
(4) 격자가 기체 또는 플라즈마로 상변화를 일으킨다(예: 어블레이션).

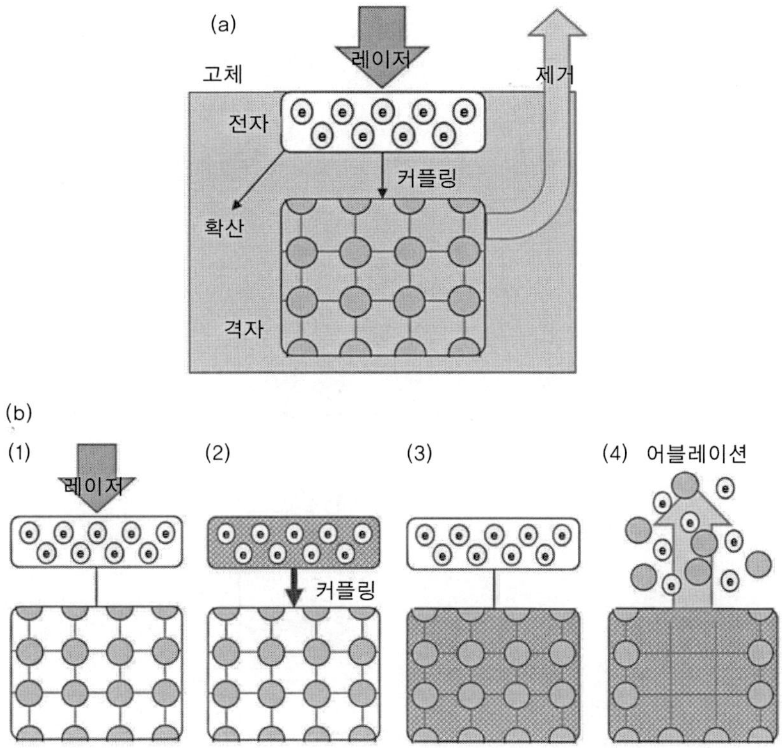

| 그림 6.11 | 단 펄스 레이저 공정 2- 온도모델 (a) 정의 및 기본 모델 (b) 레이저-소재 상호작용 공정: (1) 펄스 조사전, (2) 야기된 전자, (3) 전자-격자 커플링(coupling) 효과로 격자로 전달되는 에너지 및 (4) 단 펄스기반 제거

6.7.4 초단 펄스 레이저 공정

1피코초 이하의 초단파 레이저가 대상물에 도달하였을 경우 초단 펄스 레이저 공정이 이루어진다. 매우 짧은 펄스 지속 시간에 의해 전자와 격자사이의 열교환은 발생하지 않는다. 따라서 광자에너지는 전자 내에 가두어지고 주변으로 확산되지 않는다. 에너지가 특성 임계점을 넘어설 경우, 전자는 소재로부터 이온화되어 튀어나오며, 이것을 쿨롱 폭발이라고 한다. 이 공정은 유체 역학적 운동 또한 유체 역학을 포함하지 않고 고체에서 기체로의 직접적인 변환을 기반으로 한다. 따라서 열을 이용하지 않는 제거공정이 발생하며 열영향부, 미세 크랙 및 파편의 생성을 피할 수 있다(그림 4.13).

열전달 이외에, 초단파 펄스 레이저 공정의 또 다른 중요한 메커니즘은 비선형적 흡수이다. 선형적 흡수와 다르게 비선형적 흡수는 입사되는 레이저의 빔의 파장과 피크 강도에 함수이다. 그러므로 비선형적 흡수 영역에서는 소재의 밴드갭 보다 긴 파장과 연관된 낮은 광자 에너지도 재료에 흡수가 가능하다(그림 6.12). 따라서 초단파 펄스 레이저 공정은 소재의 밴드갭과 관계없이 모든 소재에 적용이 가능하며 기존의 레이저로 가공이 불가능한 소재에도 적용이 가능하다.

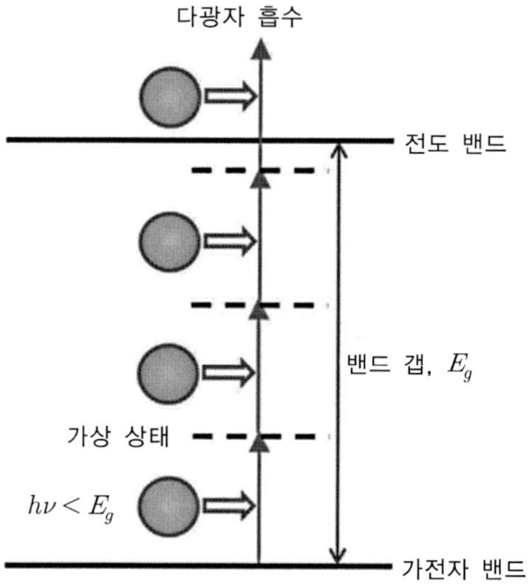

▎그림 6.12 ▎ 초단파 펄스 레이저 경우 레이저–소재 상호작용

초단파 펄스 레이저 공정의 장점과 적용분야는 다음과 같이 정리할 수 있다.

단파 레이저 공정의 장점

- 높은 정밀도(고해상도)
- 비열적(Non-thermal) 공정
- 열영향부 생성 억제
- 플라즈마 보호막 불필요
- 마이크로/나노 형상 제조
- 2-광자 중합
- 다중광자 흡수
- 내부 구조 개질

초단파 펄스 레이저 공정 적용 분야

- 직접적인 레이저 리소그래피
  마스크와 반복적인 화학적 에칭작업 없이 고해상도의 패터닝 구현 가능하다.

- 웨이퍼 다이싱(wafer dicing), 스텔스 다이싱(stealth dicing)
  반도체, 디스플레이 제품 및 태양전지에 적용되는 전통적인 레이저 다이싱 공정은 표면 오염, 열영향부 발생, 파편 발생 및 물성 변화 등의 잔류열 효과의 문제가 있지만 초고속 레이저 가공은 이러한 열적인 문제 없이 깔끔한 가공이 가능하다.

- 비아(Via) 홀 드릴링
  반도체 및 PCB 산업은 웨이퍼 또는 회로 보드를 적층하여 다층 구조를 제작하는 방향으로 변화하고 있으며 층간 연결은 가장 핵심적인 문제 중 하나로 떠오르고 있으나, 초고속 고해상도 레이저 공정을 통해 해결 가능하다.

- 평면 패널 디스플레이 제작(FPD)
  평면 패널 디스플레이 셀 내부의 결함은 초고속 레이저 공정을 통해 복구 가능하며 유기 LED(OLED) 등의 유기물질의 비열적(non-thermal) 초고속 가공은 열에 민감한 유기물질의 특성상 그 중요성이 증대되고 있다.

- 미세유체 채널 제작
  비선형 흡수의 특성 때문에 마이크로 수준의 크기를 갖는 마이크로 유체 내부 채널을 반복적인 리소그래피 공정 없이 제작이 가능하다.

- 광 도파로 제작
  초고속 레이저 공정을 통해 투명 물질의 굴절률을 바꾸고 광섬유와 같은 고굴절 영역 내부에서 광파를 안내할 수 있다.

6.8 요약

이번 장에서는 간섭계 기본 원리, 2-빔, 4-빔 및 5-빔 간섭을 활용한 2D, 3D 패터닝 공정에 대해서 기초부터 실제 적용 분야의 관점까지 다루어 보았다. 4-빔 간섭(빔이 두 개의 직교 평면에 일정 각으로 수렴되는 경우)에 대한 다양한 경우의 강도 분포 및 상세한 분석이 서로 다른 편광 조합에 대해 수행되었다. 이 장에서 설명하는 개념을 활용하여 다양한 모재상에 2D 또는 3D 구조물을 적합한 파장과 소재 조합을 통해 구현할 수 있다. 또한 레이저 간섭 묘화 방식을 통해 다른 결정 격자 구조를 제작할 수 있는 기회가 될 수 있다. 이 장에서 언급된 광범위한 참고문헌들은 연구자들에게 우수한 자료를 제공할 것이다.

문제 >>

1. 개략도를 참고하여 2-빔 레이저 간섭계의 작동원리를 간략히 설명하시오.

2. 두 개의 파장이 간섭을 일으키기 위한 다양한 조건들을 서술하시오.

3. 간섭계의 원리는 무엇인가?

4. 패터닝 해상도가 광학 리소그래피 시스템의 빛 파장과 개구수에 어떻게 연관되어 있는지 간략히 서술하시오.

5. 개략도를 활용하여 마스크 기반의 이머전 리소그래피 시스템의 작동 원리에 대해 간략히 서술하시오.

6. 레이저 간섭을 이용한 패터닝에서 광자 빔의 편광이 어떤 영향을 미치는지 서술하시오.

7. 다중 빔 간섭 시스템을 이용한 패터닝에서 위상 격자의 역할에 대해 서술하시오.

8. 다중 빔 간섭 패터닝 공정의 광학계를 그리고 각각의 구성을 표기하시오.

9. 광열효과와 광화학효과의 차이점에 대해 서술하시오.

10. 연속파 및 장 펄스 레이저 가공에서 열 효과를 명확히 설명하시오.

11. 2-온도 모델을 활용하여 단 펄스 레이저 가공에 대해 설명하시오.

12. 초단파 레이저 공정의 장점 다섯 개 목록을 작성하시오.

13. 초단파 레이저 공정의 적용 분야 다섯 개 목록을 작성하시오.

참고문헌 >>

[1] J. P. Silverman, Challenges and progress in x-ray lithography, (Silverman, 1998) Journal of Vacuum Science and Technology B 16, 3137–3141 (1998).

[2] E. Toyota, and M. Washio, Extendibility of proximity x-ray lithography to 25 nm and below, (AVS, Anaheim, California (USA), 2002), pp. 2979–2983.

[3] A. Tseng, A. Notargiacomo, and T. P. Chen, Nanofabrication by scanning probe microscope lithography: A review, Journal of Vacuum Science & Technology B: Microelectronics and Nanometer Structures 23, 877–894 (2005).

[4] D. S. Ginger, H. Zhang, and C. A. Mirkin, The Evolution of Dip-Pen Nanolithography, Angewandte Chemie International Edition 43, 30–45 (2004).

[5] R. D. Piner, J. Zhu, F. Xu, S. Hong, and C. A. Mirkin, "Dip-Pen" Nanolithography, Science 283, 661–663 (1999).

[6] S.R. J. Brueck. Optical and Interferometric Lithography—Nanote chnology Enablers, Proceedings of the IEEE, 93, 1704–1721 (2005)

[7] R. C. F. J.M. Carter, T.A. Savas, M.E. Walsh, and T.B. O'Reilly (M.L. Schattenburg and H.I. Smith), Interference Lithography, in Submicron and Nanometer Structures, (MTL Annual Report, 2003), 186–188.

[8] J. de Boor, D. S. Kim, and V. Schmidt, Sub-50 nm patterning by immersion interference lithography using a Littrow prism as a Lloyd's interferometer, Opt. Lett. 35, 3450–3452 (2010).

[9] Byun, and J. Kim, Cost-effective laser interference lithography using a 405 nm AlInGaN semiconductor laser, Journal of Micromechanics and Microengineering 20, 055024 (2010).

[10] S. Owa, and H. Nagasaka, Advantage and feasibility of immersion lithography, Journal of Microlithography, Microfabrication, and Micro systems 3, 97–103 (2004).

[11] Hoffnagle, Liquid immersion deep-ultraviolet interferometric lithography, J. Vac. Sci. Technol. B 17, 3306 (1999).

[12] A.N. Boto, P. Kok, D. S. Abrams, S. L. Braunstein, C. P. Williams, and J. P. Dowling, Quantum Interferometric Optical Lithography: Exploiting Entanglement to Beat the Diffraction Limit, Physical Review Letters 85, 2733–2736 (2000).

[13] S. Okazaki, Resolution limits of optical lithography, J. Vac. Sci. Technol. B 9, 2829–2833 (1991).

[14] T. M. Bloomstein, M. F. Marchant, S. Deneault, D. E. Hardy, and M. Rothschild, 22-nm immersion interference lithography, Opt. Express 14, 6434–6443 (2006).

[15] R. Dammel, F. M. Houlihan, R. Sakamuri, D. Rentkiewicz, and A. Romano, 193 nm Immersion Lithography—Taking The Plunge, Journal of Photopolymer Science and Technology 17, 587–601 (2004).

[16] H. C. Pfeiffer, R. S. Dhaliwal, S. D. Golladay, S. K. Doran, and M. S. Gordon, Projection reduction exposure with variable axis immersion lenses: Next generation lithography, J. Vac. Sci. Technol. B 17, 2840–2846 (1999).

[17] Nanophotonics: Accessibility and Applicability by Committee on Nano photonics Accessibility and Applicability, pp1, (The National Academies Press, Washington DC,2008).

[18] R. Sidharthan, F. Chollet, V.M. Murukeshan, Periodic patterning using multi-facet prism based laser interference lithography, Laser Physics, 19 (3), 505–510, (2009).

[19] J. Chua and V. Murukeshan, Patterning of two-dimensional nanoscale features using grating-based multiple beams interference lithography, Physica Scripta 80(1), 015401 (2009).

[20] J.K. Chua and V. M. Murukeshan, UV laser-assisted multiple evanescent waves lithography for near-field nanopatterning, Micro & Nano Letters 4(4), 210–214 (2009).

[21] J. K. Chua, V. M. Murukeshan, S. K. Tan, Q. Y. Lin, Four beams

evanescent waves interference lithography for patterning of two dimensional features, Optics Express 15(6), 3437–3451 (2007).

[22] R. Sidharthan. & V. M. Murukeshan. Nano-scale patterning using pyramidal prism based wavefront interference lithography, Physics Procedia 19, 416–421 (2011).

[23] R. Sidharthan., V. M. Murukeshan., Pattern definition employing prism-based deep ultraviolet lithography, Micro and Nano Letters 6(3), 109–112 (2011).

[24] Meijer, J., Du, K., Gillner, A., Hoffmann, D., Kovalenko, V. S., Masuzawa, T., ... & Schulz, W. (2002). Laser machining by short and ultrashort pulses, state of the art and new opportunities in the age of the photons. CIRP Annals-Manufacturing Technology, 51(2), 531–550.

[25] Cerami, L., Mazur, E., Nolte, S., & Schaffer, C. B. (2013). Femtosecond laser micromachining. In Ultrafast nonlinear optics (pp. 287–321). Springer International Publishing.

[26] Gattass, R. R., & Mazur, E. (2008). Femtosecond laser micromachining in transparent materials. Nature Photonics, 2(4), 219–225.

[27] Della Valle, G., Osellame, R., & Laporta, P. (2008). Micromachining of photonic devices by femtosecond laser pulses. Journal of Optics A: Pure and Applied Optics, 11(1), 013001.

[28] Liu, X., Du, D., & Mourou, G. (1997). Laser ablation and microma chining with ultrashort laser pulses. IEEE Journal of Quantum Electro nics, 33(10), 1706–1716.

[29] Perry, M. D., Stuart, B. C., Banks, P. S., Feit, M. D., Yanovsky, V., & Rubenchik, A. M. (1999). Ultrashort-pulse laser machining of dielec tric materials. Journal of Applied Physics, 85(9), 6803–6810.

CHAPTER

07 레이저 안전과 위험

레이저 기반의 3D 프린팅 및 제조는 용융, 증발 또는 플라즈마 상태로의 직접 변화와 같은 재료의 상태를 변화하는데 요구되는 특정 임계값을 초과하는 고출력 레이저를 사용한다. 이러한 고출력 레이저들은 직접적 혹은 간접적인 노출로 인해 피부나 눈의 망막을 태울 수 있을 만큼 매우 위험하다. 레이저의 부상 위험을 제어하기 위해서, 레이저의 판매와 사용은 전원 및 파장에 따라 의거한 정부 규정의 적용을 받는다. 이러한 규제들에는 레이저에 특정 경고를 부착하는 방법과 레이저를 운용할 때 적절한 보호 안경을 선택하는 방법 등이 규정되어 있다. 이번 장에서는 위험 요소를 최소화하기 위하여 레이저를 사용하고 운용하는데 있어서 안전 설계와 적절한 사용 및 실행에 대한 주제를 다룬다.

7.1 서론

레이저는 시간과 공간상에서 가간섭성(cohrence)을 지닌 광원이다[1,2]. 시간 영역에서의 높은 가간섭성은 레이저의 광학 위상이 파면을 따라 잘 정렬되어 보강간섭이 쉽게 이뤄질 수 있음을 의미한다. 높은 가간섭성 때문에, 아토초(10^{-18}s) 펄스와 같은 높은 피크 출력을 지닌 모드 동기(mode-locking)된 초단 펄스를 발생시킬 수 있으며, 이것은 기존의 백색 광원에서는 생성될 수 없다[3-5]. 공간 영역에서의 레이저의 높은 가간섭성(cohrent)은 장거리에서도 무시할 수 있는 만큼의 높은 방향성과 낮은 발산각을 얻을 수 있다. 미래의 우주 프로젝트(LISA: Laser Interferometry Space Antenna Project)에 대하여, 잘 설계된 망원경 시스템은 5,000,000 km에 걸쳐 레이저 광선을 전송하도록 설계되었으며, 시공간에서 중력파 유도 변형을 탐지한다. 따라서 높은 가간섭성(cohrent)을 갖는 레이저는 3D 프린팅을 포함한 다양한 레이저 응용기술에 매우 유용하게 사용된다. 그러나 레이저가 적절하게 설계되지 않거나 적절히 사용되지 않는다면 이러한 높은 가간섭성(cohrent)은 중요한 안전 문제를 일으킬 수 있다. 시간 영역에서, 초단 펄스의 높은 피크 출력은 순간적인 세계 전력 소비에 해당하는 테라 와트(TW, 10^{12} W)까지 도달 할 수 있다. 공간 도메인에서, 레이저 광은 직경이 500 nm 보다 작은 점에 집속할 수 있다. 만약 강렬한 펄스 레이저 광이(대부분) 금속이나 투명한 유리에 집중되는 경우에는, 재료는 액체 상태로 직접 용해되거나 플라즈마 상태로 제거될 수 있다. 사람의 눈이나 피부도 예외는 아니다. 그러므로 레이저의 위험에 노출되는 것을 예방하기 위해서, 이번 장에서는 레이저 기반의 3D 프린팅을 위한 기본적인 레이저 위험, 안전 규정, 안전 보안경과 다른 예방 정보를 기술한다[6-14].

7.2 레이저의 기본적 위험 요소

레이저는 두 가지 대표적인 메커니즘인 광열(photo-thermal) 광화학적(photo-che mical) 상호 작용에 의해 눈과 피부의 생물학적 조직에 손상을 줄 수 있다(그림 7.1) [15-19]. 광열 손상은 부상의 주요인이다. 눈이나 피부가 레이저에 노출되었을 때, 피부 조직은 단백질이 변성될 수 있는 온도까지 가열된다. 심지어 일반적인 출력의 레이저에도 수정체가 초점을 맞추어 광열 효과에 의해 눈 안의 망막에 손상을 입힐 수 있다.

광화학적 손상은 레이저 빛에 의해 피부가 노출될 때, 조직 내 화학적 반응에 의해 발생된다. 높은 광자 에너지 때문에, 짧은 파장의 빛(파란색 또는 자외선)은 광-화학적 손상을 쉽게 발생시킬 수 있다. 눈과 피부에 대한 파장에 따른 대표적인 병리학적 영향은 표 7.1에 기술되어 있다[20,21]. 초단 근적외선 레이저 펄스는 다중 광자 흡수 과정을 통해 광화학적 손상을 유발할 수 있다. 레이저 위험의 다른 예로서 폭발적 비등과 감전이나 예기치 못한 증발 물질의 흡입 등이 있다.

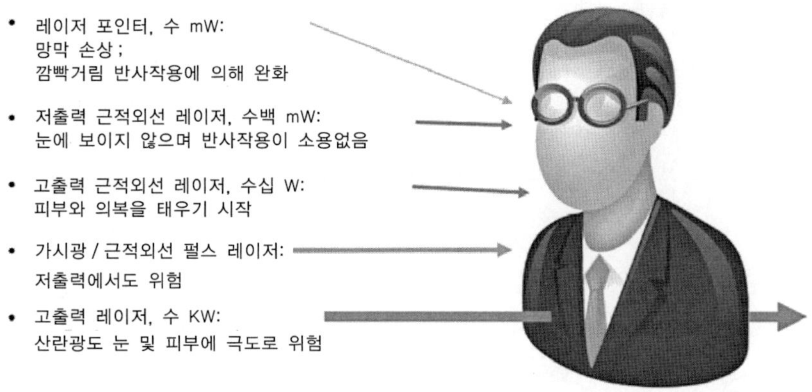

▌그림 7.1▐ 입사 레이저 출력 수준에 따른 레이저 안전 이슈

[표 7.1] 입사 레이저 출력 수준에 따른 레이저 안전 문제

파장의 범위	병리적 현상	
	눈	피부
200-280 nm (UV-C)	광 각막염 (각막의 염증, 일광 화상과 동등)	홍진(sunburn) 피부암 피부 노화 가속화
280-315 nm (UV-B)	광 각막염	증가 된 색소 침착
315-400 nm (UV-A)	광화학적 백내장	피부 색소 침착 피부 화상
400-780 nm (Visible)	망막에 대한 광화학적 손상과 열 망막 손상	피부 색소 침착 광화학 반응 피부 화상
780-1400 nm (IR-A)	백내장과 망막화상	피부 화상
1.4-3.0 ㎛ (IR-B)	각막화상, 방수 흐림 (수양액 단백질), 백내장	피부 화상
3.0-1000 ㎛ (IR-C)	각막화상	피부 화상

레이저 광에 대한 사람 눈의 파장별 감도와 강도에 따른 반응은 레이저 안전에서 중요한 문제다. 우리의 눈이 380 nm보다 짧은 자외선 파장과 800 nm 보다 긴 적외선 파장을 감지할 수 없기 때문에, 레이저 위험의 가능성으로 부터 우리 스스로의 안전을 지킨다는 것은 쉽지 않는 일이다. 태양광의 조건에서, 평균의 정상적인 사람 눈은 그림 7.2에서 보는 바와 같이 다른 파장의 빛과 비교하여 555 nm의 파장을 갖는 녹색 빛에 가장 민감하다. 490 nm에서 사람의 눈의 파장별 감도는 555 nm에서의 감도의 약 20 %이기 때문에, 만약

490 nm와 555 nm의 레이저가 인간의 눈에 동일한 강도로 들어오면 555 nm에서의 출력은 490 nm에서 보다 5배 더 강한 영향을 준다. 3D 프린팅에 널리 사용되는 세 가지의 대표적인 레이저 파장이 있다.

고분자, 금속 및 세라믹 재료용 UV 레이저(예: 355 nm), 금속용 가시광선 레이저(예: 532 nm), 고분자 용 적외선 레이저(예: 10.6 ㎛), 인간의 눈과 같이(인간의 눈과 비슷한 스펙트럼 감도를 갖도록 설계된) 기존의 CCD 또는 CMOS 카메라가 적외선 또는 자외선 레이저를 감지할 수 없다. 이것은 자외선 출력이 실제 보이는 출력보다 훨씬 더 강하지만 우리가 3D 프린팅 시 파란색이나 초록색 빛을 관측하는 이유이다. 따라서 3D 프린팅에서 레이저 안전을 위해서는 인간 눈의 반응 영역과 같은 카메라나 광 검출기의 사용을 안전 설계 과정에서 신중하게 고려해야한다. IR / UV 광의 가시화 카메라나 감광 카드는 빔 경로와 차단기를 초기에 설치하는데 유용하다.

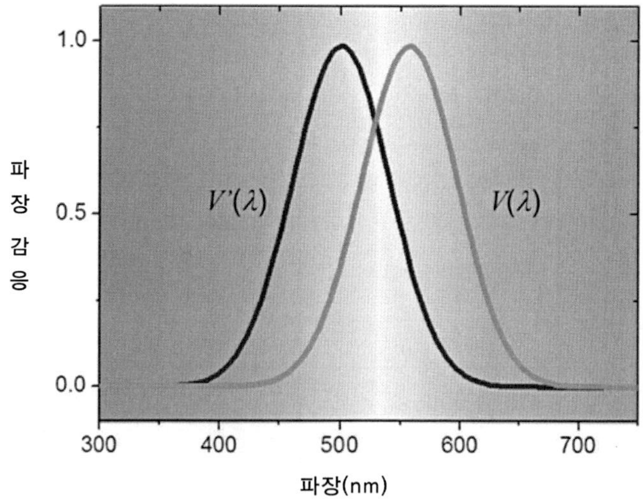

▌그림 7.2▐ 파장 감응 함수, 명소시 $V(\lambda)$와 암소시 $V'(\lambda)$

7.2.1 빔과 관련된 위험

레이저 빔에 대한 직접적인 노출은 눈과 피부의 손상을 야기할 수 있다. 레이저 빔의 공간적 가간섭성(cohrent) 때문에 장거리를 전파한 후에도 높은 강도를 유지하여 레이저 빔은 위험하다. 심지어 중간 출력의 레이저가 눈에 조사될 경우 수정체에 의해 망막에 작은 점으로 초점이 맞추어지고 그로 인하여 레이저 빔은 짧은 시간 내에 망막에 심각한 영구적 손상을 입힐 수 있다. 피부는 눈보다는 레이저에 덜 민감하지만, 자외선에 과도한 노출은 짧은 피부 화상과 유사한 장단기적인 광화학적 손상을 유발할 수 있다. 열적 손상 메커니즘 때문에 가시광선과 적외선 파장은 인체에 매우 유해하다.

안구 손상

만약 레이저 빔이 우연히 눈으로 들어간다면 빔은 각막, 수양액, 홍채, 수정체, 유리체를 지나 최종적으로 망막에 다다른다(그림 7.3). 파장에 따라 안구의 각 부분이 서로 다른 흡수율, 투과율, 반사율을 가지고 있기 때문에, 상해 정도 또한 입사되는 파장에 의해 결정된다. 각막과 수정체는 자외선 빛을 흡수하기 때문에, 상해는 주로 눈의 앞부분에서 일어난다. 그러므로 자외선의 경우 적은 양이 망막에 도달하기 때문에, 상대적인 손상은 적다. 가시광선과 근적외선(IR-A) 빛은 적은 손실로 각막, 수양액, 홍채, 수정체, 유리체를 지날 수 있어서, 이러한 파장은 주로 망막에 영향을 미친다.

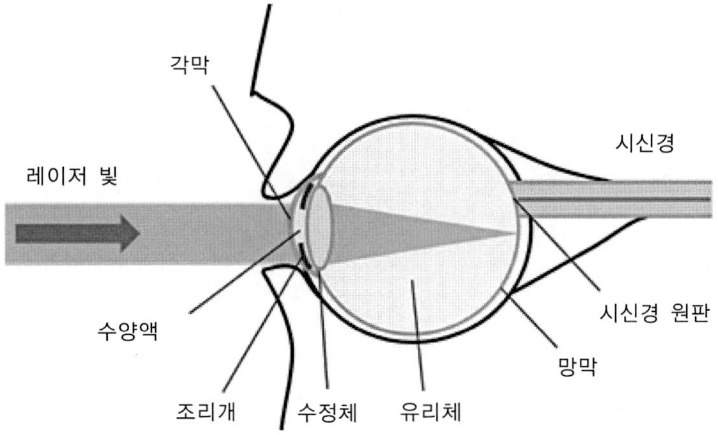

그림 7.3 레이저 입사에 대한 인간의 눈의 반응: 레이저의 눈에 대한 상해

망막의 치명적인 손상 메커니즘은 눈의 초점을 맞추는 구조 때문에 발생한다. 눈은 망막으로 들어오는 가시광선과 근적외선 빛에 초점을 맞추기 때문에, 레이저 빔은 눈 입구에서 들어오는 것 보다 망막에서 200,000 배까지 높은 강도로 집중된다. 결과적으로, 저출력의 레이저도 망막에 심각한 영구적인 손상을 줄 수 있다. 중적외선 및 원적외선 레이저 빔(IR-B, IR-C)은 자외선과 비슷한 거동을 보인다. 적외선 B와 C는 주로 각막과 수정체에 주로 흡수되므로

눈의 앞쪽에 손상을 남기고 망막에 미치는 영향은 무시할 수 있다.

자외선은 주로 눈 앞쪽에 흡수되어 진다. 수정체는 400 nm보다 짧은 파장의 자외선을 강하게 흡수하는 반면에 망막은 300 nm보다 짧은 파장을 흡수한다(그림 7.4와 7.5). 수양액은 300 ~ 450 nm 사이의 파장을 5 % 이하로 약하게 흡수한다. 자외선에 의한, 피해는 광화학적 손상이 지배적이다. 심지어 자외선 램프와 같은 상대적으로 낮은 출력 수준에서도 광화학적 손상이 발생한다. 화학작용이 자외선램프에 의해 유발되어지고 축적되기 때문에 강렬한 자외선 레이저는 눈의 수정체에서 광 각막염과 백내장뿐만 아니라 각막염 섬광 화상을 야기할 수 있다.

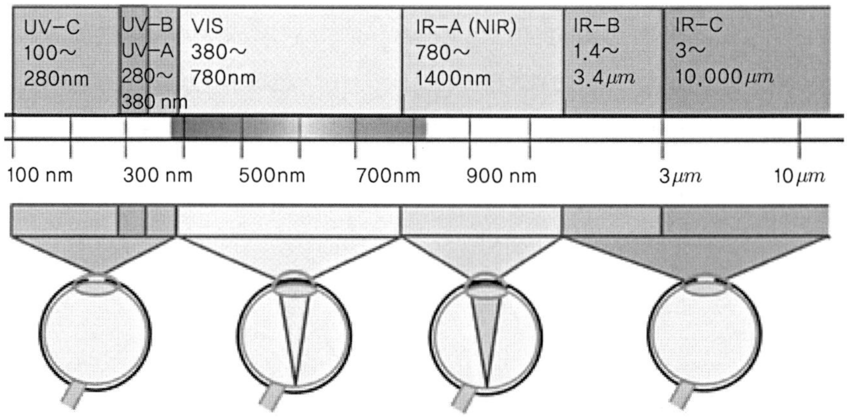

| 그림 7.4 | 사람의 안구에서 망막까지 빛의 파장별 투과량

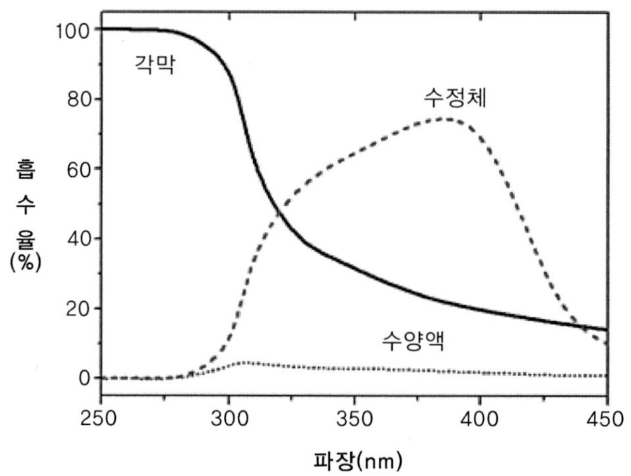

| 그림 7.5 | 사람의 안구의 전면부에서 빛의 파장별 흡수율(각막, 수정체, 수양액)

400 ~ 1400 nm 사이의 가시광선과 근적외선 파장은 각막, 수양액, 수정체 유리체에 높은 투과율을 가진다. 그래서 가시광선과 근적외선 범위의 레이저 빔은 눈 앞쪽 부분과 안구를 관통하고, 망막에 집중되며 망막을 가열한다(그림 7.6). 망막 근처의 색소 상피에서 멜라닌 색소가 빛을 흡수하여 열로 변환하기 때문에, 중출력의 레이저도 일시적인 온도 상승을 일으킬 수 있다. 단 10 ℃의 온도 상승만으로도 망막의 광 수용체 세포에 손상을 줄 수 있다. 레이저가 평균적으로 강한 출력을 가지거나 펄스 모드에서 높은 피크 출력을 지닌 경우 망막은 매우 짧은 노출 시간, 즉 몇 분의 1초 이내에도 영구적으로 피해를 입을 수 있다. 가시광선과 근적외선 파장의 경우, 눈 깜빡거림 동작이 저출력 레이저에 노출되었을 때 망막의 손상을 방지하는데 도움이 되지만 고출력 또는 펄스 레이저에서는 도움이 되지 못한다.

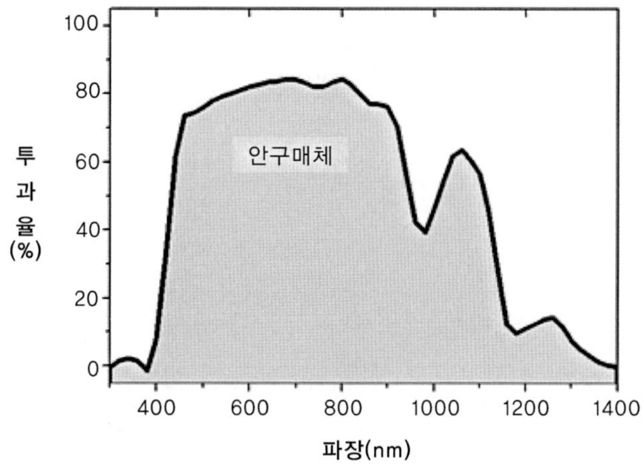

▍그림 7.6 ▍ 사람 안구의 빛의 파장별 투과율

우리 몸의 보호적인 반사 신경이 적외선 빛에 반응하지 못하기 때문에 적외선(적외선 B, 적외선 C) 레이저는 특히 위험하다. Nd:YAG, Yb-광섬유, Tm-광섬유, CO_2 등과 같이 다양한 유형의 고출력 적외선 레이저가 3D 프린팅에 쓰이는데 사용자는 시력에 통증이나 즉각적인 손상이 없기 때문에 레이저 빔에 대한 피폭을 인지하지 못할 수 있다. 안구에서 발생하는 작은 소리가 망막 손상의 유일한 징후일 수 있다. 따라서 사용자가 장시간 적외선 레이저에 노출되기는 매우 쉽다. 망막이 100 ℃ 이상의 온도로 가열되면, 영구적인 맹점이 국부적인 폭발성 비등이나 직접적인 절개에 의해 생성된다. 3 ㎛와 10 ㎛ 부근의

적외선 파장은 각막 내에서 강력하게 분자에 흡수되며, 각막의 손상을 발생시킨다. 적외선 레이저에 의해 발생하는 피해 대부분은 가열 과정에 의해 발생되며, 조직이 먼저 가열된 후 변성단백질이 발생한다.

고출력 펄스 레이저의 경우, 재료의 흡수특성은 보통 출력의 레이저의 특성과는 완전히 다르다. 비록 재료가 특정 파장 범위에서 투명하지만, 고출력 레이저 펄스는 비선형 흡수 과정을 통해 대부분의 재료에 흡수될 수 있다. 따라서, 각막, 수양액, 수정체에서 원래 투과하던 가시광선과 근적외선이 비선형적 흡수를 통해 눈 앞쪽에서 흡수될 수 있다. 이것이 레이저 기반 안구 수술과 시력 교정이 수행되는 방법이다. 1μs보다 짧은 펄스 레이저는 온도를 급격히 상승시켜, 폭발적인 물의 비등을 초래한다. 폭발에 의한 충격파는 그 이후 폭발 지점으로부터의 상대적으로 떨어진 곳에서 손상을 야기할 수 있다. 따라서 눈이 손상 없이 견딜 수 있는 빛의 양은 파장, 강도, 펄스 지속시간 등 여러 상황에 따라 달라진다. 그래서 주어진 환경에 대해 안전한 피폭 한도를 계산한 최대 피폭 허용치와 최대 허용 에너지와 같은 세부 규칙들이 있다. 최대 허용 에너지(MPE) 계산과 적절한 레이저 보호 보안경에 대한 규칙들은 다음 절에서 개별적으로 다룰 것이다.

피부 손상

레이저 방사는 피부에 극심한 피해를 야기할 수 있다. 눈의 기능적 손실이 좀 더 심각하다고 생각되기 때문에 피부 손상은 눈 손상보다는 상대적으로 덜 심각하다고 여기게 된다. 피부와 눈의 손상 임계값은 초점이 맞춰진 망막 영역을 제외하고는 비슷하다. 예를 들어, 적외선(적외선 B, 적외선 C)과 자외선 파장에서 빔이 망막에 맺히지 않는 곳에서의 피부 손상 임계값은 각막염 손상 임계값과 비슷하다(그림 7.7). 피부의 넓은 면적을 고려할 때, 피부 손상 가능성은 눈의 노출보다 크다.

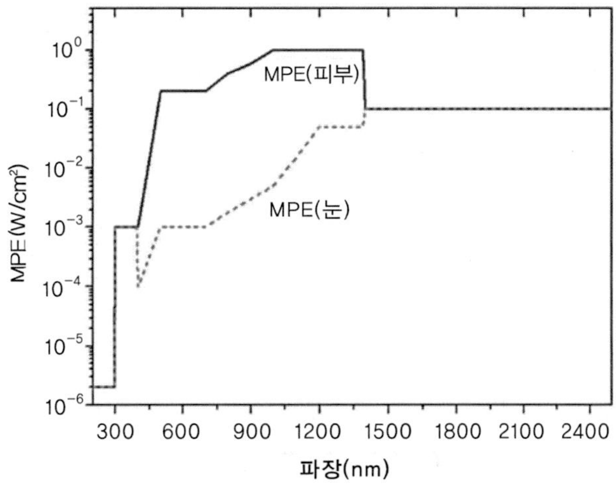

그림 7.7 눈과 피부의 파장별 최대 허용 에너지 (MPE) (ANSI Z 136.1-2007)
UV와 IR 영역에서 피부 손상의 수준은 눈 손상 수준과 비슷

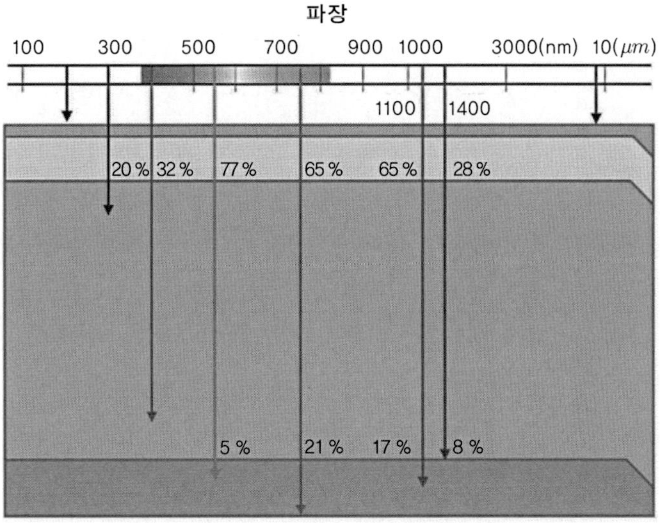

그림 7.8 레이저의 파장별 피부 투과율

레이저 피부 위험에서, 피부 조직 층은 일반적으로 표피, 진피, 피하조직세포 층으로 나눠 고려한다. 표피는 10 ~ 20 ㎛의 두께를 가진 각질층 아래에 있는 피부의 최외각 층이다. 표피의 두께는 피부의 형태에 따라 50 ~ 1.5 mm 사이로 다양하다(가장 얇은 곳: 눈꺼풀, 가장 두꺼운 곳: 발바닥). 표피는 미생물 병원균, 자외선 손상, 화학 물질로부터 신체를 보호하는 장벽 역할을 하고 또한 멜라닌 양과 분포에 따라 피부색을 결정한다. 그림 7.8과 같이 대부분의 가시

광선과 근적외선 빛은 각질층을 통과하면서 감쇠를 겪은 후에 표피에 도달한다. 적외선(적외선 B, 적외선 C)과 자외선은 각질층에서 강하게 흡수되어지기 때문에, 표피에 미치는 영향은 가시광선과 근적외선에 비해 훨씬 적다. 진피는 표피와 피하조직 사이의 피부 층이다. 진피는 콜라겐, 탄성 섬유, 여분 섬유 모체 등의 결합 조직을 구성하고 외부의 응력과 변형으로부터 몸을 보호한다. 또한 혈관, 신경세포, 접촉 감각을 제공하는 자극 수용체, 열적 감각을 제공하는 열 수용체를 포함한다. 진피는 표피와 마찬가지로 위치에 따라 두께가 다양하다(가장 얇은 곳: 눈꺼풀 0.3 mm, 가장 두꺼운 곳: 등 3.0 mm). 각질층과 표피를 통해 지나는 가시광선과 근 적외선 파장의 대부분은 진피에서 강하게 흡수되어진다. 진피 아래에 위치한 피하조직은 지방을 저장하는 층이다. 피하조직은 혈관과 진피에 있는 것보다 더 큰 신경을 포함하고 두께는 사람과 몸 전체에 걸쳐 다양하다. 진피에 흡수되지 못한 약간의 가시광선 빛이 피하조직에 도달할 수 있다.

레이저의 손상 정도는 다음과 같은 다섯 가지 요소에 의해 좌우된다. 1) 피폭 시간, 2) 빛의 파장, 3) 빔 에너지, 4) 피폭 면적, 5)빔에 피폭된 조직의 유형. 레이저 상해는 주로 열 효과에 관련된다. 레이저 빔은 초기 조직을 가열하고 결과적으로 지방 변성을 일으킨다. 만약 레이저 빔의 펄스 폭이 짧으면 물의 폭발적 비등이 상해 메커니즘이 된다. 레이저 빔 전파의 부산물로서 생성된 충격파는 충격지점으로부터 상대적으로 먼 지역에서 손상을 야기할 수 있다. 레이저 손상을 야기하는 다섯 가지 요소들에 대하여 하나씩 세부적으로 다루면 다음과 같다.

(1) 피폭 시간

10초보다 짧은 시간 동안 자외선, 가시광선, 근 적외선, 적외선(적외선 B, 적외선 C) 범위의 레이저 빛에 피부가 노출되었을 때, 발생되는 손상은 피부의 다른 층(예: 각질층, 표피)의 괴사를 수반할 수도 있겠지만 주로 표피층에 국한된다. 상해가 심각한 경우 강한 통증을 유발할 수 있지만 이러한 상해는 종종 상해의 표시 없이 결국에는 치유될 것이다. 빔이 표피와 진피로 들어가서 체액이 심각하게 손실될 수 있기 때문에, 넓은 구역에 장시간 노출에 의해 만들어진 화상은 매우 심각하다. 넓은 영역이 장시간 노출되는 경우는 사용자의 피부가 레이저 빛을 열로 감지 할 수 있기 때문에 3D 프린팅에서 거의 발생하지 않는다. 앞서 말한 효과는 피부의 광열 효과에 의해 좌우된다. 그러나 자외선을 사용하면, 피부가 광화학 반응을 일으켜 피부 색소 침착, 홍반(피부 화상), 피부암을 일으킬 수 있다.

(2) 광 파장

피부를 통과하는 빛의 투과 깊이는 그림 7.5와 같이 빛의 파장과 관련이 깊다. 700 ~ 1200 nm 사이의 파장이 투과 깊이가 가장 깊다. 이러한 빛의 60 % 이상이 진피에 도달하고 빛의 10 % 이상이 피하 조직에 도달한다. 그래서 이러한 범위의 파장은 진피에 흡수되고 피부 조직의 심한 가열을 초래한다. 적외선(적외선 B, 적외선 C) 빛은 표면층에 흡수되어 열 효과를 발생시킨다. 빛에 의한 결과적인 피부 화상은 다른 수단에 의해 생긴 화상과 유사하다. 가시광선, 근 적외선, 적외선에 과도한 노출이 되면 홍반으로 뒤덮인 초기 색소 침착이 나타난다. 자외선 A, B, C는 피부에 각각 다른 영향을 미친다. 자외선 A(315 ~ 400 nm)는 과다 색소 침착과 홍반을 야기할 수 있다. 자외선 B와 C는 표피층에 흡수되어 홍반과 물집을 야기한다. 자외선 B 범위의 노출은 피부에 가장 심각한 피해를 남긴다. 열 손상뿐만 아니라 자외선 B(280 ~ 315 nm)는 DNA에 직접 작용하거나 잠재적인 발암성 세포 바이러스를 통해 방사선 발암을 일으킬 수 있다. 자외선 C(200 ~ 280 nm)와 자외선 A 범위보다 긴 파장의 피폭은 사람의 피부에 덜 해롭다.

(3) 빔 에너지

고출력 레이저 또한 사람의 피부에 화상을 야기한다. 3D 프린팅과 제조에서 다양한 유형의 고출력 레이저는 고분자, 금속 및 세라믹을 녹이거나 광중합(photo-polymerisation)을 시키거나 또는 소재를 어블레이션(ablation)을 하는데 사용된다. 기본적으로 레이저 출력에 따른 빛 흡수는 선형과 비선형 흡수 체계의 다른 두 범위로 나눌 수 있다. 대부분의 경우 빛 흡수는 파장에 의해서 결정되어진다. 그러나 만약 출력이 특정 임계 수준을 초과한다면, 비선형 흡수가 피부 흡수 메커니즘에 관여하기 시작한다. 그러므로 파장뿐만 아니라 출력 수준 또한 고려할 필요가 있다. 초단 펄스 레이저(ms ~ as 레이저)는 출력이 짧은 시간 내에 집중되므로 연속파 레이저에 비해 상대적으로 높은 피크 출력을 가진다. 그래서 비선형 흡수는 초단 펄스 레이저를 사용할 때 신중하게 고려할 필요가 있다.

(4) 피폭 면적

같은 레이저 에너지에서 피폭 면적의 부위가 작을수록 손상은 심해지고 깊어진다. 심지어 장거리 전파 후에도 레이저 빛은 빔 크기를 유지하기 때문에, 사용자들은 장비로부터 멀리 떨어진 거리에서도 주의를 기울여야 한다. 그러나 피폭 면적이 작은 경우 열을 쉽게 감지할 수 있고 레이저 빛에 대한 노출을 인지할 수 있기 때문에 어떤 경우는 유익할 수 있다. 빛 흡수로부터 발생된 열은 피부에 심각한 열 손상을 예방하기 위한 적절한 경고이다. 0.1 W/cm^{2}의 조사도(irradiation)는 직경 10 mm 이상의 피부가 피목도 감지할 수 있다. 0.01 W/cm^{2}의 낮은 조사도는 신체의 많은 부분에 피폭되어있는 경우에 인지될 수 있다. 자외선 레이저에 장기간 노출이 되면 피부 노화와 피부암과 같은 장기간 지연되는 영향이 나타날 수 있다.

(5) 빔에 피폭된 조직 유형

표피, 진피, 피하조직 등의 피부 조직의 유형은 이전 절에 기술되어 있다.

7.2.2 레이저 빔이 아닌 다른 형태의 간접 위험

일반적으로 레이저의 위험은 레이저의 빔에 의해서 발생하지만, 그림 7.9와 같이 레이저 빔이 아닌 레이저 시스템의 다른 요소로부터 오는 다른 형태의 위험이 존재한다. 일부 레이저 시스템은 고전압 전원 장치, 위험한 화학 물질, 폭발/파열 유리 튜브 등이 포함되어 있다[22-27]. 그래서 레이저나 레이저에 관련된 장비(3D 프린팅 또는 제조 장비)에서 설계자, 개발자 또는 사용자는 이러한 레이저 빔이 아닌 요소에 의해 상해를 당할 수 있다(그림 7.10, 7.11) [28,29].

(1) 전기 충격

레이저는 광학, 전기, 화학 반응과 같은 다양한 에너지원에 의해 펌핑된다. 고출력 가스 (예: HeNe) 레이저와 고체 (예: 반도체) 레이저에서는 직접 또는 간접적인 2차 에너지원으로 전기적 펌핑이 널리 사용된다. 이러한 장치는 주로 고전압 장치(예: 방전 램프)를 포함하는데, 일반적으로 5 mJ 펄스 레이저의 경우에도 레이저 시스템 내부적으로는 400 V 이상이 된다. 레이저의 제한된 에너지 변환 효율 때문에, 펌핑 장치의 잔류 출력은 열로 변환되며 이것은 적절한 냉각 시스템으로 제거해야 한다. 고효율 냉각을 위해서는 고압수와 같은 액체 냉각제를 사용해야 한다. 이러한 시스템은 고전압 전기 장치를 사용하므로 당연히 높은 위험성이 존재한다. 침수 시 전기 위험을 줄이기 위해서 전기 장비는 최소한 바닥 위 0.25 m 이상에 설치해야 한다. 광학 테이블, 레이저, 기타 장비는 올바르게 접지해야 한다.

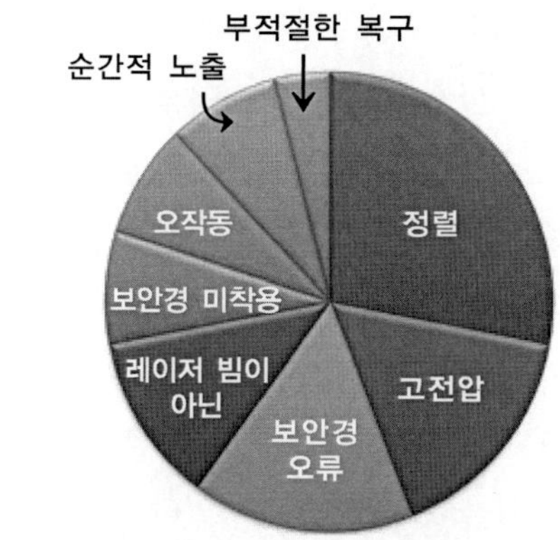

▎그림 7.9▎ 레이저 사고의 원인

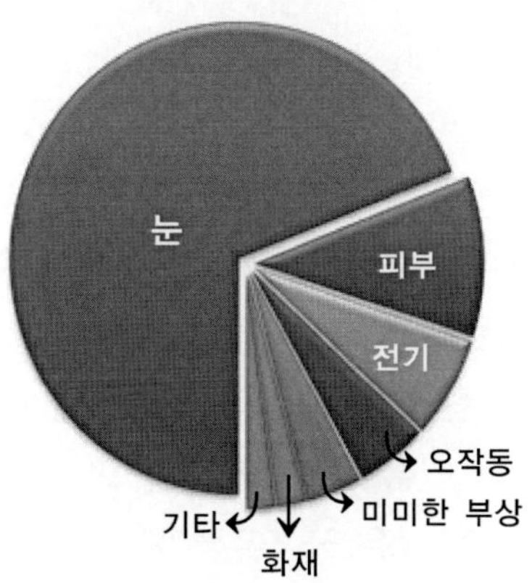

▎그림 7.10▎ 레이저와 관련된 손상의 종류

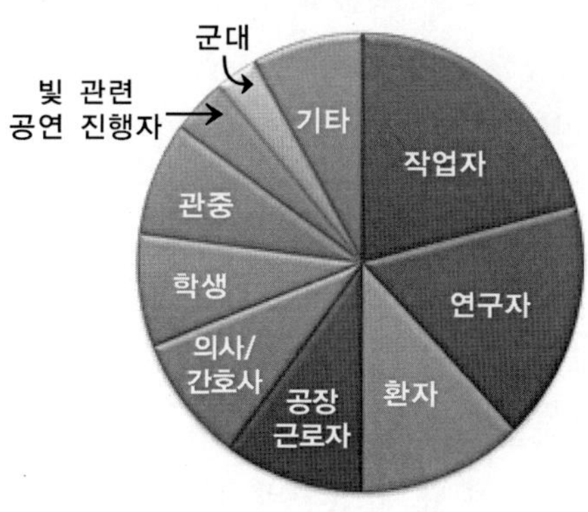

▎그림 7.11▎ 레이저와 관련된 손상을 입은 사람의 직업

내부 작동중단 장치(enclosure interlock)는 반드시 설치되어야 하며 유지보수 중에는 특별한 예방조치를 취해야 한다.

(2) 화학 위험

화학 위험은 레이저 시스템 내부의 활성 매질, 도핑 물질을 포함한다. 예로는 아르곤 이온 레이저 튜브의 베릴륨 산화물, 엑시머 레이저의 할로겐, 색소 레이저의 독성 또는 인화성 용액에 녹아 있는 유기 염료, 헬륨 카드뮴 레이저의 중금속 증기 및 석면 절연제가 있다. 또한 화학 위험은 예기치 못한 레이저 과정 중의 부산물에 의해서 발생할 수도 있다. 독성가스, 먼지 또는 고온의 용융 물질은 주변의 작업자에게 심각한 영향을 줄 수 있다. 예를 들어, 금속을 가공할 때 비소, 크롬 또는 니켈이 생성될 수 있으며 고분자 재료의 가공 중에 위험한 유기물이 생성될 수 있다.

(3) 다른 위험

고온과 그에 따른 화재 위험은 Class 3B 이나 4의 고출력 레이저를 사용하는 동안 특히 주의하여야 한다. 고강도 레이저 빔이 특정 표적에 집중되고 그곳에서 온도가 극도로 높아질 때, UV, EUV 심지어 X-선와 같은 2차적인 복사가 나타날 수 있다. 이러한 2차적인 복사는 설계 단계에서 쉽게 고려되지 않기 때문에, 초고출력 레이저를 다룰 때는 신중한 예방조치가 취해야 한다. 기계적 위험의 예로는 진공과 압력 펌프에서 움직이는 부분 또는 플래쉬 램프, 플라즈마 튜브, 워터 재킷, 가스 취급 장비의 폭발 또는 파열 등이 있다. 액체 질소와 같은 극저온 액체는 화상을 유발할 수 있고, 좁고 통풍이 안 되는 공간에서는 저산소 상태를 발생시킬 수 있다. 극저온 액체는 밸브나 커넥터에 얼음이 형성되면 폭발할 수 있다. 극저온 액체를 다룰 때에는, 완전한 보호 장비를 착용해야 한다. 레이저 염료 및 용제와 같은 일부 레이저 화학 물질은 독성이 있고 발암성일 뿐만 아니라 가연성일 수 있다. 다음에는 레이저 안전을 위해 필요한 요인을 나열하였다.

- 레이저 정렬 중 예상치 못한 안구의 노출
- 보안경 미착용
- 부적절한 보안경 선택
- 레이저에 대해 생성된 플라즈마가 관찰
- 부수적 위험에 대한 무관심

- 레이저 취급자의 불충분한 교육
- 빔 또는 반사광 차단 실패
- 장비의 부적절한 사용
- 장비 오작동
- 고전압의 부적절한 취급
- 레이저로 생성된 공기 오염물질의 흡입
- 계획 부족
- 부실한 관리

7.3 레이저 등급 및 안전 표준

레이저 사용자들에서 적절한 취급 방법과 필요한 예방조치의 적절한 지침을 주기 위해 레이저 장비에는 레이저 등급이 지정된다(Class 1은 위험도가 가장 낮고 Class 4는 가장 위험하다). 레이저의 안전 등급은 레이저의 사양(레이저 출력, 빔 품질, 파장, 평행도(collimation) 등)뿐만 아니라, 필요한 예방 조치 수준에 따라 정해진다. 이러한 등급은 빔 직경, 발산, 초점 거리 등 빔 전달 부분을 깊게 고려하지 않고 레이저 장치의 출력에만 의존하여 제공되기 때문에 매우 단순한 지침이다. 그러므로 이것은 레이저 장비 전체에 대한 적절한 안전 평가는 아니다. 레이저 장비(예: 레이저 기반 3D 프린터)의 온전한 안전 평가를 위해서는 전체 장비 및 프린팅 공정 (예: 사용 방법)의 세부 사항을 고려해야 한다.

7.3.1 레이저 안전 등급

레이저 등급은 눈에 대한 레이저의 가시성과 작동 모드도 고려해야 한다 [30,31]. 레이저는 표 7.1에서 살펴본 한 것처럼 자외선 C, B, A, 가시광선, 적외선 B, C에 걸친 광범위한 파장 스펙트럼을 가지고 있다. 자외선 A, 가시광선, 적외선 A는 보이지만 나머지들은 보이지 않는다. 위험 수준 또한 레이저 출력이 연속파인지 초단 펄스인지에 따라 다르다. 연속파(CW)의 경우, 평균 출력(mW, W, kW)으로 분류한다. 반면, 펄스파의 경우는 펄스 에너지(nJ, μJ, mJ, J)나 피크 출력(kW, MW, GW, TW)으로 분류한다. 이러한 레이저 분류 시스템은 레이저의 위험 수준과 최대 허용 방사 수준(AEL, Accessible Emission

Levels)을 나타내는데 사용된다.

레이저 분류 시스템은 과거의 다섯 가지 Class(1, 2, 3A, 3B, 4)로 분류 되었으나 현재 일곱 가지 Class(1, 1M, 2, 2M, 3R, 3B, 4)로 분류하는 시스템으로 변경되었다. 레이저 제조업체와 레이저 관련 장비 제조업체들은 제품을 분류하고 경고 라벨, 안전 키 스위치, 안전 내부 작동 중단 장치(interlock), 밀봉용기를 갖추는 것이 중요하다. 사용자가 레이저 제품을 개조하는 경우 분류의 수준이 변경 될 수 있음에 유의해야 한다. 사용자는 재분류의 책임이 있다.

(1) Class 1

Class 1 레이저는 일반적 사용을 위한 모든 조건 하에서 안전하다. 레이저의 방사량이 매우 작기 때문에 레이저 시스템이 완전히 밀폐되며, 정상적인 작동 하에서 고출력으로 변환이 불가능하도록 공학적으로 설계되었기 때문에 합리적으로 예측 가능한 작동 조건 하에서 안전하다. 보수나 기타 목적으로 완전히 밀폐된 시스템의 접근 패널을 제거한 경우 레이저는 더 이상 Class 1이 아니며 안전을 위해 패널을 교체하기 전까지 내장형 레이저에 해당되는 주의 사항을 적용해야 한다.

(2) Class 1M

Class 1M 레이저는 현미경과 망원경과 같은 확대경을 통과할 때를 제외하고는 모든 사용 조건에서 안전하다. Class 1M 레이저는 302.5 nm에서 4000 nm 사이의 파장을 방출하며, 총 출력은 Class 1 레이저에 대해 일반적으로 허용되는 것보다는 높지만 발산 광선이나 매우 낮은 출력 밀도로 인해 정상적인 사용에서는 위험을 초래하지 않으며 Class 1M 제품의 측정 조건을 준수한다. 그러나 확대경이 같이 사용된다면, Class 1M 레이저는 특정 조건 하에서 눈에 위험할 수 있다.

(3) Class 2

Class 2 레이저는 눈의 깜빡거림에 의해 피폭 시간이 0.25초 미만으로 제한되기 때문에 안전하다. 예를 들어 광학기기 사용과 같은 합리적은 예측 가능한 작동 하에서 이러한 눈을 깜빡거리는 신체적 반사 작용은 적절하게 몸을 보호한다. Class 2는 단지 400 ~ 700 nm 사이의 가시광선 파장에만 적용된다. 평균 출력은 연속파 레이저의 경우에 1 mW로 제한된다. 많은 레이저 포인터와 측정 장비에 사용되는 레이저가 Class 2에 해당된다.

(4) Class 2M

Class 2M 레이저는 광학 기기를 통해 보지 않는다면 눈의 깜빡거림 때문에 안전하다. Class 1M처럼 Class 2M은 빔의 직경이나 발산각이 큰 레이저에 적용되는데 이 경우 눈동자를 통과한 빛의 양이 Class 2의 제한을 초과할 수 없다. 그러나 Class 2M도 확대경이 같이 사용된다면, 특정 조건에서는 눈에 위험할 수 있다.

(5) Class 3R

Class 3R 레이저는 주의를 기울이고 취급하고 직접 레이저 빔을 보지 않는다면 안전하다고 간주된다. Class 3R에서 가시광 연속과 레이저의 평균 출력은 최대 5 mW이다. AEL은 가시광선 파장에 대한 Class 2 AEL의 5배 이하로 제한되며, 다른 파장에 대해서는 Class 1 AEL의 5배 이하로 제한된다. Class 3B 레이저 보다 안전 위험이 적으므로 사용자에게 적용되는 제조 요구 사항과 통제 수단이 적다.

(6) Class 3B

Class 3B 레이저는 눈에 직접적으로 노출되면 위험하다. 산란된 반사광을 보는 것은 일반적으로 안전하다. 파장의 범위가 315 nm에서 원적외선까지의 연속파 레이저의 AEL은 500 mW이다. 파장이 400 nm에서 700 nm 사이의 펄스 레이저는 30 mJ이 한계이다. 다른 파장의 레이저와 초단 펄스 레이저에는 다른 제한이 적용된다. Class 3B 레이저의 직접적인 노출을 막기 위해 보안경이 요구되며, Class 3B 레이저는 키 스위치와 안전 내부 작동 중단 장치가 갖추어야 한다.

(7) Class 4

Class 4는 최대한의 주의를 요구하는 가장 높은 단계이므로 Class 4 레이저는 가장 위험한 레이저다. Class 3B의 AEL을 초과하는 모든 고출력 레이저가 이 분류에 속한다. 직/간접 및 발산 빔이 영구적인 안구 손상과 피부 손상을 야기할 수 있고, 화재 위험 또한 있다. 이러한 레이저들은 키 스위치와 안전 연동 장치를 반드시 갖춰야만 한다. 레이저 기반 3D 프린팅 및 제조 시스템을 포함하여 대부분 산업, 군사, 의료용 분야의 레이저가 해당된다.

안전 등급, 레이저 형태와 예시에 관한 정보를 표 7.2에서 참조할 수 있다.

[표 7.2] 레이저 안전등급, 레이저 형태, 관련 예시

안전 등급	레이저 형태	간략한 내용과 예시
Class 1	완전하게 밀폐된 레이저 매우 낮은 출력 수준	출력이 특정 임계값 보다 작거나 적절하게 제어가 되고 있는 상태인 경우, 레이저 방사광에 접촉해도 위험하지 않음 예: 0.2 mW 레이저 다이오드 밀폐된 10 W Er-광섬유 또는 Yb-파이버 레이저
Class 1M	매우 낮은 출력 수준	집광 광학계를 사용하지 않는 경우는 레이저 방사광에 접촉하는 것이 위험하지 않음
Class 2	낮은 출력 수준 가시광선 파장	접촉 가능한 레이저 방사광은 평균 출력이 가시광선 파장(400 ~ 700 nm) 범위에서 1 mW미만으로 제한 눈의 깜빡거림으로 인하여 노출 시간이 최대 0.25 s로 제한되므로 눈에 위험하지 않음 파란색 파장의 경우 장기간 응시는 눈에 손상 가능 예: 레이저 간섭계 용 1 mW HeNe 레이저, 대부분의 레이저 포인터
Class 2M	저 출력 가시광선 평행한 대구경의 빔 또는 발산 빔	Class 2와 같지만, 집광 광학계가 있는 경우 추가적인 제한이 요구됨. 출력은 1 mW보다 클 수 있지만 빔 직경은 단시간 노출에 대하여 안전할 만큼 강도가 낮아지도록 충분히 커야함
Class 3R	저출력	레이저 방사광은 눈에 위험할 수 있다. 레이저의 출력은 Class 2(가시광선 방사) 또는 Class 1(다른 파장들)의 허용 광 출력의 최대 5배까지 이다. 예: 5 mW 3-모드 HeNe 레이저
Class 3B	중출력	레이저의 방사광은 눈에 위험하고, 특정 조건에서는 피부에도 위험하다. 산란된 레이저의 방사는 일반적으로 해롭지 않다. 가시광선 스페트럼 영역에서 최대 500 mW까지 허용된다. 예: 100 mW 연속파 2차 고조파(532 nm) Nd:YAG 레이저
Class 4	고출력	레이저의 방사광은 눈과 피부에 매우 위험하다. 심지어 산란된 반사광도 눈에 위험하다. 또한 레이저는 화재나 폭발을 야기할 수 있다. 예: 10 W 아르곤 이온 레이저 캡슐화되지 않은 4 kW급 디스크 레이저

7.3.2 레이저 안전 표준

이전 절의 레이저 등급은 현재 유럽 규정을 기반으로 한다. 1970년대부터 레이저는 파장과 출력에 따라 네 가지 등급으로 분류되어 왔다. 분류는 2002년과 2007년에 추가적으로 업데이트되었다. 2007년부터 분류 시스템은 EU IEC 60825를 기반으로 한 분류 체계와 US 중심의 ANSI 레이저 안전 표준(ANSI Z136.1)을 기반으로 하는 체계로 개정되었다. 중요한 EU과 US 레이저 안전 규정은 아래에 나열되어 있다(그림 7.12, 7.13, 표 7.3).

EU 규정

- IEC60825-1 레이저 제품의 안전
  Part 1: 장비 분류 및 요구사항
- IEC60825-2 레이저 제품의 안전
  Part 2: 광통신 시스템(OFCS)의 안전
- IEC60825-3 레이저 제품의 안전
  Part 3: 레이저 디스플레이 및 쇼의 지침
- IEC60825-4 레이저 제품의 안전
  Part 4: 레이저 보호구
- IEC60825-5 레이저 제품의 안전
  Part 5: IEC 60825-1의 제조자 체크리스트
- IEC60825-6 레이저 제품의 안전
  Part 6: 인간 눈을 통한 시각 정보 전송 전용 광원을 포함한 제품의 안전
- IEC60825-7 레이저 제품의 안전
  Part 7: 무선 "공중" 데이터 전송 및 감시 전용 적외선 광 방출 제품의 안전
- IEC60825-12 레이저 제품의 안전
  Part 12: 정보 전송용 자유 공간 광통신 시프템 안전
- EN207 개인 눈 보호장비-필터, 레이저 방사광용 눈 보호기(레이저 눈 보호기)

- EN208 개인 눈 보호 - 레이저 및 데이터 시스템 조정 작업용 눈 보호기

※ *IEC: International Electro-technical Commission (http://www.iec.ch)*

US 규정

- ANSI Z136.1 레이저의 안전 이용
- ANSI Z136.2 레이저 다이오드와 LED 광원을 이용한 광섬유 통신 시스템의 안전한 이용
- ANSI Z136.3 보건 분야에서 레이저의 안전한 이용
- ANSI Z136.4 유해도 평가를 위한 레이저 안전 권장 측정법
- ANSI Z136.5 교육 기관에서 레이저의 안전한 이용
- ANSI Z136.6 실외에서 레이저의 안전한 이용
- ANSI Z136.7 레이저 보호장비의 시험 및 표시법
- ANSI Z136.8 연구, 개발, 시험 시 레이저의 안전한 이용
- ANSI Z136.9 제보 환경에서 레이저의 안전한 이용

※ *ANSI: American National Standard Institute*

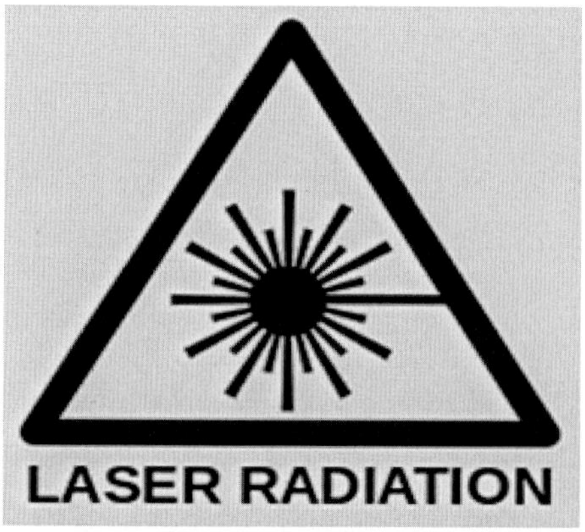

▌그림 7.12▌ 유럽의 레이저 면허 표지

▌그림 7.13▐ 미국의 레이저 면허 표지

[표 7.3] 레이저의 안전등급: IEC 60825, ANSI Z136.1, CDRH 1040 사이의 비교

IEC 60825	ANSI Z136.1	CDRH 1040	안전 평가
Class 1	1-1	I	안전
Class 1M	-1M	IIa	광학 기기를 사용하지 않으면 안전
Class 2	2	II	가시광 레이저, 순간적인 노출 (<25 ms)은 안전
Class 2M	-2M	IIIA	가시광 레이저, 광학 장치가 사용되지 않는 순간적인 노출 (<25 ms)은 안전
Class 3R	3A-3R	IIIb	안전하지 않음, 낮은 위험
Class 3B	3B	IV	위험, 산란된 반사광은 안전
Class 4	4	IV	위험, 산란된 반사광 또한 위험, 화재 위험

7.4 레이저 노출과 레이저 보안경 선택

레이저 위험 요소를 인식한 후에는 보호 안전 설계를 반드시 따라야 한다. 레이저 노출량의 계산, 일반적인 위험 구역의 설정, 적절한 보안경 선택은 기본적인 출발점이다. 노출 수준에 따라 보호 하우징, 커튼, 연동장치, 조망 창, 레이저 빔 정지버튼, 보호 창 등을 사용할 수 있다[32,33].

7.4.1 레이저 노출의 기초

눈에 있어 레이저 손상과 관련된 중요 측정값은 망막 조사도(irradiance)이다.이것은 단위 면적당 출력으로 정의되며 일반적으로 W/cm^2 또는 mW/cm^2

단위로 표시된다.

$$E\,(W/cm^2) = \frac{Power\,(W)}{Area\,(cm^2)}$$

레이저 빛은 망막의 작은 점으로 집속되므로 조사도는 각막이나 수정체보다 망막에서가 훨씬 크다. 방사 영역에서 작아진 크기의 레이저는 더 높은 방사량 값을 갖는다. 예제 1은 망막에서 조사도의 계산을 보여준다.

예제 1

1.0 mW의 평균 출력 레이저가 눈으로 들어가고 수정체에 의해 직경 10 ㎛의 망막상의 작은 점으로 집속될 때, 망막 조사도를 계산하라.

주어진 값: $P = 1$ mW, $D = 10$ ㎛

풀이

$$A = \pi(D/2)^2 = \pi(1.0 \times 10^{-3}\,cm/2)^2$$
$$= 3.14 \times 10^{-6}/4 = 7.85 \times 10^{-7} = cm^2$$

$$E = \frac{P\,(W)}{A\,(cm^2)} = \frac{1.00 \times 10^{-3}}{7.85 \times 10^{-7}} = 1.27 \times 10^5\ W/cm^2$$

눈이 레이저에 노출되면 신체의 반사작용에 의해 더 이상의 노출을 방지 할 수 있다. 그러므로 에너지 노출량(energy exposure) 또한 안구 손상의 평가에서 중요한 양이다.

에너지 노출량 $(J/cm^2) = E(W/cm^2) \cdot \Delta t\,(s)$

여기서, Δt는 레이저 빔에 노출된 시간이다.

예제 2는 노출된 시간이 반사작용에 의해 매우 짧을 때, 에너지 노출량의 계산을 보여준다.

예제 2

반사작용에 의해 레이저에 노출된 시간이 $0.25\,s$일 때, 에너지 노출량을 계산하라. 다른 조건은 예제 1과 같다.

주어진 값 : $E = 1.27 \times 10^5\ W/cm^2,\ \Delta t = 0.25\,s$

풀이

$$\begin{aligned} \text{에너지 노출량} &= E(W/cm^2) \cdot \Delta t(s) \\ &= (1.27 \times 10^5) \times 0.2^5 \\ &= 3.18 \times 10^4\ J/cm^2 \end{aligned}$$

7.4.2 최대 허용 노출

최대 허용 노출(MPE)은 부상 위험 없이 사람에게 노출 될 수 있는 빛의 수준을 말한다. MPE는 강도 뿐만 아니라 파장과 지속 시간을 포함하여 많은 변수에 의해 결정된다. 주어진 특정 상황에서 MPE를 계산하기 위한 세부 규칙이 정해져 있다. 이러한 규칙들은 종종 새로운 과학적 발견에 따라 수정된다. 50 %의 손상 가능성이 있는 레이저 변수에 대하여 때로는 10 %의 값으로 설정된다. MPE는 주어진 파장과 노출 시간 동안에 사람 눈의 각막 또는 피부에 미치는 영향을 통해 측정해야 한다. MPE를 계산하는 방법은 아래의 단계를 따른다.

MPE 계산 단계

1. 레이저 파장의 결정
2. 최대 노출 수준의 결정(강도)
3. 레이저 조사 방식이 펄스형 일 때, 펄스 효과 고려
4. 차트로부터 MPE 계산
5. 계산된 노출량과 MPE 비교

눈과 피부는 다른 흡수율과 손상 기구를 가지고 있기 때문에, 레이저의 파장을 먼저 고려해야 한다. 예를 들어, 눈의 경우 낮은 출력에서도 자외선 A와 B는 축적 손상을 야기한다. 반면에 1.4 ㎛보다 긴 파장을 가지는 적외선 B와 C는 망막에 도달하기 전에 수정체와 각막에서 흡수된다. 이것은 장파장(적외선 B, C)에 대한 MPE가 가시광선 및 자외선보다 더 높다는 것을 의미한다. 피부의 경우, 그림 7.14에서와 같이 0.4 ㎛에서 1.4 ㎛의 망막 위험 영역 밖의 파장에서 MPE는 기본적으로 동일하다.

다음으로 망막과 피부에 대한 최대 노출 수준은 단위면적당 출력인 W/cm^2의 단위로 고려해야 한다. 이 때 반드시 빛의 공간적 분포 상태를 염두에 두어야 한다. 평행한 레이저 빔은 수정체가 망막의 작은 점으로 집속되기 때문에 상대적으로 낮은 출력에서도 심각한 상처를 입힌다. 낮은 공간적 가간섭성을 갖는 LED 빛과 같이 발산하는 레이저의 경우는 빛이 망막을 통과하여 더 큰 초점 영역에 퍼진다. 그러므로 MPE는 평행한 레이저 빔의 경우보다 이 경우가 더 높다. MPE 계산에서, 최악의 시나리오는 수정체가 망막의 가장 작은 점으로 빛을 집속하고 동공이 완전히 열려있는 상태이다. 비록 망막 조사도(단위 표면 당 출력)으로 MPE가 결정되어 있다 하더라도, 가시광선과 근적외선 파장에 대해 완전히 열린 동공(0.39 cm^2)을 통과 할 수 있는 출력에 근거하여 MPE를 결정하여야 한다. 이는 레이저 빔의 단면적이 0.39 cm^2보다 작은 경우에 해당된다.

만약 레이저가 펄스 모드로 작동된다면, 레이저 빔의 피크 출력은 펄스 반복률과 펄스 폭에 따라 평균 출력보다 훨씬 클 수 있다. 따라서 눈과 피부에서의 손상은 연속파보다 펄스 레이저 빔에 의한 것이 더 심각하다. 펄스 반복률 효과는 다음과 같이 고려할 수 있다.

$$\text{MPE (펄스파)} = \text{MPE (연속파)} \cdot N^{-1/4}$$

여기서, N은 펄스 수다.

펄스 폭 효과는 그림 7.14와 7.15에 나타난 도표와 같다. 이 그림은 노출 시간에 따른 MPE를 표시하고 있으며, 장기간 노출의 경우에도 이 그림은 중요하다. IEC-60825-1과 ANSI Z136.1 규정은 MPE 계산 방법을 제시하고 있다. 가시광선과 근적외선 레이저 빔의 경우, 눈부심과 잔상과 같은 추가적인 효과도 고려해야 한다.

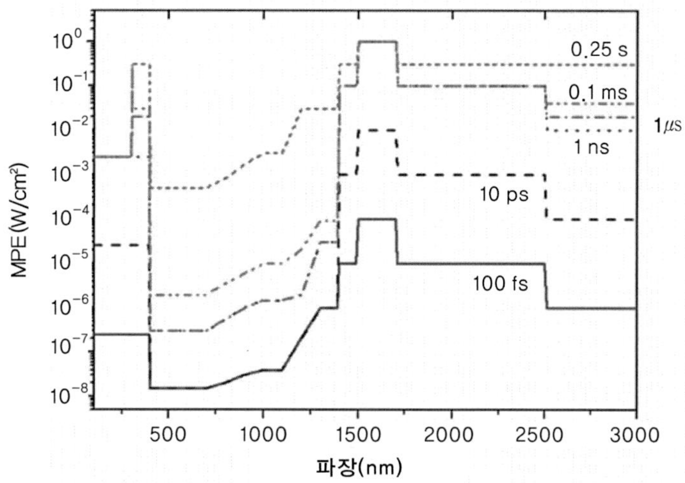

▌그림 7.14▐ 펄스 지속 시간별 최대 허용 에너지 수준

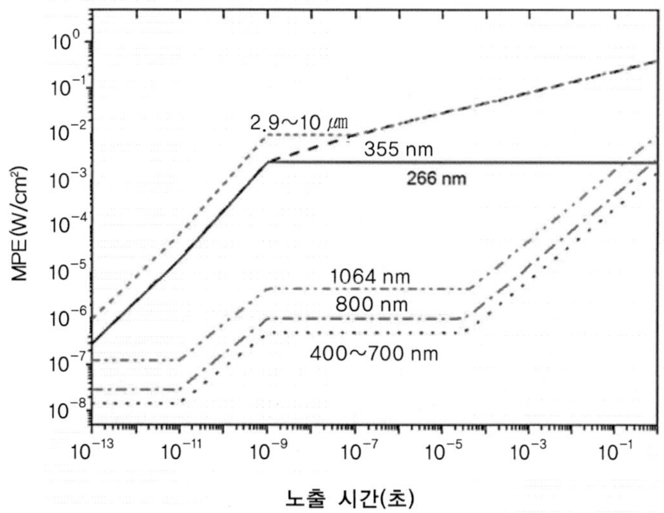

▌그림 7.15▐ 노출 시간별 최대 허용 에너지 수준

예제 3

눈이 1 ms의 노출 시간 동안 1.0 ㎛ 중심파장과 80 kHz의 반복률을 갖는 레이저 펄스에 노출될 때, '안전한' 최대 평균 출력을 계산하라.

주어진 값: $f_r = 80$ kHz, $\lambda = 1.0$㎛, $\Delta t = 1$ ms

풀이

$$N = f_r\,(\mathrm{HZ}) \cdot \Delta t\,(s)$$
$$= 80{,}000\ (\mathrm{pulses/s}) \times 0.001\ (\mathrm{s})$$
$$= 80\ \mathrm{pulses}$$

MPE 차트에서,

$$\mathrm{MPE}(\text{연속파}) = \frac{P(W)}{A\,(cm^2)}$$
$$= \frac{1.00 \times 10^{-3}}{7.85 \times 10^{-7}} = 1.27 \times 10^5\ W/cm^2$$

$$\mathrm{MPE}(\text{펄스파}) = \mathrm{MPE}(\text{연속파}) \cdot N^{-1/4}$$
$$= (1.27 \times 10^5) \cdot (80^{-1/4})\ W/cm^2$$
$$= 4.25 \times 10^4\ W/cm^2$$

7.4.3 레이저 보안경

파장-선택적 필터링이나 출력 감쇠 역할을 하는 레이저 보안경은 반사되거나 산란된 레이저 빛 뿐만 아니라 위험하게 레이저 빔에 직접 노출되는 경우에도 우리의 눈을 보호할 수 있다. 따라서 눈에 대한 노출이 MPE를 초과하는 작업장에서 Class 3B와 4의 레이저를 작동할 때, 레이저 보안경의 사용이 요구된다. 레이저 보안경은 적절한 파장 범위를 차단하거나 감쇠시켜 충분히 낮은 수준으로 만들 수 있도록 특정 레이저에 대해 신중하게 선택해야 한다(그림 7.16).

예를 들어, 2차 고조파된 ND:YAG나 Yb가 도핑된 파이버 레이저의 경우 532 nm를 감쇠시키는 레이저 보안경은 일반적으로 550 nm보다 긴 파장을 투과시키기 때문에 주황색을 띤다. 이러한 보안경은 633 nm의 HeNe 레이저, 800 nm의 Ti:Sapphire 레이저, 980 nm의 다이오드 레이저와 같이 550 nm보다 긴 파장 방출하는 레이저에 대해서는 보안경으로 사용할 수 없다. 그리고 532 nm "녹색 레이저 포인터"와 같이 값싼 2차 고조파 레이저 등 일부 레이저는 한 번에 여러 개의 파장을 방출하는데 이는 특히 문제가 될 수 있다. 이러한 레이저는 808 nm의 적외선 레이저 다이오드에 의해 펌핑되어, 중간 매개의 1064 nm 레이저 빔을 발진시키고 이는 최종 주파수가 2차 고조파인 532 nm 파장 출력을 생성하는데 사용된다. 만약 1064 nm 레이저 빛이 일부 녹색 레이저 포인터에서와 같이 발생하는 빔에 첨가된다면 가시광선 파장을 위해 설계된 일반적인 빨간색이나 주황색 보호 보안경에 의해 적절히 차단되지 않는다. 2차 고조파된 YAG 및 Yb-파이버 레이저의 이중 파장을 처리하도록 설계된 특수 레이저 보안경이 있지만 드물고 값이 비싸다.

레이저 보안경을 선택하는데 고려할 필요가 있는 다른 중요 요소는 감쇠 수준이다. 레이저 보안경은 광학 밀도(OD)로 등급이 정해지며, 이것은 입사하는 레이저 출력에 대하여 감쇠하는 수준을 상용 대수로 표현한 값이다. 예를 들어, OD 5인 보안경은 빔 출력을 100,000배 줄인다. 그리고 레이저 빔이 보안경에 직접 조사되었을 때 레이저 보안경은 파손 없이 견딜 수 있어야 한다.

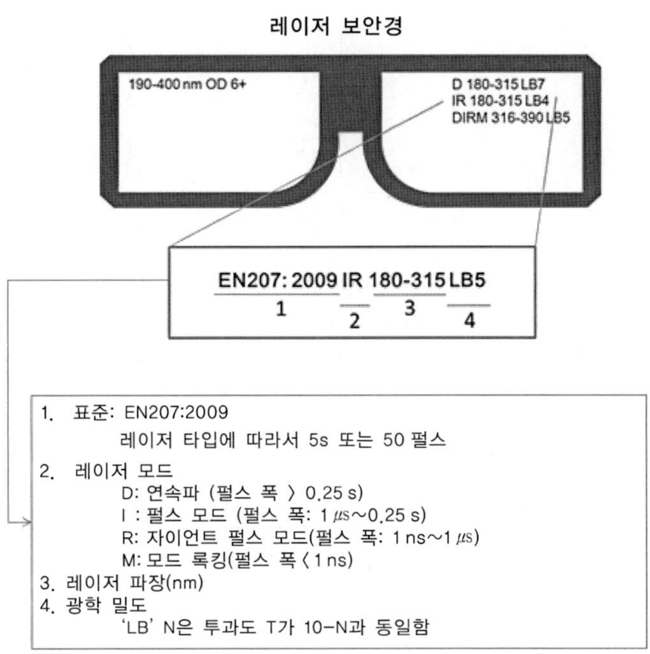

▎그림 7.16▎ 레이저 보안경의 보호 능력의 확인 방법
여러 가지의 중요한 보호 사항에 대하여 레이저 보안경의 표면에 명기되어 있음

보호 사양(파장과 OD 값)은 보안경에 인쇄되어 있다. 레이저 보안경 제조업체는 EU 표준인 EN 207에 따라 광학 밀도가 아닌 최대 출력 등급을 지정해야 한다(표 7.4).

[표 7.4] 레이저 보안경 : 작업 모드, 파장, 광 출력 밀도, 최대 보호 레벨을 포함한 다양한 선택 기준

작업 모드	파장 범위	최대 레이저 출력 밀도	주어진 출력에 대한 최대 보호수준
D (연속파 레이저)	180 ~ 315 nm	$1 \times 10^{n-3}$ W/m^2	log(*P*) + 3
	315 ~ 1400 nm	$1 \times 10^{n+1}$ W/m^2	log(*P*) - 1
	1400 nm ~ 1000 ㎛	$1 \times 10^{n+3}$ W/m^2	log(*P*) - 3
I, R (펄스 레이저)	180 ~ 315 nm	$3 \times 10^{n+1}$ J/m^2	log(*E*/3) - 1
	315 ~ 1400 nm	$5 \times 10n^{-3}$ J/m^2	log(*E*/5) + 3
	1400 nm ~ 1000 ㎛	$1 \times 10^{n+2}$ J/m^2	log(*E*) - 2
M (초단 펄스 레이저)	180 ~ 315 nm	$1 \times 10^{n+10}$ W/m^2	log(*P*) - 10
	315 ~ 1400 nm	$1.5 \times 10^{n-4}$ J/m^2	log(*E*/1.5) + 4
	1400 nm ~ 1000 ㎛	$1 \times 10^{n+11}$ W/m^2	log(*P*) - 11

※ *P*: W/m^2, *E*: J/m^2
수준 번호는 반올림해야 함
n = 0은 안전한 보안경이 필요 없다는 것을 의미함

예제 4

1 mW의 평균 출력과 2 mm 빔 직경의 633 nm HeNe 레이저 빔을 차단하는 레이저 보안경을 정하여라.

주어진 값: $P_{avg} = 1$ mW, $\lambda = 633$ nm, $D = 2$ mm

풀이

$$E = \frac{P(W)}{A(m^2)} = \frac{1.0 \times 10^{-3}(W)}{\pi(2.0 \times 10^{-3}/2)^2(mm)} = 3.18 \times 10^2\ W/mm^2$$

$\lambda = 633$ nm의 연속파(D)의 경우, 주어진 출력에 대한 최소 보호 수준(OD)은 다음과 같이 결정될 수 있다.

$$\text{광학 밀도}(OD), n = \log(P) - 1$$
$$= \log(3.18 \times 10^2) - 1 = 1.5$$

위 결과는 2로 올림할 수 있다. 따라서 레이저 보안경 등급은 EN207 D 633 L2이다.

7.5 주의 사항 및 대표적 위험 사례

레이저를 사용하는 모든 사람들은 부상으로부터 자신을 보호하기 위해 발생 가능한 모든 위험을 인식해야 한다. 이번 절에서는 많은 기술적 예방 조치의 예와 위험 사례를 보여준다.

7.5.1 기술적 예방 조치

자주 사용되는 기술적인 레이저 안전 주의 사항의 예는 다음과 같다.

- 출입구 수준
  - 경고 표시, 경고 신호, 자동 잠금 장치
- 작업장 입장 수준
  - 레이저 파장에서 강한 광 감쇠를 제공하는 보안경
- 레이저 수준
  - 흡수 재료를 사용한 레이저 시스템의 밀폐화
  - 무단 사용을 방지하기 위한 열쇠가 내장된 전원 공급 장치 스위치
  - 자동으로 레이저를 끄거나 레이저 빔을 차단하는 장치
- 테이블 수준
  - 광 커튼(light curtain), 레이저 스캐너, 사람 카운터와 같이 사람들의 존재를 측정하여 모니터링 하는 보호 하우징(housing)
  - 위험한 광선이 광학 장치를 벗어나는 것을 방지하는 빔 스토퍼
- 빔 정렬 수준
  - Class 3B나 4 레이저의 경우, 숙련된 사람이 조정하고 다루어야 한다.
  - 레이저 실험은 광학 테이블에서 수행해야 한다.
  - 레이저 빔은 수평면에서만 이동해야 한다.

- 모든 빔은 테이블 가장자리에서 멈추어야 한다.
- 레이저 사용자는 빔 높이에 눈을 두지 말아야 한다.
- 의도적으로 레이저를 직접 들여다보지 마라.
- 레이저 빛을 보지 마라.
- 빛이 너무 밝으면 눈을 깜박인다.
- 빔을 다른 사람에게 향하게 하지 마라.
- 초기 빔 정렬 작업은 가시광선의 파일롯 레이저를 사용해야 한다.
- 위험하고 보이지 않는 강한 레이저 빔의 경로는 광학 테이블에 위에 표시해야 한다.
- 시계, 보석, 반사재와 같이 광학적 반사 물질은 실험실에 있어서는 안 된다.
- 레이저 빛의 반사를 방지하기 위해 광학 평면에 가까운 비 광학 물체는 모두 무광 마감 처리되어야 한다.
- 손상을 야기할 수 있는 고강도 빔은 불투명한 관을 통해 가이드 되어야 한다.

7.5.2 위험 상황의 예

아래에 나열된 위험 상황의 대표적인 사례이다. 아래의 목록은 위험 상황의 완전한 예는 아니지만 가능한 위험의 다양성에 대한 사용자의 인식을 향상시키기 위한 것이다[34-37].

◎ 전기적 위험

- 작업자가 내부 전기 장치 또는 결함이 있는 고압 케이블과 접촉 가능한 경우, 레이저 제어기에 고전압을 공급하는 전원 공급 장치는 위험할 수 있다.

◎ 화학적 위험

- 일부 레이저는 색소 레이저의 발암성 색소 용해액과 같이 위험한 화학 물질을 다루어야 할 경우도 있다. 이러한 용액은 피부에 침투될 수 있어 특별한 주의와 함께 다루어야 한다.

◎ 광학적 위험

- 근적외선 레이저 빔은 가시광선과 동일하게 망막에 집속되지만 인간 눈의 깜박거리는 반사 작용(즉, 강도가 너무 높으면 보통 눈꺼풀의 정상적

으로 닫힘)이 활성화되지 않기 때문에 동일한 출력의 수준을 갖는 가시 광선보다 훨씬 위험하다. 또한, 약한 미광 등과 같은 경우는 인지가 어렵고, 예기치 않은 방향으로 위험한 광선이 전파되면 아무것도 보이지 않아 위험하다.

- 자외선 레이저는 눈 뿐만 아니라 피부에도 위험하다.
- Q-스위치 레이저나 재생 증폭기와 같은 펄스 레이저 광원은 고출력 레이저의 평균 출력보다 훨씬 높은 피크 출력을 갖는 펄스를 생성한다. 휴대용 소형 레이저의 단일 펄스일지라도 눈을 완전히 파괴할 수 있다.
- 노출된 레이저 시스템에서 2차 난반사(금속 공구, 시계, 반지 등 또는 반사 방지 코팅의 잔류 반사에 의해서 발생하는)는 위험하며 사람의 눈에 잠재적으로 해롭다.
- 레이저 빔을 전송하는 광섬유가 손상될 때, 위험한 레이저 빛을 방출할 수 있다. 따라서 이러한 경우 특별히 보호하고 표시해야 한다.
- 고출력 레이저(kW급 이상)는 짧은 노출 시간이라도 눈 뿐만 아니라 피부에도 손상을 입힐 수 있고, 빔이 나무나 플라스틱 같은 재료에 조사되었을 때 쉽게 화재가 발행할 수 있으며, 독성 연기 또한 생성할 수 있다.

인적 요소

- 시계와 보석 등을 제거하라.
- 적절한 도구를 사용하라.
- 사용 후에 도구를 제자리에 두어라.
- 지정된 장소에 스크랩과 남은 부품을 두어라.
- 문서와 책상을 정리하라.
- 작업 공간의 청결을 유지하라.
- 지정된 경우 개인 보호 장비를 사용하라.
- 기계를 사용한 후에 제어를 초기화하라.
- 유지 보수 및 중단에 대한 기록을 유지하라.

문 제 >>

1. 레이저 빔이 램프 빛보다 우리 눈과 피부에 더 많이 위험한 이유를 설명하시오. 3D 프린팅이나 제조업에서 레이저 빔을 대신해서 램프 빛을 사용할 수 있는가? 이유가 무엇인가?

2. 레이저를 사용하거나 열 램프를 사용하여 빛을 얼마나 작은 점으로 집중 시킬 수 있는가? 초점 능력을 제약하는 근본적인 한계는 무엇인가?

3. 광열과 광화학적 손상의 차이점을 설명하시오.

4. 우리의 안구 반사 메커니즘이 눈의 손상 예방에 어떻게 기여할 수 있는지를 설명하시오. 서로 다른 파장 범위에서 자세하게 설명하시오.

5. 눈의 다른 부분에서 서로 다른 스펙트럼 흡수는 다른 손상 메커니즘을 가져온다. 각막, 수정체, 유리체, 망막의 가장 큰 손상을 초래하는 파장은 무엇인가?

6. 다음 예시에 대한 적절한 레이저 등급을 선택하시오.
   1) 0.2 mW 레이저 다이오드
   2) 잘 동봉된 10 W Yb-파이버 레이저
   3) 광학 간섭계에 사용되는 1 mW HeNe 레이저
   4) 선택적 레이저 소결용 1 kW Yb-파이버 레이저
   5) 광 조형 장치용 10 W 자외선 레이저

7. 파장, 펄스 지속 시간 및 노출 시간 영역에서 최대 허용 노출(MPE)을 설명하시오

8. 레이저 기술자는 광학 밀도가 7보다 높은 532 nm 및 10 ns 펄스 레이저용 보안경을 선택하려고 한다. EN207:2009 규정에 기반하여 적절한 보안경을 제안하시오.

참고문헌 >>

[1] Hecht, J. (1986). The laser guidebook.

[2] Yariv, A. (1976). Introduction to optical electronics.

[3] Weber, M. J. (2000). Handbook of lasers (Vol. 18). CRC press.

[4] Saleh, B. E., Teich, M. C., & Saleh, B. E. (1991). Fundamentals of photonics (Vol. 22). New York: Wiley.

[5] Paschotta, R. (2008). Encyclopedia of laser physics and technology. Berlin: Wiley-vch.

[6] Occupational Safety & Health Administration, U.S. department of labor, Technical Manual on Laser Hazards, http://www.osha.gov/dts/osta/otm/otm_iii/otm_iii_6.html

[7] Berry, E. (2003). Risk perception and safety issues. Journal of biological physics, 29(2), 263-67.

[8] Laser Institute of America on laser safety, http://www.lia.org/subscriptions/safety_bulletins

[9] Sliney, D. H. & Trokel, S.L. (1992). Medical lasers and their safe use. Springer Verlag ISBN 3540978569

[10] Sliney D. H. & Wolbarsht M. L. (1980). Safety with lasers and other optical sources. Plenum Press 1980 ISBN 0306404346

[11] Henderson, R. & Schulmeister, K. (2004). Laser safety. IOP Publishing ISBN 9780750308595

[12] Hoss, R. J. and Lacy E. A. (1993). Fiber optics. Prentice-Hall PTR ISBN 0133212416

[13] McKinlay, A. F., Harlen, F. & Whillock, M.J. (1998). Hazards of optical radiation: a guide to sources, uses and safety. Adam Hilger ISBN 0852742657 (Currently out of print)

[14] Moseley, H. O. & Davies W. (2003). Biomedical laser safety. In: Webb CE and Jones JDC (eds.): Handbook of laser technology and applica tions. IOP Publishing 2003 ISBN 9780750309660

[15] Moseley, H. (1988). Non-ionising radiation. Hilger.

[16] BS EN 60825-1 Safety of laser products, Part 1: Equipment classification and requirements.

[17] BS EN 60825-2 Safety of laser products, Part 2: Safety of optical fibre communications systems.

[18] PD IEC/TR 60825-3 Safety of laser products, Part 3: Guidance for laser displays and shows.

[19] PD IEC/TR 60825-14:2004 Safety of laser products, Part 14: A user' guide.

[20] D CLC/TR 50448:2005 Guide to levels of competence required in laser safety.

[21] International Electrotechnical Commission: IEC 62471:2006 Photobiolo gical safety of lamps and lamp systems. IEC 2006.

[22] BS EN 60825-4:2006 Safety of laser products. Laser guards.

[23] PD IEC/TR 60825-8:2006 Safety of laser products. Guidelines for the safe use of laser beams on humans. BSI 2006.

[24] BS EN ISO 11990:2003 Optics and optical instruments. Lasers and laser-related equipment. Determination of laser resistance of tracheal tube shafts. BSI 2003.

[25] BS EN ISO 14408:2005 Tracheal tubes designed for laser surgery. Requirements for marking and accompanying information. BSI 2005. CRC 2006 ISBN 9780824723071

[26] BS EN ISO 11810-1:2005 Lasers and laser-related equipment. Test method and classification for the laser resistance of surgical drapes and/or patient protective covers. Primary ignition and penetration. BSI 2005.

[27] BS EN ISO 11810-2:2007 Lasers and laser-related equipment. Test method and classification for the laser-resistance of surgical drapes and/or atient-protective covers. Secondary ignition. BSI 2007.

[28] Carruth JAS and McKenzie AL: Medical lasers: science and clinical practice. Adam Hilger 1986 ISBN 0852745605

[29] BS EN 60601-1-1:2001 Medical electrical equipment. General requirements for safety. Collateral standard. Safety requirements for medical electrical systems. BSI 2001.

[30] International Electrotechnical Commission (IEC), Origin of international laser safety standards: IEC 60825-1 ("afety of laser products –Part 1: quipment classification, requirements and user's guide" and IEC-60825-2 ("afety of laser products –Part 2: Safety of optical fibre communication systems (OFCS)", IEC, Geneva

[31] American National Standards Institute (ANSI), http://www.ansi.org/,origin of the American Z-136 safety standard series, in particular the important Z-136.1

[32] BS EN 207:1999 Personal eye-protection. Filters and eye-protectors against laser radiation (laser eye-protectors). BSI 1999. MHRA DB2008 (03) April 2008 60/81

[33] BS EN 208: 2009 Personal eye-protection – Eye- protectors for adjustment work on lasers and laser systems (laser adjustment eyeprotectors).

[34] Medicines and Healthcare products Regulatory Agency. DB 2006(05) Managing Medical Devices. MHRA 2006. www.mhra.gov.uk

[35] Sulieman, M., Rees, J. S., & Addy, M. (2006), Surface and pulp chamber temperature rises during tooth bleaching using a diode laser. British Dental Journal, 200(11) p. 631–34.

[36] Wheeland, R.G. (1995). Cosmetic use of lasers. Dermatologic Clinics 13(2), 447-59.

[37] Savastru, D., Miclos, S. et al (2006). Microsurgical Nd:YAG laser used in ophthalmology. Romanian Journal of Physics, 51(7–), 833–37.

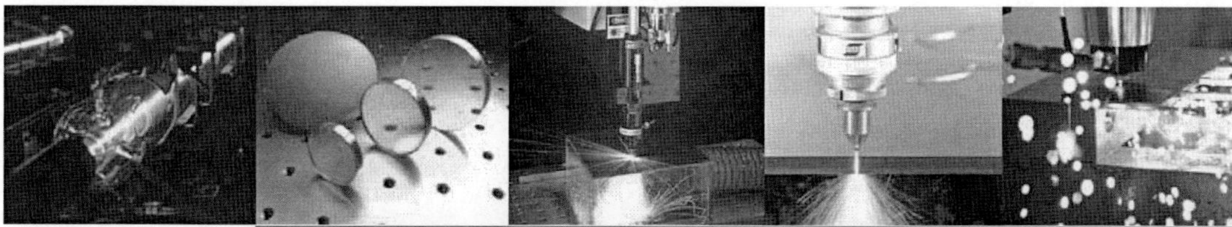

CHAPTER

08 향후 전망

전 세계의 3D 프린팅 시장은 2020년까지 연평균 성장률(GAGR) 32 %로 200억 유로 이상으로 성장할 것으로 예상된다. 이러한 증가 추세에 따라 전체 3D 프린팅 시장에서 레이저 기반 3D 프린팅 기술이 차지하는 비율 역시 점차 증가하고 있다. 폴리머 기반 3D 프린팅 기술보다 금속 기반 3D 프린팅 기술의 증가율이 크기 때문이다. 2010년 이후 3D 프린팅의 주요 응용분야가 기존 제품 설계 단계(예: 시제품, 주문 제작)에서 최종 생산품으로 확대되고 있다. 기능성 부품 및 설비 제작을 위한 3D 프린팅 기술의 경우 금속이 폴리머 보다 재료적 특성이 우수하다. 고출력 레이저 빔(또는 전자 빔)은 녹는점이 높은 금속(또는 세라믹)을 위한 3D 프린팅에 가장 적절한 에너지원이다. 따라서 본 장에서는 레이저 기반 3D 프린팅 기술의 추세와 가까운 미래에 적용 가능한 응용분야에 대해서 논의하고자 한다.

8.1 개요

3D 프린팅 기술은 지난 30년 동안 지속적으로 진화해 왔다[1-3]. 기존 제조 방식과는 달리 3D 프린팅 기술은 복잡한 형상을 가진 부품 생산이 가능하며, 높은 유연성으로 설계 변경에 대한 대처가 가능하다. 또한 추가적인 공구 비용이나 시간 지연 없이 급변하는 산업 수요 충족할 수 있다. 일반적으로 제품은

시간 단위에서 주 단위 내로 생산이 가능하며, 적층 생산 방식은 손익분기를 위한 대량 생산이 요구되지 않는다. 이처럼, 3D 프린팅은 시시각각 변하는 기술 동향 및 산업수요에 대응하기 위한 이상적인 기술로 이해된다. 레이저는 3D 프린팅의 잠재력을 극대화하기 위해 가장 좋은 에너지원 중 하나이다. 레이저의 잠재성을 보여주는 몇 가지 예는 다음과 같다. 첫 번째, 매우 미세한 구조(예: 항공 및 국방 산업분야를 위한 터빈엔진 부품의 미세 채널, 노즐 또는 조선 및 해양 산업분야를 위한 소수성 / 친수성 표면)를 위해서는 고해상도 3D 프린팅 기술이 전제 조건이다. 레이저 빔의 높은 가간섭성(coherence)으로 마이크로 미터 이하의 치수 정밀도를 가진 미소 구조물을 제작 가능하다. 두 번째, SLS 또는 SLM 3D 프린팅 방식은 높은 생산성을 위해서 분말을 짧은 시간 내에 녹여야 한다. 그러나 금속 및 세라믹 분말은 높은 용융점과 열용량으로 인해 쉽지가 않다. 10 %의 흡수율을 가진 금속 재료에 대해 초점을 맞춘 100 W 연속파 레이저를 고려했을 때, 재료의 온도는 노출 시간 0.001 초내에서 1,500 °C 이상이 된다. 세 번째, 다양한 재료의 3D 프린팅 기술이 점차 주목받고 있다. 여기에서 '다중-재료'는 다른 색의 같은 재료를 의미하는 것이 아니고 서로 다른 종류의 재료가 혼합된 것을 의미한다. 오늘날의 소형 전자제품(micro-electronics)은 좋은 예이다. 이러한 전자제품은 전기 절연 폴리머, 전기 전도성 금속 전극, 마이크로 커패시터용 세라믹 구조로 구성 되어 있다. 특수 레이저 시스템을 이용한 다중 재료 3D 프린팅 기술은 가까운 미래에 실현될 것으로 기대된다. 요약하자면 레이저는 수요에 대해서 고해상도, 높은 처리량, 다중 재료 프린팅을 가능하게 하는 3D 프린팅 기술을 위한 최상의 에너지원 중 하나이다. 본 장은 차세대 3D 프린팅의 기술적 동향과 향후 적용방안에 대한 추가적인 논의가 될 것이다.

8.2 차세대 3D 프린팅 동향

차세대 3D 프린팅 시장은 수요에 따라 고정밀, 고강도, 완전한 기능, 다차원 및 다중 재료에 대한 3D 프린팅 제품을 필요로 할 것으로 예상된다[1,4,5]. 이러한 요구에 부응하기 위해 3D 프린팅 기술에서 극복해야 할 중요한 사항으로는 낮은 해상도, 느린 속도 및 3D 프린팅 공정이 가능한 재료의 한계가 있다. 레이저 기반 3D 프린팅 기술은 차세대 3D 프린팅 기술의 높은 유연성을 구현하기 위한 가장 좋은 대안이지만 시중에서 구입 가능한 레이저에 의해서 성능 한계가 정해진다. 앞에서 언급했듯이, 대표적인 레이저는 CO_2 레이저, Nd:YAG 레이저, Excimer 레이저이다. 가까운 미래에는 좀 더 넓은 범위의 대역폭을 가진 새로운 고효율 및 다중 컬러 레이저 시스템의 활용이 가능해 지면서 3D 프린팅 제품의 성능이 향상 되고 이로 인해서 사용 용도가 점차 확대될 것이다. 미래의 레이저 기반 3D 프린팅에 대한 네 가지 경향은 다음과 같다(그림 8.1).

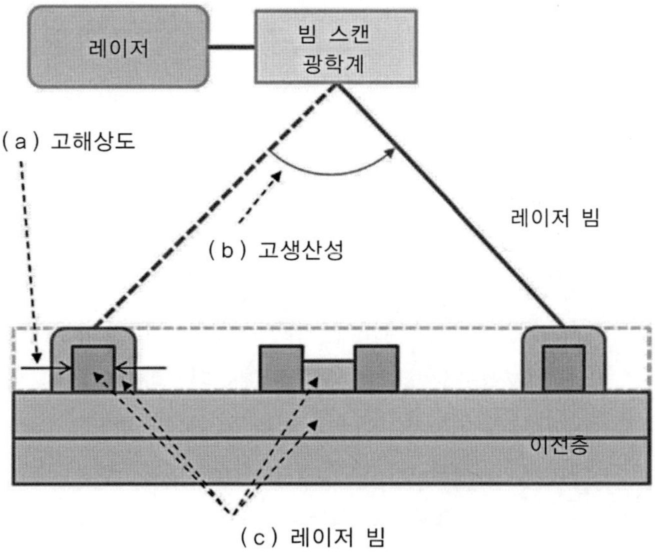

▌그림 8.1▐ 차세대 레이저 기반 3D 프린터에 대한 개념 모식도

- 고해상도
- 높은 생산성
- 다중 재료(또는 다양한 재료의 결합)
- 수요에 따른 프린팅

레이저 기반 3D 프린팅 기술의 잠재성 및 가능성에 대해서 다음과 같이 차례로 논의한다.

8.2.1 고해상도

레이저 기반 3D 프린팅 해상도는 XY 평면의 수직방향에서 초점 크기, 분말 크기, 열영향부(heat affected zone, HAZ), 주사속도(scanning speed)에 따라 결정된다. 다른 기술적 인자들이 최적화가 되었을 때, 원초적이면서 최종적인 정밀도의 한계는 광학 회절 한계에 의해 결정된다. 만약 레이저 빔이 잘 정의된 공간 모드(예: TEM00 mode)일 경우, 가장 최적의 초점 크기는 파장의 약 절반(광학 회절 한계 기준)과 같다. 이러한 높은 프린팅 정밀도 수준은 전자공학, 광자학, 기계공학에서 다양하고 흥미로운 구조를 제작하는데 유용하다. 전자 제품에서 마이크로 배터리용 슈퍼커패시터는 전해질과 효율적인 상호작용을 위해 넓은 표면적을 가진 고밀도 금속 전극을 필요로 한다. 고해상도 프린팅으로 좀 더 프린팅의 밀도를 높일 수 있다. 광자학에서서는 도파관(waveguide), 브래그(Bragg) 격자, 광결정과 같은 광학 장치의 크기는 광학 파장 범위에 따라 달라진다. 따라서, 장치들은 복잡하며 매우 비싸고 상대적으로 느린 리소그래피 공정으로 제작되었다. 3D 프린팅 기술의 고해상도로 인해 복잡한 광학 장치 및 구조물을 고수준의 높은 유연성으로 제작하는 것이 가능하다. 기계공학에서는 소수성/친수성 표면이 좋은 예이다. 최적화된 미세구조를 제품 표면 위에 프린팅을 하게 되면 설계 인자에 따라 본 재질의 소수성을 제어할 수 있다. 현재까지는 3D 프린팅 분야에서 적용할 수 있는 레이저가 몇 가지로 제한되었다. 가까운 미래에는 좀 더 발전된 레이저와 재료를 사용한다면 3D 프린팅 공정의 해상도는 광학 회절 한계에 가까워 질 수 있을 것으로 예상된다. 비선형 광학에서도 고해상도의 프린팅을 고려해야 한다. 여기서, 프린팅의 고해상도는 더 이상 광학 회절 한계에 의해 제한되지 않는다. 비선형 광학 영역은 오직 초단(나노초, 피코초, 펨토초) 펄스 레이저를 사용했을 때만 도달 가능하다. 앞서 언급했듯이, 이광자 흡수 광중합(two-photon polymerization)이나 다광자 흡수 광중합(multi-photon polymerization)은 비선형 광학을 기반으로 하며, 100 nm 이하의 구조물 제작이 가능하다. 다광자 흡수 광중합 이외에 나노/마이크로 금속 구조물을 위한 3D 프린팅 공정으로서 광원으로 펨토초 레이저를 이용한 연구가 최근에 발표되었다. 예를 들면, 금속-이온 용액을 광응집 효과를 이용한 방법과 산화 그래핀(grahoene oxide, GO)을 환원-산화 그래핀(reduced graphen oxide, rGO)으로 효과적으로 환원시키는 방법을 이용하는 것이다. 따라서, 극초단 펄스 레이저는 전반적인 3D 프린팅 분야에 널리 도입될 것이다.

8.2.2 높은 생산성

레이저 빔은 3D 프린팅 공정에서 목표로 하는 한 재료의 상을 변화시키기 위한 에너지원으로 사용된다. 예를 들면, SLA 공정에서는 액체 상태에서 고체 상태로, SLS 공정에서 분말에서 소결 및 연결된 분말 상태로, SLM 공정에서는 분말에서 하나의 물체 형태로 변화 시키는 것이다. 모든 레이저 기반 3D 프린팅 공정은 목표하는 재료로 높은 에너지가 전달되어야 높은 생산성을 보장할 수 있다. 기본적으로 레이저는 금속 3D 프린팅을 위한 특별히 훌륭한 에너지원이다. 수 천 도에 해당하는 금속의 용융점(예: 알루미늄: 659 °C, 금: 1063 °C, 구리: 1083 °C, 강철: 1371 °C, 니켈: 1452 °C, 연철: 1482 °C, 텅스텐: 3399 °C)과 금속의 높은 열용량을 고려할 때, 3D 프린팅 공정을 위해 금속을 녹이는 것은 기존의 에너지원으로는 쉽지 않은 일이다. 레이저 및 전자빔은 이러한 목적을 위해서라면 사용 가능하다. 그 중, 레이저는 진공 환경이 필요 없기 때문에 산업에서 사용하기 굉장히 매력적이다. 3D 프린팅 분야에서 사용되는 레이저는 평균 출력이 높아야만 높은 생산성을 유지할 수 있다. 최근, 수 kW 단위의 평균 출력을 가진 고출력 파이버 레이저가 도입되었다.

레이저 빔이 목표로 한 재료에 도달될 때, 광자-물질 간 상호 작용이 발생한다. 빔의 일부는 반사되며, 다른 일부는 투과가 되고, 나머지는 흡수가 된다. 따라서, 높은 에너지 전달률을 위해서는 레이저 파장에 대해 높은 흡수 계수를 가진 재료여야 한다. 다양한 파장을 가진 레이저가 새로이 설계 및 개발되어 3D 프린팅 공정에 도입될 것이다. 예를 들면, 폴리카보네이트는 1750 nm에서 입사광의 90 % 흡수율을 가진다. 새로운 파장의 레이저는 기존의 10.6 ㎛ 파장 보다 약 10 %의 작은 흡수율 손실이 있지만 광학적 회절 한계를 고려하면 10 배 이상의 공간 해상도를 제공할 수 있다. 비선형 광학 변환에 의한 강력한 자외선(UV) 광원 생성 또한 3D 프린팅 공정에 새로운 가능성을 열어 줄 것으로 기대되며 선형 광학 흡수 뿐만 아니라 비선형 광학 흡수도 투명한 나노/마이크로 구조물의 3D 프린팅 공정에 사용 가능하다. 고출력 극초단파 레이저 펄스가 투명한 재료에 집속되면, 비선형 광학 흡수가 작동하기 시작한다.

SLS 및 SLM 공정에서 3D 프린팅용 재료의 광학 흡수율 또한 재료의 특성을 최적화하여 증가시킬 수 있다. 금속 또는 세라믹 분말의 크기, 모양 및 코팅 성질을 변화시킴으로써, 분말 속으로 다중 산란, 플라스몬 공명 및 비선형 흡수효과를 유발해 재료 흡수율을 좀 더 개선할 수 있다.

물질의 효율적인 상변화를 위해서라도 고에너지의 집중이 요구된다. 물질에 흡수된 광자 에너지는 효과적인 물질 상변화를 위해서 예상하지 못한 소산 없이 미소체적 내에 유지되어야 한다. 이것은 극초단파 펄스 레이저를 사용했을 때 가능해진다. 극초단파 레이저 펄스를 물질에 집중시킬 때, 전도를 통한 그 어떠한 열전달 시간보다 펄스 간격이 더 짧기 때문에 흡수된 열은 주변부로 확산되지 않는다. 따라서, 극초단파 펄스 레이저는 3D 프린팅의 높은 생산성을 위해 적용될 것으로 예상된다.

8.2.3 다양한 재료 및 다종 재료의 조합

다중 재료를 위한 3D 프린팅이 점점 관심을 끌 것으로 예상된다. 여기서, 다중 재료는 '다른 색상의 같은 재료'를 의미 하는 것이 아니라, '서로 다른 재료의 조합'을 의미한다. 오늘날, 소형 전자제품은 일반적으로 전기 절연 폴리머 층, 마이크로-커패시터를 위한 전기 전도성 전극 및 세라믹 구조를 포함한다. 반도체, 평면 디스플레이, 플렉서블 디스플레이, 전자인쇄 회로 기판, 태양전지 및 연료 전지를 포함한 소형 전자 제품은 유사한 물질들로 이루어져 있다. 서로 다른 물질의 성질(예: 흡수 파장 범위, 용융점등) 때문에, 단일 재료를 위한 레이저 기반 3D 프린터는 다종 재료 구조를 생산 할 수 없다. 예를 들면, 10.6 ㎛ CO_2 레이저용 폴리머를 이용한 3D 프린터는 낮은 물질 흡수율과 상대적으로 높은 용융점 때문에 금속이나 세라믹 부품을 생산할 수 없다. 고출력 UV 레이저를 사용하거나(대부분의 물질은 UV를 가장 흡수를 잘하기 때문임), 다른 파장대의 몇 레이저의 조합을 사용하거나, 극초단파 펄스 레이저를 이용한 비선형 흡수를 사용할 경우, 다중 재료용 3D 프린팅도 가까운 미래에 실현될 것으로 예상된다(그림 8.2).

금속 및 세라믹과 같은 다종 재료의 조합은 고강도 및 생체 적합 의료용 임플란트를 위한 이상적인 해결책이다. 텅스텐 카바이드로 외면을 구성하고 방열을 위한 구리층으로 내부를 구성하는 것과 같은 서로 다른 금속의 조합은 긴 공구 수명으로 사출 금형의 생산성을 높이고, 자동차 및 항공 우주 장치의 성능 향상을 가능하게 한다. 이런 조합은 레이저를 에너지원으로 사용하여 실현 가능하다.

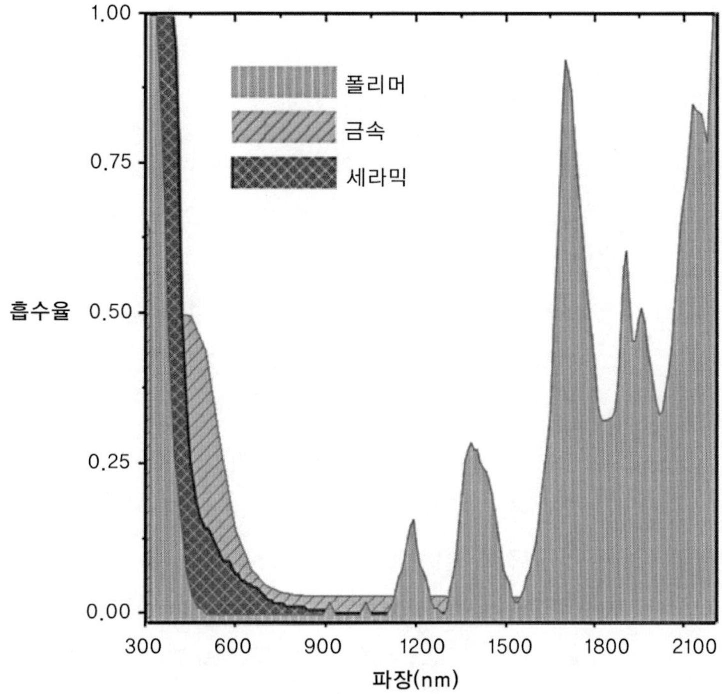

▌그림 8.2▌ 폴리머, 금속 및 세라믹의 재료 흡수율

8.2.4 주문 생산

3D 프린팅은 기본적으로 매우 유연한 생산 기술로서, 레이저 기반 3D 프린팅도 가능하다. 따라서, 목표로 한 제품을 지연 없이 요구 시간 내에 생산 가능하다. 3D 이전에, 레이저 기반 2D 패터닝 공정은 높은 유연성 때문에 레이저 직접 묘화법 및 레이저 직접 노광법과 같은 방식으로 불려왔다. 레이저 패터닝으로 3D 프린팅의 개념이 도입되면서 레이저 패터닝 공정의 장점이 좀 더 부각 되고, 레이저 기반 3D 프린팅이 가능해지면서 광학 노광법 또는 전자빔 노광법과 경쟁이 가능해졌다. 대량 생산을 위해 기존 노광 공정이 좀 더 좋을 수 있지만, 3D 프린팅은 최적화된 광학 설계 인자가 정의되면 복잡한 제품이나 장치의 시작품을 생산할 때 좀 더 빠르며 가격 경쟁면에서 우수하다. 레이저 기반 3D 프린팅 공정은 패턴 마스크 개발, 반복적인 화학 에칭 공정이나 층간 샘플 정렬에 대한 작업이 필요 없다. 더욱이, 레이저 기반 3D 프린팅 공정은 독성을 가진 화학 에칭액을 사용하는 노광공정에 비하여 친환경적 공법이다.

8.3 각 기술적 장에 대한 향후 전망

앞서 기술된 각 장을 다시 확인해보고, 본 책의 각 장에 대한 차후에 수행될 잠재적 설계, 연구, 개발에 대해서 살펴보겠다.

8.3.1 레이저 및 기초 광학

- 기하 광학에서 파동, 전자기 및 양자 광학까지

  기하 광학, 파동 광학, 전자기 광학, 양자 광학에 대한 네 가지 경쟁적이론이 있다. 서로 다음과 같은 관계를 가진다:

  기하 광학 ⊂ 파동 광학 ⊂전자기 광학 ⊂ 양자 광학.

  오늘날, 3D 프린팅은 주로 기하 광학에 집중하였다. 파동 광학을 포함하면 광간섭 현상을 이용함으로써 6장에서 다룬 바와 같이 나노/마이크로 패터닝이 가능하게 된다. 전자기 광학에서 편광은 광자-물질 관계를 제어할 수 있어 도입되었다. 만약 누군가가 레이저를 설계, 개발 또는 최적화하기 원한다면, 양자 광학을 반드시 알아야 한다. 광학 및 광자학에 대한 심오한 기초 연구는 새로운 가능성을 열 수 있다.

- 선형에서 비선형 광학까지

  초단 펄스 레이저가 3D 프린팅에 도입됨에 따라, 비선형 광학을 활용할 수 있게 되었다. 비선형 광학은 투명 물질에 대해 비선형 흡수를 가능하게 하여 보다 높은 파장 변환 효율(2차, 3차 고조파, 높은 고조파 생성 또는 초연속 생성)을 가능하게 한다. 결과적으로, 재료에 대한 레이저의 파장 및 흡수율은 비선형 광학을 이용하여 제어가 가능하다.

- 단순한 에너지원 뿐만 아니라 높은 간섭성을 가진 에너지원까지

  빛의 높은 시공간적 간섭성을 이용하면, 여러 개의 분할된 빔 사이에서 광학적 상관관계를 만들어 극초단 펄스를 합성할 수 있고, 1 ㎛미만 미세점으로 레이저 빔을 집중시킬 수 있다.

8.3.2 레이저 기반 3D 프린팅 재료

- 응용 지향적 기능성 소재

  마이크로 전자제품, 인쇄 회로 기판 및 평면 광학 장치에 대한 레이저 기반

3D 프린팅 공정을 위한 새로운 응용 지향적 소재 개발이 필요하다.

- 다중 복합재료
  서로 다른 종류를 결합한 재료는 기능성 장치의 3D 프린팅을 위해 널리 보급될 것이다.

- 다학제간 연구
  차세대 레이저 기반 3D 프린팅 기술은 기계공학자, 재료공학자, 물리학자, 생물학자 간의 학제적 연구가 필요할 것으로 예상된다.

- 생체 재료의 3D 프린팅 공정
  조직 / 세포 특성을 이해하고 의료 응용을 위해 인간의 조직은 생산하려는 기초 연구에서 3D 프린팅용 생체 재료로 향하는 거대한 움직임이 있다.

- 탄소 소재 3D 프린팅
  그래핀 및 탄소 나노튜브는 자유로운 전자 이동성, 좋은 열전도도, 높은 탄력성과 같은 흥미로운 성질 때문에 전자, 광자학, 생체의료 및 에너지 저장 장치, 센서 및 최신 기술 분야에서 잠재적 응용성에 대해 지대한 관심을 받고 있다

- 메타물질 : 합성 광학 흡수 및 투과성
  주기적인 구조를 가진 금속 프린팅은 설계된 광학 특성을 갖는 합성 광학 구조의 생산 제조를 가능하게 한다. 광 흡수, 투과 및 편광도의 설계 및 제어가 가능하다.

8.3.3 레이저 보조 가공

- 기존 생산 제조 기술과 협력
  레이저 기반 3D 프린팅 공정은 기존 절삭가공 또는 조형, 레이저 가공 공정과 함께 이용할 수 있다. 이것을 하이브리드 제조라고 정의한다.

- 기존 개념을 3D 프린팅으로 적용
  전통적 레이저 클래딩 및 레이저 엔지니어링 정밀 성형(LENS)은 많은 부분이 유사하다. 이처럼, 기존의 전통적 레이저 생산 제조에서 잘 구성된 개념들을 3D 프린팅에 적용 가능하다.

8.3.4 레이저 기반 3D 프린팅 공정

- 레이저 기반 하이브리드 생산 제조

  절삭, 조형 및 적층 제조 공정을 서로 조합해 보다 좋은 프린팅 성능을 시험해 볼 수 있다.

- 고출력 단파장펄스 레이저의 도입

  UV 형광 레이저는 일반적으로 폴리머, 금속 및 세라믹의 3D 프린팅 공정에 사용된다. 그러나, UV 파장에서 얻을 수 있는 재료의 한계가 정해져 있어, 주파수 3배가 고출력 NIR 레이저를 널리 사용한다. 1060 nm(NIR)에서 353 nm(UV)까지 파장 변환은 비선형광학 공정이기 때문에, 변환 효율은 입력된 레이저의 최대 출력에 따라 증가한다. 따라서, 펄스 레이저는 연속파 레이저보다 높은 최대 출력을 제공하기 때문에 UV 파장을 만들어내는데 선호된다. KTP, LBO 또는 BBO와 같이 레이저 빔을 비선형광학 결정에 집중시켜 파장 변환을 할 수 있다.

- 나노 / 마이크로 기반 다중광자흡수(MPA)

  펨토초 레이저의 높은 최대 출력으로, 이광자중합(TPP)이 가능해진다. 만약 공정이 TPP라면, 레이저 파장의 2차 고조파는 광수지의 흡수 파장대에 있어야 한다.

- 고출력 희토류 첨가 파이버 레이저

  레이저는 오랫동안 기존 레이저 가공에서 사용되어 왔다. 예를 들면 램프 여기(lamp-pumped) Nd:YAG 레이저는 광전 변환 효율, 높은 시스템 안정성 및 유지 보수성 때문에 다이오드 여기(dioide-pumped) 고출력 희토류 첨가 파이버 레이저로 바뀔 것이다.

8.3.5 첨단 3D 생산 제조

- 위상 공학을 적용한 일반화 패턴

  2-, 3-, 4-빔 간섭을 이용하면 이미 잘 정의된 3D 패턴 구조를 제조할 수 있다. 미래에는 일반화된 패턴을 위상공학 기술의 도움으로 프린팅할 수 있는 것으로 예상된다.

8.4 레이저 기반 3D 프린팅의 미래 응용성

우주 항공, 자동차, 생체의료 산업 등과 같은 전통적 시장 및 새롭게 성장하고 있는 시장들을 뒷받침 하는 것과 더불어 레이저 기반 3D 프린팅은 인쇄 마이크로 전자제품, 인쇄 회로 기판, IoT 설비, 평면 광학 장비, 태양 전지 및 연료 전지와 같은 다양한 미래 전자 제품들을 생산 제조하는데 도움이 될 것으로 예상된다(그림 8.3). 이러한 응용 제품들의 3D 프린팅을 위해서는 고해상도, 높은 생산성, 높은 기능성 및 다양한 재료가 필요하다.

▌그림 8.3▐ 소형 전자제품을 위한 레이저 기반 3D 프린팅

마이크로 전자 제품은 스마트폰, 스마트시계, 스마트자동차, 평면 패널 디스플레이, 컴퓨터, 그리고 다양한 IoT 장치와 같은 우리의 일상 생활에서 흔히 볼 수 있는 것들이다. 이런 제품의 안을 들여다 보면, 반도체 칩, 인쇄 회로 기판이 있다. 반도체 메모리와 비메모리 칩은 전자제품 장치의 중요한 부품이며, 비용 발생 및 환경 변화에 민감하다. 따라서 예상치 못한 환경 변화로부터 보호해야 하기 때문에 잘 패키징되어야 한다. 패키징 이후, 반도체칩은 금속 와이어 또는 2차원 고체 금속 범프 어레이를 이용하여 큰 크기의 인쇄 회로 기판과 연결된다. 레이저 기반 3D 프린팅은 3D 패키징, 와이어링, 본딩의 개념을 도울 수 있다.

반도체칩은 오늘날 높은 집적도를 위해 적층 구조로 변경되고 있다. 따라서, 층간 연결은 아주 중요한 이슈이다. 3D 프린팅은 적층된 다중층(수십미터 이하의 프린팅 해상도가 요구됨) 또는 패키징 칩과 인쇄 회로 기판 간의 연결(수십 미터에서 미리미터단위의 프린팅 해상도가 요구됨)을 위해 전자적인 연결에 적용할 수 있다[6-8].

레이저 기반 3D 프린팅은 인쇄 회로 기판의 저항, 인덕터, 커패시터, 컨포말 코팅, 트랜지스터, 센서, 마이크로 안테나, 마이크로 배터리의 능동적·수동적 직접 생산 제조에 사용 가능하다. 스크린 프린팅 공정으로 제조된 기존 회로 부품들과 비교하여 3D 프린트 장치는 높은 패턴 해상도, 쉬운 정렬 공정, 설계 유연성 및 유연한 구조를 위한 새로운 패터닝 가능성을 제공 할 수 있다. 예를 들면, 플렉서블 디스플레이, RF ID 및 IoT를 위한 얇은 필름용 트랜지스터는 레이저 기반 다종 재료 3D 프린팅 공정을 이용하여 간단히 생산 가능하다[9-10].

스마트 장치는 우리의 삶을 더욱 윤택하게 만들어 주었다. IoT(Internet of Things)는 레이저 기반 3D 프린팅을 유망한 응용 분야 중 하나이다[11-13]. IoT 장치는 다른 형태일 수 있지만 일반적으로 감지, 수집, 분석, 데이터 통신이 가능해야 한다. 높은 유연성을 지닌 생산 제조 공정이 요구되며, 레이저 기반 3D 프린팅이 그 요구를 충족시킬 수 있다. 센서, 마이크로 배터리, 안테나, 상호 연결 부품과 같은 IoT의 중요한 물리적 장치 부품들은 일반적 기판 뿐 아니라 심지어, 구부러지거나 유연한 기판 위에 3D 프린팅으로 제조할 수 있다.

3D 프린팅 기술은 이미 태양 전지 제조에 응용되기 시작했다[14-17]. 레이저와 같은 에너지원을 이용하면 미세한 형상(예: 콜렉터 전극 및 버스바(bus-bar) 라인)을 주위 온도에서 마스크나 스텐실 없이 평면이나 비평면 기판 위에 생성할 수 있다. 좁고, 높은 무결성의 콜렉터라인은 더 높은 전도성과 낮은 새도우 효과를 가능케 하여, 광전 효과의 효율을 증가시킬 수 있다. 연료전지는 태양 전지와 유사한 형태를 가진다. 고체 산화물 연료 전지 또한 레이저 기반 3D 프린팅으로 산소와 접촉할 수 있는 표면적을 넓힐 수 있도록 미세 또는 다공성 내부 구조를 제작하여 이점을 얻을 수 있다. 또는 임의로 설계된 복잡한 내부 구조를 기반으로 더 좋은 기계적 특성 및 열적 특성을 갖게 할 수 있다. 또한 레이저 기반 3D 프린팅은 고체 산화 연료 전지의 물질층 사이에서

부드러운 변환이 가능하도록 다중 재료를 혼합된 형태를 프린트 할 수 있다. 이것은 인터페이스 사이에서 더 큰 유효기능구역 및 더 좋은 기계적 안정성을 제공할 수 있다.

차세대 광학 회로는 레이저 기반 3D 프린팅으로부터 이점을 얻을 수 있다 [18,19]. 간단한 광학 구조는 서로 다른 굴절률을 가진 두 가지의 폴리머의 조합을 이용한 3D 프린팅된 광학 도파관이다. 2000년대 초반부터 광학 도파관에 대한 흥미로운 시도가 있었다. 광학 구조는 마이크로 스케일의 프린팅 해상도가 요구되기 때문에 이광자 중합, 다광자 중합 또는 간섭 노광공정이 기본 기술이 될 수 있다. 이러한 기술을 기반으로 광학 브래그 격자, 광 커플러, 분광기, 결합기, 분배기 및 기타 수동 광학 장치를 제조할 수 있다.

플라즈모닉은 폴리머 / 금속 상호관계에서 광자의 새로운 연구 분야이다. 레이저 기반 3D 프린팅의 다중재료 프린팅 기능을 응용하여 능동적 광자기 장치를 만들 수 있다[20-26]. 폴리머 / 금속 구조물의 새로운 조합을 3D 프린팅하면 전기적으로 제어되는 플라즈몬 광학 변조기, 강도 제어, 편광 회전기, 광검출기 등을 만들 수 있다(그림 8.4).

8.5 요약

요약하자면, 레이저는 3D 프린팅을 위한 가장 최상의 에너지원으로서, 아주 가까운 미래에 여러 응용분야로 수요에 맞춰 고해상도, 높은 처리량으로 다중 재료 프린팅을 가능하게 할 것이다.

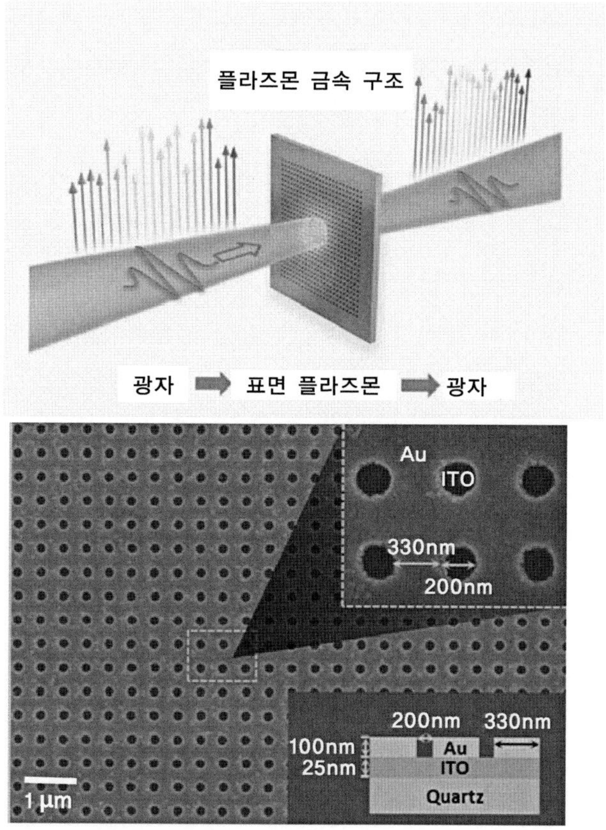

▎그림 8.4▎ 레이저 기반 3D 프린팅 적용 플라즈모닉스(plasmonics)

문제 >>

1. 차세대 레이저 기반 3D 프린팅의 미래 동향 네 가지를 기술하고 레이저 기술이 차후 동향에 어떠한 영향을 미치는지 설명하시오.

2. 레이저 기반 3D 프린팅의 해상도는 어떻게 결정되는지 설명하시오. 기존의 레이저 기반 3D 프린팅의 제한된 해상도를 어떻게 하면 극복할 수 있는가?

3. SLA과 SLM 공정에서 레이저 기반 3D 프린팅이 생산성을 향상시키는 방법에 대해 설명하시오.

4. 기존 3D 프린팅 시장에 세 가지 대표적인 레이저와 중심이 되는 파장범위에 대해서 나열하시오. 나열된 레이저에 어떠한 재료를 적용할 수 있는가? 차세대 3D 프린팅을 위한 차후 적용 가능한 레이저 종류에 대해 논의하시오.

5. 스마트 마이크로 전자 제품에 레이저 기반 3D 프린팅이 가까운 미래에 미칠 영향에 대해서 서술하시오.

6. 레이저 기반 3D 프린팅 기술이 차세대 평면 광학 회로에 어떻게 기여 할 수 있는지에 대해 설명하시오.

참고문헌 >>

[1] Chua, C. K., & Leong, K. F. (2015). 3D printing and additive manufacturing: principles and applications: principles and applications. World Scientific, Singapore.

[2] Lipson, H., & Kurman, M. (2013). Fabricated: The new world of 3D printing. John Wiley & Sons.

[3] Gibson, I., Rosen, D., & Stucker, B. (2014). Additive manufacturing technologies: 3D printing, rapid prototyping, and direct digital manufac turing. Springer.

[4] Tibbits, S. (2014). 4D Printing: Multi-Material Shape Change. Architec tural Design, 84(1), 116-121.

[5] Campbell, T., Williams, C., Ivanova, O., & Garrett, B. (2011). Could 3D printing change the world. Technologies, Potential, and Implications of Additive Manufacturing, Atlantic Council, Washington, DC.

[6] Ko, S. H., Pan, H., Grigoropoulos, C. P., Luscombe, C. K., Fréchet, J. M., & Poulikakos, D. (2007). All-inkjet-printed flexible electronics fabrication on a polymer substrate by low-temperature high-resolution selective laser sintering of metal nanoparticles. Nanotechnology, 18(34), 345202.

[7] Muth, J. T., Vogt, D. M., Truby, R. L., Mengüç, Y., Kolesky, D. B., Wood, R. J., & Lewis, J. A. (2014). Embedded 3D printing of strain sensors within highly stretchable elastomers. Advanced Materials, 26(36), 6307-6312.

[8] Macdonald, E., Salas, R., Espalin, D., Perez, M., Aguilera, E., Muse, D., & Wicker, R. B. (2014). 3D printing for the rapid prototyping of structural electronics. IEEE Access, 2, 234-242.

[9] Kawahara, Y., Hodges, S., Cook, B. S., Zhang, C., & Abowd, G. D. (2013, September). Instant inkjet circuits: lab-based inkjet printing to support rapid prototyping of UbiComp devices. In Proceedings of the 2013

ACM international joint conference on Pervasive and ubiquitous computing (pp. 363–372). ACM.

[10] Siegel, A. C., Phillips, S. T., Dickey, M. D., Lu, N., Suo, Z., & White sides, G. M. (2010). Foldable printed circuit boards on paper substrates. Advanced Functional Materials, 20(1), 28–35.

[11] Gubbi, J., Buyya, R., Marusic, S., & Palaniswami, M. (2013). Internet of Things (IoT): A vision, architectural elements, and future directions. Future Generation Computer Systems, 29(7), 1645–1660.

[12] Vermesan, O., Friess, P., Guillemin, P., Gusmeroli, S., Sundmaeker, H., Bassi, A., ... & Doody, P. (2011). Internet of things strategic research roadmap.

[13] O. Vermesan, P. Friess, P. Guillemin, S. Gusmeroli, H. Sundmaeker, A. Bassi, et al., Internet of Things: Global Technological and Societal Trends, 1, 9–52.

[14] Kildishev, A. V., Boltasseva, A., & Shalaev, V. M. (2013). Planar photonics with metasurfaces. Science, 339(6125), 1232009.

[15] O'regan, B., & Grfitzeli, M. (1991). A low-cost, high-efficiency solar cell based on dye-sensitized colloidal TiO2 films. Nature, 353(6346), 737–740.

[16] Kim, H. S., Lee, C. R., Im, J. H., Lee, K. B., Moehl, T., Marchioro, A., ... & Grätzel, M. (2012). Lead iodide perovskite sensitized all-solid-state submicron thin film mesoscopic solar cell with efficiency exceeding 9 %. Scientific Reports, 2, 591.

[17] You, J., Dou, L., Yoshimura, K., Kato, T., Ohya, K., Moriarty, T., ... & Yang, Y. (2013). A polymer tandem solar cell with 10.6 % power conversion efficiency. Nature Communications, 4, 1446.

[18] Snyder, A. W., & Love, J. (2012). Optical waveguide theory. Springer Science & Business Media.

[19] Chuang, S. L., & Chuang, S. L. (1995). Physics of optoelectronic devices.

[20] Maier, S. A. (2007). Plasmonics: fundamentals and applications. Springer Science & Business Media.

[21] Atwater, H. A., & Polman, A. (2010). Plasmonics for improved photovoltaic devices. Nature Materials, 9(3), 205–213.

[22] Schuller, J. A., Barnard, E. S., Cai, W., Jun, Y. C., White, J. S., & Brongersma, M. L. (2010). Plasmonics for extreme light concentration and manipulation. Nature Materials, 9(3), 193-204.

[23] Maier, S. A., Brongersma, M. L., Kik, P. G., Meltzer, S., Requicha, A. A., & Atwater, H. A. (2001). Plasmonics—a route to nanoscale optical devices. Advanced Materials, 13(19), 1501–1505.

[24] Ozbay, E. (2006). Plasmonics: merging photonics and electronics at nanoscale dimensions. Science, 311(5758), 189–193.

[25] Park, I. Y., Kim, S., Choi, J., Lee, D. H., Kim, Y. J., Kling, M. F., ... & Kim, S. W. (2011). Plasmonic generation of ultrashort extreme-ultraviolet light pulses. Nature Photonics, 5(11), 677–681.

[26] Geng, X. T., Chun, B. J., Seo, J. H., Seo, K., Yoon, H., Kim, D. E., Kim, Y.-J. & Kim, S. (2016). Frequency comb transferred by surface plasmon resonance. Nature Communications, 7, 10685.

찾아보기 »

정가 25,000원

레이저 기술을 활용한

금속·비금속 3D 프린팅 및 제조

2018년 10월 15일 초판 인쇄
2018년 10월 22일 초판 발행
저 자: Chua · Matham · Kim
역 자: 김종도 · 서 정 · 신보성 · 김동식
강명창 · 박영환 · 박형욱 · 이수진

역자와의 협의하에 인지생략

발행자: 송 준
발행처: 홍릉과학출판사
주 소: 서울시 강북구 인수봉로 50길 10
01093
등 록: 1976년 10월 21일 제5-66호
전 화: (02) 999-2274~5, 903-7037
팩 스: (02) 905-6729
e-mail: hongpub@hongpub.co.kr
http://www.hongpub.co.kr
ISBN: 979-11-5600-552-0